清华大学电子工程系核心课系列教材

北京市高校优质本科教材

U0156684

固体物理基础

黄翊东　编著

清华大学出版社
北　京

内 容 简 介

本书主要诠释固体中电子的运动规律,同时给出晶格振动的分析。运用量子力学的理论,描述原子结合、晶体结构、能带理论、晶格振动等固体物理学的核心概念和理论;在此基础上,推导出固体的电学、磁学、热学、光学特性。力求把固体物理的知识体系化、结构化,以薛定谔方程贯穿始终,给出固体物理的知识结构以及各个基本概念之间的相互联系,有助于读者的理解掌握。

本书是清华大学电子信息科学与技术大类本科生核心课程"固体物理基础"的教材,既适用于电子信息大类专业的课程教学,也可供相关领域的科研人员、工程技术人员参考。

图书在版编目(CIP)数据

固体物理基础/黄翊东编著. —北京:清华大学出版社,2022.9(2025.2重印)
清华大学电子工程系核心课系列教材
ISBN 978-7-302-61031-1

Ⅰ. ①固… Ⅱ. ①黄… Ⅲ. ①固体物理学－高等学校－教材 Ⅳ. ①O48

中国版本图书馆 CIP 数据核字(2022)第 098442 号

责任编辑:文 怡
封面设计:王昭红
责任校对:李建庄
责任印制:刘海龙

出版发行:清华大学出版社
  网　　址:https://www.tup.com.cn,https://www.wqxuetang.com
  地　　址:北京清华大学学研大厦 A 座   邮　　编:100084
  社 总 机:010-83470000   邮　　购:010-62786544
  投稿与读者服务:010-62776969,c-service@tup.tsinghua.edu.cn
  质量反馈:010-62772015,zhiliang@tup.tsinghua.edu.cn
  课件下载:https://www.tup.com.cn,010-83470236
印 装 者:涿州市殷润文化传播有限公司
经　　销:全国新华书店
开　　本:185mm×260mm 印　张:13.25   字　　数:318千字
版　　次:2022 年 11 月第 1 版   印　　次:2025 年 2 月第 4 次印刷
印　　数:2601~3200
定　　价:58.00 元

产品编号:089493-01

丛书 序

清华大学电子工程系经过整整十年的努力,正式推出新版核心课系列教材。这成果来之不易! 在这个时间节点重新回顾此次课程体系改革的思路历程,对于学生,对于教师,对于工程教育研究者,无疑都有重要的意义。

一

高等电子工程教育的基本矛盾是不断增长的知识量与有限的学制之间的矛盾。这个判断是这批教材背后最基本的观点。

当今世界,科学技术突飞猛进,尤其是信息科技,在 20 世纪独领风骚数十年,至 21 世纪,势头依然强劲。伴随着科学技术的迅猛发展,知识的总量呈现爆炸性增长趋势。为了适应这种增长,高等教育系统不断进行调整,以把更多新知识纳入教学。自 18 世纪以来,高等教育响应知识增长的主要方式是分化:一方面延长学制,从本科延伸到硕士、博士;一方面细化专业,比如把电子工程细分为通信、雷达、图像、信息、微波、线路、电真空、微电子、光电子等。但过于细化的专业使得培养出的学生缺乏处理综合性问题的必要准备。为了响应社会对人才综合性的要求,综合化逐步成为高等教育主要的趋势,同时学生的终身学习能力成为关注的重点。很多大学推行宽口径、厚基础本科培养,正是这种综合化趋势使然。通识教育日益受到重视,也正是大学对综合化趋势的积极回应。

清华大学电子工程系在 20 世纪 80 年代有九个细化的专业,20 世纪 90 年代合并成两个专业,2005 年进一步合并成一个专业,即"电子信息科学类",与上述综合化的趋势一致。

综合化的困难在于,在有限的学制内学生要学习的内容太多,实践训练和课外活动的时间被挤占,学生在动手能力和社会交往能力等方面的发展就会受到影响。解决问题的一种方案是延长学制,比如把本科定位在基础教育,硕士定位在专业教育,实行五年制或六年制本硕贯通。这个方案虽可以短暂缓解课程量大的压力,但是无法从根本上解决知识爆炸性增长带来的问题,因此不可持续。解决问题的根本途径是减少课程,但这并非易事。减少课程意味着去掉一些教学内容。关于哪些内容可以去掉,哪些内容必须保留,并不容易找到有高度共识的判据。

探索一条可持续有共识的途径,解决知识量增长与学制限制之间的矛盾,已是必需,也是课程体系改革的目的所在。

二

学科知识架构是课程体系的基础,其中核心概念是重中之重。这是这批教材背后最关键的观点。

布鲁纳特别强调学科知识架构的重要性。架构的重要性在于帮助学生利用关联性来理解和重构知识;清晰的架构也有助于学生长期记忆和快速回忆,更容易培养学生举一反三的迁移能力。抓住知识架构,知识体系的脉络就变得清晰明了,教学内容的选择就会有公认的依据。

核心概念是知识架构的汇聚点,大量的概念是从少数核心概念衍生出来的。形象地说,核心概念是干,衍生概念是枝、是叶。所谓知识量爆炸性增长,很多情况下是"枝更繁、叶更茂",而不是产生了新的核心概念。在教学时间有限的情况下,教学内容应重点围绕核心概念来组织。教学内容中,既要有抽象的概念性的知识,也要有具体的案例性的知识。

梳理学科知识的核心概念,这是清华大学电子工程系课程改革中最为关键的一步。办法是梳理自 1600 年吉尔伯特发表《论磁》一书以来,电磁学、电子学、电子工程以及相关领域发展的历史脉络,以库恩对"范式"的定义为标准,逐步归纳出电子信息科学技术知识体系的核心概念,即那些具有"范式"地位的学科成就。

围绕核心概念选择具体案例是每一位教材编者和教学教师的任务,原则是具有典型性和时代性,且与学生的先期知识有较高关联度,以帮助学生从已有知识出发去理解新的概念。

三

电子信息科学与技术知识体系的核心概念是:信息载体与系统的相互作用。这是这批教材公共的基础。

1955 年前后,斯坦福大学工学院院长特曼和麻省理工学院电机系主任布朗都认识到信息比电力发展得更快,他们分别领导两所学校的电机工程系进行了课程改革。特曼认为,电子学正在快速成为电机工程教育的主体。他主张彻底修改课程体系,牺牲掉一些传统的工科课程以包含更多的数学和物理,包括固体物理、量子电子学等。布朗认为,电机工程的课程体系有两个分支,即能量转换和信息处理与传输。他强调这两个分支不应是非此即彼的两个选项,因为它们都基于共同的原理,即场与材料之间相互作用的统一原理。

场与材料之间的相互作用,这是电机工程第一个明确的核心概念,其最初的成果形式是麦克斯韦方程组,后又发展出量子电动力学。自彼时以来,经过大半个世纪的飞速发展,场与材料的相互关系不断发展演变,推动系统层次不断增加。新材料、新结构形成各种元器件,元器件连接成各种电路,在电路中,场转化为电势(电流电压),"电势与电路"取代"场和材料"构成新的相互作用关系。电路演变成开关,发展出数字逻辑电路,电势二值化为比特,"比特与逻辑"取代"电势与电路"构成新的相互作用关系。数字逻辑电路与计算机体系结构相结合发展出处理器(CPU),比特扩展为指令和数据,进而组织成程序,"程序与处理器"取代"比特与逻辑"构成新的相互作用关系。在处理器基础上发展出计算机,计算机执行各种算法,而算法处理的是数据,"数据与算法"取代"程序与处理器"构成新的相互作用关系。计算机互联出现互联网,网络处理的是数据包,"数据包与网络"取代"数据与算法"构成新的相互作用关系。网络服务于人,为人的认知系统提供各种媒体(包括文本、图片、音视频等),"媒体与认知"取代"数据包与网络"构成新的相互作用关系。

以上每一对相互作用关系的出现，既有所变，也有所不变。变，是指新的系统层次的出现和范式的转变；不变，是指"信息处理与传输"这个方向一以贯之，未曾改变。从电子信息的角度看，场、电势、比特、程序、数据、数据包、媒体都是信息的载体；而材料、电路、逻辑（电路）、处理器、算法、网络、认知（系统）都是系统。虽然信息的载体变了，处理特定的信息载体的系统变了，描述它们之间相互作用关系的范式也变了，但是诸相互作用关系的本质是统一的，可归纳为"信息载体与系统的相互作用"。

上述七层相互作用关系，层层递进，统一于"信息载体与系统的相互作用"这一核心概念，构成了电子信息科学与技术知识体系的核心架构。

四

在核心知识架构基础上，清华大学电子工程系规划出十门核心课：电动力学（或电磁场与波）、固体物理、电子电路与系统基础、数字逻辑与 CPU 基础、数据与算法、通信与网络、媒体与认知、信号与系统、概率论与随机过程、计算机程序设计基础。其中，电动力学和固体物理涉及场和材料的相互作用关系，电子电路与系统基础重点在电势与电路的相互作用关系，数字逻辑与 CPU 基础覆盖了比特与逻辑及程序与处理器两对相互作用关系，数据与算法重点在数据与算法的相互作用关系，通信与网络重点在数据包与网络的相互作用关系，媒体与认知重点在媒体和人的认知系统的相互作用关系。这些课覆盖了核心知识架构的七个层次，并且有清楚的对应关系。另外三门课是公共的基础，计算机程序设计基础自不必说，信号与系统重点在确定性信号与系统的建模和分析，概率论与随机过程重点在不确定性信号的建模和分析。

按照"宽口径、厚基础"的要求，上述十门课均被确定为电子信息科学类学生必修专业课。专业必修课之前有若干数学物理基础课，之后有若干专业限选课和任选课。这套课程体系的专业覆盖面拓宽了，核心概念深化了，而且教学计划安排也更紧凑了。近十年来清华大学电子工程系的教学实践证明，这套课程体系是可行的。

五

知识体系是不断发展变化的，课程体系也不会一成不变。就目前的知识体系而言，关于算法性质、网络性质、认知系统性质的基本概念体系尚未完全成型，处于范式前阶段，相应的课程也会在学科发展中不断完善和调整。这也意味着学生和教师有很大的创新空间。电动力学和固体物理虽然已经相对成熟，但是从知识体系角度说，它们应该覆盖场与材料（电荷载体）的相互作用，如何进一步突出"相互作用关系"还可以进一步探讨。随着集成电路发展，传统上区分场与电势的条件，即电路尺寸远小于波长，也变得模糊了。电子电路与系统或许需要把场和电势的理论相结合。随着量子计算和量子通信的发展，未来在逻辑与处理器和通信与网络层次或许会出现新的范式也未可知。

工程科学的核心概念往往建立在技术发明的基础之上，比如目前主流的处理器和网络分别是面向冯·诺依曼结构和 TCP/IP 协议的，如果体系结构发生变化或者网络协议发生变化，那么相应地，程序的概念和数据包的概念也会发生变化。

六

　　这套课程体系是以清华大学电子工程系的教师和学生的基本情况为前提的。兄弟院校可以参考,但是在实践中要结合自身教师和学生的情况做适当取舍和调整。

　　清华大学电子工程系的很多老师深度参与了课程体系的建设工作,付出了辛勤的劳动。在这一过程中,他们表现出对教育事业的忠诚,对真理的执着追求,令人钦佩! 自课程改革以来,特别是 2009 年以来,数届清华大学电子工程系的本科同学也深度参与了课程体系的改革工作。他们在没有教材和讲义的情况下,积极支持和参与课程体系的建设工作,做出了重要的贡献。向这些同学表示衷心感谢! 清华大学出版社多年来一直关注和支持课程体系建设工作,一并表示衷心感谢!

王希勤

2017 年 7 月

前言

　　固体物理是近代物理学的重要组成部分之一,是包含电子科学与技术在内的诸多学科的基础。本书是清华大学电子信息科学与技术大类本科生核心课"固体物理基础"教材。

　　电子信息科学与技术大类的专业方向是以物理和数学为基础,研究通过电磁形式表达信息的基本规律,以及运用这些基本规律实现电子信息系统的方法;涵盖物理电子学与光电子学、电路与系统、电磁场与微波技术、通信与信息系统、信号与信息处理、复杂系统与网络等研究领域,涉及各类电子/光子的系统,这些系统又是由各种电子/光子器件构成的。无论是电子器件还是光子器件,它们的工作原理都离不开电磁场与物质的相互作用,主要是各种波段的电磁场与物质中电子的相互作用。只有了解了构成器件的物质中电子的运动规律,才能知道如何控制电磁场与电子的相互作用,从而设计出具有各种功能的器件,构建起满足实际应用需求的系统。

　　本书主要诠释固体中电子的运动规律,同时给出晶格振动的分析。运用量子力学的理论,描述原子结合、晶体结构、能带理论、晶格振动等固体物理学的核心概念和理论;在此基础上,推导出固体的电学、磁学、热学、光学特性。学生通过"固体物理基础"课程的学习,不仅可以掌握本学科相关主要物质材料的结构、特性,为理解电子/光子器件的工作原理打下基础,还将建立起对物质世界正确的认识方法。理解物质世界是"测不准"的、非确定性的、量子化的,又是相互联系、相互作用的,物质与电磁场的相互作用是构成各种器件的基础;同时认识到人类对物质世界的认识是不断发展的,了解固体物理学的发展脉络,把握物质材料及其结构研究的前沿,激发在新器件和新系统研发中的创新思维。

　　本书力求把固体物理的知识体系化、结构化,以薛定谔方程贯穿始终,给出固体物理的知识结构以及各个基本概念之间的相互联系。同时,针对电子信息科学与技术大类的专业特点调整了内容顺序。与多数的固体物理教材不同,本书将晶格振动-格波以及热特性的内容放到电子能带理论和固体电特性的章节之后,这样既有利于理解声子这种准粒子能带的概念,也便于电子信息类专业的学生集中掌握电子运动规律及固体电特性。另外,本书突出物理概念的描述,略去了一些冗繁的公式推导,同时没有涉及赝势、相图等固体物理学中更深层次的内容。需要进一步深入学习的读者,请参考固体物理学的相关著作。

　　清华大学电子工程系冯雪副教授、汪莱副教授、孙长征教授、盛兴副教授参加了本课程的授课工作和讲义内容的讨论,张巍教授、刘仿教授为第 9 章内容的编写提供了帮助,天津大学胡小龙教授对第 6 章、第 8 章的编写提出修改建议,电子工程系教学实验中心马晓红教授、吕晖、龚颖等老师及电子工程系部分研究生协助了教材的编写工作,完成了课堂录像和文字整理工作,在此一并表示衷心的感谢!

　　由于本人水平有限,书中难免有错误和不妥之处,恳请读者批评指正。

黄翊东

2022 年 10 月

资源下载

目 录

绪论 ··· 1

第1章 晶体的结构 ·· 6

1.1 晶格与点阵 ··· 7

1.2 晶格的几何描述 ·· 12

    1.2.1 晶胞 ··· 12

    1.2.2 晶向与晶面 ··· 15

1.3 晶体的宏观对称性 ·· 19

1.4 倒格子与布里渊区 ·· 22

1.5 晶格结构的观测 ·· 26

1.6 晶格中的缺陷与扩散 ·· 29

1.7 非晶体、准晶体 ·· 31

习题 ·· 32

第2章 固体的结合 ··· 35

2.1 固体结合的规律 ·· 35

2.2 晶体结合的量子理论 ··· 36

2.3 固体结合的类型 ·· 43

    2.3.1 离子结合 ·· 44

    2.3.2 共价结合 ·· 45

    2.3.3 金属性结合 ··· 46

2.4 原子和分子固体 ·· 47

习题 ·· 47

第3章 固体电子论 ··· 49

3.1 索末菲自由电子论 ·· 50

    3.1.1 波函数与 $E\text{-}k$ 关系 ·· 50

    3.1.2 能级与态函数 ··· 51

3.2 周期势场中电子的运动状态 ·· 55

3.2.1　布洛赫定理 ··· 55
3.2.2　近自由电子近似 ··· 56
3.2.3　紧束缚近似 ··· 66
3.3　费米统计分布与费米面 ··· 71
习题 ··· 73

第4章　固体的电特性 ·· 75

4.1　外场中电子运动状态的变化 ····································· 75
4.1.1　波包和电子速度 ··· 75
4.1.2　加速度、有效质量、准动量 ····························· 77
4.1.3　恒定电场作用下电子的运动 ····························· 79
4.1.4　导体、绝缘体和半导体的能带论解释 ················· 80
4.2　金属中电子输运过程 ··· 84
4.3　半导体中载流子的输运过程 ····································· 89
4.3.1　载流子浓度 ··· 90
4.3.2　本征激发 ·· 92
4.3.3　杂质能级与杂质激发 ······································ 93
4.3.4　载流子的迁移与扩散 ······································ 98
4.3.5　非平衡载流子 ·· 100
4.4　霍尔效应 ·· 102
习题 ·· 104

第5章　固体间接触的电特性 ··· 106

5.1　功函数与接触电势 ··· 106
5.2　PN结 ·· 108
5.2.1　PN结的形成 ·· 108
5.2.2　PN结的单向导电特性 ··································· 110
5.3　异质结 ··· 112
5.4　金属-半导体结 ·· 115
5.5　金属-绝缘体-半导体系统 ··· 117
习题 ·· 119

第6章　固体的磁特性 ··· 121

6.1　原子的磁性 ·· 122
6.1.1　固有磁矩 ··· 123
6.1.2　感生磁矩 ··· 127
6.2　固体的磁性 ·· 129
6.2.1　抗磁性与顺磁性 ··· 129
6.2.2　铁磁性 ·· 134

习题 ·· 137

第7章 晶格振动和固体热性质 ··· 138

7.1 一维原子链的晶格振动 ··· 138
   7.1.1 晶格振动的简谐近似 ··· 138
   7.1.2 一维单原子链的晶格振动 ···································· 139
   7.1.3 一维双原子链的晶格振动 ···································· 144

7.2 晶格振动的量子化——声子 ··· 147

7.3 固体的热性质 ·· 150
   7.3.1 热容 ·· 151
   7.3.2 热传导 ·· 155
   7.3.3 非简谐效应 ·· 156

习题 ·· 157

第8章 超导态的基本现象和基本规律 ··· 158

8.1 超导态的基本现象 ··· 160
   8.1.1 零电阻性 ·· 160
   8.1.2 迈斯纳效应 ·· 160
   8.1.3 磁通量子化 ·· 162
   8.1.4 超导能隙 ·· 162
   8.1.5 同位素效应 ·· 164

8.2 超导态的理论模型 ··· 165
   8.2.1 唯象理论 ·· 165
   8.2.2 微观理论 ·· 168

8.3 约瑟夫森效应 ··· 171

第9章 固体的光特性 ··· 174

9.1 电磁场与物质相互作用的经典理论 ······································ 175
   9.1.1 电介质在电场中的极化 ······································ 176
   9.1.2 介电常数与电极化率 ·· 177
   9.1.3 洛伦兹模型 ·· 178

9.2 共振与非共振相互作用 ··· 179
   9.2.1 非共振相互作用 ·· 180
   9.2.2 共振相互作用 ·· 181

9.3 光场与金属的相互作用 ··· 185
   9.3.1 金属的介电常数 ·· 185
   9.3.2 表面等离激元 ·· 187

附录 A　索引 ·· 190

附录 B　基本物理常数 ·· 195

附录 C　主要参数符号 ·· 196

参考文献 ·· 198

绪 论

固体物理是物理学的重要分支，属于近代物理中凝聚态物理领域，主要研究固体物质的微观结构及其原子、电子的运动状态，由此来理解物质的物理性质以及不同物质之间的相互关系。物理(Physics)源于希腊文的"自然"，它是关于自然的哲学。19世纪以牛顿力学、电磁学、热力学、统计物理为代表的经典物理学发展成熟，而20世纪以后发展起来的量子力学则带来了物理学的重大变革，根本上改变了人类对于物体运动形式以及规律的认识，使得人们对物质微观结构的科学分析成为可能。固体物理学就是用量子力学的理论来分析固体物质的微观结构和基本规律，由此解释宏观的物质性质；它有很多分支，包括晶体学、晶格振动动力学、半导体物理学、表面物理学、超导、磁学、金属物理学等。

人类对于物质的认识可以追溯到古希腊时代。公元前500多年，为了躲避外族入侵，一些哲学家、文学家聚集在希腊的小亚细亚(Asia Minor)地区，促成了很多关于自然哲学的思考和文学作品的诞生，著名的荷马史诗就是那个时候写成的。当时的人们提出"万物是由什么构成的？"这一哲学问题，标志着古希腊原子论(atomism)的发轫。最初人们对于这一问题的答案五花八门，有人认为万物是由水构成的，也有人认为万物的本质是空气、是火，或者是由水、气、土、火组成的；中国商周之交时的《洪范》一书中也有类似记载，认为宇宙是由金、木、水、火、土五种元素组成的。在各种各样的答案中，有一派哲学家提出物质是由无限小的原始物质构成的，物质是无限可分的，都是由形状为规则立方体的基本粒子构成的。终于由哲学家留基伯(Leucippus，约公元前5世纪，古希腊)提出了原子的概念："所有物质是由无数粒子组成的，每个粒子都是刚硬、立体、不可分割的，称为原子；这些原子是同一的，原子的特殊组合是变换的"。古希腊人于公元前500年左右基于想象提出的原子论竟与现代科学对物质结构的认识极为吻合。

之后关于物质本质的研究沉寂了很长一段时间。17世纪之后电磁学的发展，使得古典的希腊原子论复苏。1803年，"近代化学之父"约翰·道尔顿(John Dalton，1766—1844，英国)在曼彻斯特文学与哲学学会的一次活动中讲述了原子论，提出了同种原子的重量相同，不同原子必然以整数比互相化合；这里涉及两个重要的概念，原子量和化学分子式。实际上，原子论的研究也开启了化学的一个新时代，可以说原子论是物理学和化学的一个重要的交叉点。

1811年，化学家阿伏伽德罗（Amedeo Avogadro，1776—1856，意大利）提出了原子-分子论，认为在一定温度、压力下，单位体积的理想气体内包含同样多的分子数。这个重要的发现在提出后五十多年才被人注意到，在克劳修斯（Rudolf Clausius，1822—1888，德国）、麦克斯韦（James Clerk Maxwell，1831—1879，英国）、玻尔兹曼（Ludwig Edward Boltzmann，1844—1906，奥地利）提出气体分子运动论后，1865年，洛施米特（Johann Josef Loschmidt，1821—1895，奥地利）根据气体分子的平均自由程和液体的体积估算出了分子直径的准确数量级和1摩尔分子数的准确数是 6.02×10^{23}。佩兰（Jean Baptiste Perrin，1870—1942，法国）于1909年提出，将这个常数命名为阿伏伽德罗常量，以纪念最早发现这一定律的阿伏伽德罗。佩兰致力于研究各种度量阿伏伽德罗常量的方法，并于1926年获得诺贝尔物理学奖。

原子论的成果也推动了电磁学的发展，给同时期的法拉第（Michael Faraday，1791—1867，英国）以很大的启示。1834年，法拉第提出了电解当量定律，基于这个定律赋予每个离子1个基本电荷，或者是基本电荷的整数倍，这是人们对于电子最早的模糊的认识。终于到了1896年，在前人工作的基础之上，洛伦兹（Hendrik Antoon Lorentz，1853—1928，荷兰）提出了电子论，预言物质中的载流子具有一个基本的电量，之后很快韦恩（Wilhelm Wien，1846—1928，德国）和汤姆逊（Joseph J. Thomson，1857—1940，英国）等通过质谱仪测量的荷质比，发现了负电的载流子——电子，并于1906年获得诺贝尔物理学奖。这一切，为近代固体物理的发展奠定了非常坚实的基础，如图0.1所示。

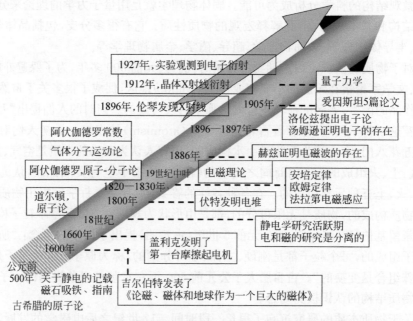

图0.1　物理学、化学、量子物理、晶体学是固体物理发展的基础

固体物理学发展的重要理论支柱是20世纪发展起来的量子力学。由于在晶格尺度下的微观世界，粒子的波动性不可忽略，如果没有量子力学的理论，则无法解释晶体中电子的

运动规律。量子力学的波粒二象性、测不准原理等对物质世界真实规律的认识,使得人们对物质微观结构分析,特别是晶体中电子运动规律的诠释成为可能。1900 年,普朗克(Max K. E. L. Planck,1858—1947,德国)提出频率为 ν 的电磁波的能量必须以 $h\nu$ 为最小单元(能量子),这标志着量子力学的发端;1905 年,爱因斯坦将普朗克提出的电磁波能量子的概念提升为光子,提出了光的波粒二象性,完美解释了实验中观测到的光电效应现象,从而终结了物理学界 240 年来关于光的本质的争论;1913 年,对量子力学发展做出重要贡献的哥本哈根派掌门人玻尔(Niels H. D. Bohr,1885—1962,丹麦)根据卢瑟福(Ernest Rutherford,1871—1937,英国)关于原子核+电子的原子模型以及原子光谱的规律,提出了原子内部电子运动规律的量子理论;1924 年,德布罗意(Duc de Broglie,1892—1987,法国)在博士论文中提出了"物质波"的概念,阐明了实物粒子具有波动性,由物体的动能定义了物质波的频率,物体的动量定义了物质波的波长,此后波粒二象性成为分析所有微观基本粒子运动规律时都不能忽视的基本属性;之后,薛定谔(Erwin Schrödinger,1887—1961,奥地利)、海森堡(Werner K. Heisenberg,1901—1976,德国)、泡利(Wolfgang E. Pauli,1900—1958,奥地利)、费米(Enrico Fermi,1901—1954,意大利)、狄拉克(Paul Adrien Maurice Dirac,1902—1984,英国)等一批科学家共同建立起完整的量子力学体系。

　　虽然固体物理是在 20 世纪才发展起来的物理学的一个分支,但它的起源可以追溯到1611 年,提出宇宙天体运动三大定律的开普勒(Johannes Kepler,1571—1630,德国)即兴写了一本未完成的书,名为《六角形的雪》。通过观察六角形雪的形态,开普勒得出了对称的观念,并推想到固态物质是由许多球体紧密堆积而成的,该书可视为晶体学的发轫。1669 年,斯台诺(Nicholas Steno,1638—1686,丹麦)在观测各种矿物晶体时发现了晶体的第一个定律,即无论晶面的大小和形状如何,晶体的两个相同的晶面之间的夹角总是恒等的。这一关系之后经过实验的验证,成为著名的 Steno 定律——晶面夹角守恒定律,人们认识到自然界中有一类固体具有结构上的对称性和稳定性,晶体(德文 Kristall)一词随之诞生了。19 世纪,几何晶体学蓬勃发展起来,人们进一步提出了晶体原子论,即设想晶体的空间点阵是由化学原子组成的,不少科学家纷纷投入实验验证。

　　1895 年,伦琴(Wilhelm Röntgen,1845—1923,德国)发现 X 射线,轰动了整个物理界,并于 1901 年获得首届诺贝尔物理学奖。然而人们对于 X 射线的本质尚未知晓,究竟 X 射线是电磁波还是粒子流? 当时没有人想到要把 X 射线和几何晶体学这两个几乎同时出现的重大科学成就联系起来。人们没有料到,在晶体学、物理学和化学这三个不同学科领域的接合部,一个新的重大突破正在酝酿之中。

　　1911 年,劳厄(Max von Laue,1879—1960,德国)详细研究了光波通过光栅的衍射理论。当劳厄发现 X 射线的波长和晶体中原子间距二者数量级相同之后,他产生了一个非常重要的思想:如果 X 射线确实是一种电磁波,如果晶体确实如几何晶体学所揭示的那样具有空间点阵结构,那么,正如可见光通过光栅时要发生衍射现象一样,X 射线通过晶体时也将发生衍射现象,晶体可以作为 X 射线的天然的立体衍射光栅! 翌年 4 月 21 日,索末菲(Amold Sommerfeld,1868—1951,德国)研究组以五水合硫酸铜晶体为光栅进行了劳厄推测的衍射实验,终于得到了第一张 X 射线衍射图,初步证实了劳厄的预见,于 1912 年 5 月 4日宣布了这一实验的成功,如图 0.2 所示。爱因斯坦评价这个实验是"物理学最美的实验"之一,因为它一箭双雕地证明了 X 射线的波动性和晶体结构的周期性。提出这个想法的劳厄于 1914 年获得了诺贝尔物理学奖。

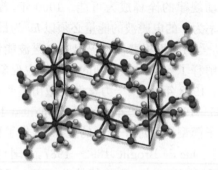 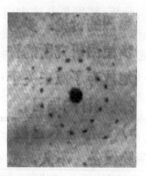

图 0.2　五水合硫酸铜的晶体结构示意图以及第一张 X 射线的衍射图

在此基础上,布拉格父子发展起了 X 射线晶体学。1913 年,根据小布拉格(William L. Bragg,1890—1971,英国)提出的公式和老布拉格(Henry Bragg,1862—1942,英国)研制的 X 射线波谱仪的实验结果,他们准确测定了晶格常数和 X 射线的波长。1915 年,布拉格父子同时获得诺贝尔物理学奖。之后,戴维逊(Clinton Davisson,1881—1958,美国)和 G. P. 汤姆逊(George P. Thomson,1892—1975,英国)研究组分别使用反射电子束和薄膜透射电子束发现了晶体的电子衍射花样,实验验证了电子的波动性,即证实了德布罗意关于微观粒子波粒二象性的假说,两人为此同时获得了 1937 年的诺贝尔物理学奖。之后人们又成功地观测到了中子的衍射,为以准粒子——声子来描述晶格振动的研究提供了重要的实验手段。

作为物理学的一个分支,固体物理学是在经典物理、化学、量子物理与晶体学结合的基础上发展起来的。通过研究固体的微观结构及其基本规律来解释宏观的物质性质,包括固体的电、磁、声、光、热等特性的物理本质。关于这些研究历程的回顾,将在本书相对应的章节中给出。

纵观固体物理学,百余年来不断发展,内容丰富,概念众多。图 0.3 的知识体系图给出了固体物理涉及的主要核心内容的脉络关系。固体物理研究的是固体的微观结构及其组成粒子(原子、离子、电子等)之间的相互作用与运动规律,这些粒子以及准粒子的运动规律均可以用量子力学的薛定谔方程来描述和处理。薛定谔方程是关于电子波函数的波动方程,描述了电子能量(E)和动量(k)的关系。电子在不同的势场中有不同的运动规律,即不同的 E-k 关系,可通过设定薛定谔方程中所对应的势能项 V 推导出来。例如,对于不受外部电场作用的自由电子,属于势能为零的情况,薛定谔方程解出的波函数是具有抛物线 E-k 关系的平面波;对于原子核附近的束缚电子,受到原子核库仑力吸引,势能项是与电子到原子核距离成反比的,这时薛定谔方程解出的波函数就是描述围绕原子核运动电子的 s、p、d 轨道;而对于晶体中的电子,处在晶格原子周期性的势场中,这时薛定谔方程的解就是布洛赫波函数,选取自由电子波函数或者束缚电子波函数为零级近似,均可推导出描述周期势场中电子运动状态的能带理论,这是固体物理中最核心的内容之一,也是分析固体电、磁、光等特性的基础。薛定谔方程同时适用于研究描述原子热振动的声子,从而诠释固体的热特性。可以看到,固体物理中涉及的各种粒子、准粒子的运动规律均可以通过薛定谔方程来处理,所以说量子力学是固体物理的重要理论基础。

本书的内容安排如下:第 1 章引入描述晶体结构的基本方法,强调晶格结构的周期性,

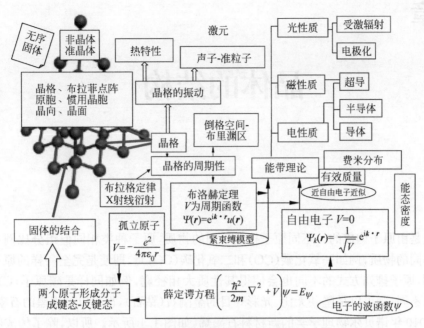

图 0.3 固体物理基础知识体系

并给出倒格空间的概念;第 2 章解释固体结合的基本规律,阐明固体结合的不同类型,同时给出非晶体、准晶体的概念;第 3 章讲述固体电子论,从自由电子索末菲模型切入,诠释有效质量、能态密度等基本概念,以近自由电子近似和紧束缚近似两种方法导出晶体周期势场中的电子能带,同时给出费米统计分布;第 4 章介绍固体的电特性,分析外场中电子运动状态的变化,以及电子在金属和半导体中的输运过程,第 5 章从固体间接触电特性的角度,给出 PN 结、CMOS 等器件的工作原理;第 6 章介绍固体的磁特性,从原子的磁性(轨道磁矩、自旋磁矩、感生磁矩)入手,分析不同物质磁性的分类;第 7 章介绍晶格振动和热特性,给出晶格振动格波和准粒子-声子的概念,同时分析物质的热特性;第 8 章介绍超导的内容,包括超导态的基本现象、唯象理论以及微观物理机制;第 9 章介绍物质的光特性,基于经典理论模型分析了电磁场与物质的相互作用。

固体物理学虽然已经有百年发展的历史,内容相对成熟,但仍然是一个充满挑战和机遇的领域。特别是近数十年来兴起的纳米科技,纳米尺度的材料合成技术和结构加工技术使得人们可以在原子/分子的尺度上操控固体的结构,从而操控固体的电、磁、声、光、热等特性。虽然纳米结构/材料依旧遵循固体物理学最基本的规律,但其既非宏观亦非微观的特有尺度(介于宏观和微观之间,故称之为"介观")场景,给固体物理学提出了新的课题。著名物理学家费曼(Richard P. Feynman,1918—1988,美国)有一句名言:"底部有无穷的空间"(There's plenty of room at the bottom)。他说的"bottom"就是指物质的微观结构层面,在这个领域有着无穷的创新空间。固体物理学作为连接物质微观结构和宏观物质性质的桥梁,将是促进人类科技文明发展的越来越重要的基础学科。

第1章

晶体的结构

物质是由原子构成的。不同原子构成不同的物质,原子种类相同但组分比例不同也可以构成不同的物质,例如一氧化碳(CO)和二氧化碳(CO_2)。即使是完全一样的原子种类和组分比例,原子排列方式的不同也会使得其性质大相径庭,例如同样是碳原子(C),由于排列方式的不同,既可以是坚硬无比、光彩夺目的金刚石(钻石),也可以是黑黑的石墨,还可以是获得 2010 年诺贝尔物理学奖的新材料石墨烯,如图 1.1 所示。所以,除了构成物质的原子种类、组成比例外,原子的排列方式也是决定物质特性的重要因素。

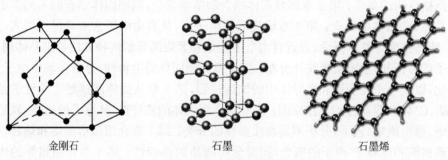

| 金刚石 | 石墨 | 石墨烯 |

图 1.1　金刚石、石墨、石墨烯的原子排列方式

组成固态物质的原子排列方式称为固体的结构。固体的结构分为有序和无序两大类。具有长程有序的固体结构,即原子按照一定的周期规则排列的固态物质,称为晶体;不具有长程有序的特性,无规则排列的固体物质称为非晶体。实际上,自然界中还有一类固态物质,其原子的排列方式介于有序和无序之间,称为准晶体。自然界中大部分的金属、半导体都是晶体,如硅(Si)、石英(SiO_2)、铜(Cu)、磷化铟(InP)、砷化镓(GaAs)等,而常见的非晶体则有玻璃、松香、塑料、橡胶等。

晶体最基本的特征是原子结构具有严格的空间周期性,是由全同的原子或原子团(分子)按照一定方式在空间重复排列构成的,这个重复周期可以是三维,也可以是二维、一维的;可以是天然形成的,也可以是人工制造的。晶体一般具有规则的几何外形、固定的熔点、晶面角守恒、各向异性等特点。

晶体分为单晶和多晶,多晶是由很多单晶的晶粒组成的。多晶和单晶的区别在于多晶存在许多界面,在界面两边的晶体结构是不接续的。理想的完美晶体是没有边界的、具有无穷大体积的单晶体,而现实中的晶体总是体积有限的,由于存在界面以及晶体内各种缺陷和热振动导致的原子排列相对于周期结构的偏离,真实世界中没有理想的完美晶体。但是为了方便分析,当晶体表面、缺陷和原子振动对于晶体的性质影响很小时,可以忽略这些因素的影响而将晶体作为完美晶体来处理。注意,完美晶体的假设有时是不适用的,例如分析纳米材料时,由于纳米材料中处于表面的分子/原子比例很大,需要考虑表面效应,故不能作为完美晶体来处理。

不同的晶体由于其结构不同具有不同的特性,因而有着不同的应用。例如,硅(Si)是微电子集成电路的材料,铜用来制作导线,而磷化铟(InP)、砷化镓(GaAs)则是光电子器件的常用材料。

晶体的结构具有很强的规律性,固体物理的主要内容就是关于晶体结构、特性规律及其内在联系的。近年来发展起来的纳米技术,使得人们可以在原子、分子的层面上操控物质的结构,从而获得自然界中已有材料所不具备的新特性。掌握固体结构与其特性之间的内在规律,为我们利用自然界已有的材料、制造新的人工材料提供了理论依据。另外,目前对于非晶体、准晶体的研究还不很完善,它们非周期的、看似无序的结构中还有很多未知的规律有待人们去探索,也为我们未来的研究提供了很大的创新空间。

1.1　晶格与点阵

晶体的周期性结构有两种表示方法。一种是把构成晶体的原子或原子团看成刚性小球(原子球)的排列,规则堆积构成晶体,如图1.2(a)所示;另一种是把原子或原子团看成一个一个抽象的几何点,然后用假想的线条把它连接起来,构成一个有规律的格架,如图1.2(b)所示。这种用空间排列的原子球或者格架描述的晶体的结构称为晶体格子,简称晶格(lattice);第二种表示方法中的抽象几何点则称为格点。

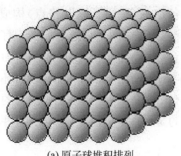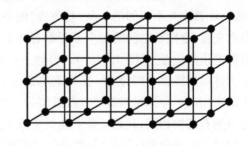

(a) 原子球堆积排列　　　　　　　　　　　(b) 格点与格架排列

图1.2　晶体结构的两种表示方法

晶格是对晶体空间排列结构的一种抽象描述,晶格的格点上放置原子或原子团即构成了晶体;同一类晶格结构可描述多种晶体,构成这些晶体的原子或原子团可以不同,相应的间距也可以不同,但是它们都具有相同的排列形式;通过定义不同的原子团,同种晶体也可以用不同的晶格来描述。

不同晶格结构格点排列的密度不同。第一种晶体结构堆积表示法中,原子球体积占总体积的百分数称为堆积比,或称为"致密度"(packing ratio),用来描述晶格中格点排列的紧密程度。

这里介绍几种典型的晶格结构：简单立方、体心立方、面心立方、金刚石、闪锌矿、六角密排。

图 1.3(a) 所示为简单立方晶格(Simple Cubic，SC)。简单立方的结构很简单，以立方体为重复单元，三个方向的周期相同，两两垂直，具有很强的对称性。如果考虑格点上只放一个单原子，自然界中只有钋(Po)是具有简单立方晶格结构的实际晶体；但是一些复杂的晶格可以在简单立方晶格的基础上加以分析。

图 1.3(b) 所示为体心立方晶格(Body-Centered Cubic，BCC)，它是在简单立方晶格的单元中心加一个"原子球"形成的。常见的体心立方结构的晶体有锂(Li)、钠(Na)、钾(K)等碱金属。

图 1.3(c) 所示为面心立方晶格(Face-Centered Cubic，FCC)，它是在简单立方晶格的六个面中心各加一个"原子球"形成的。常见的面心立方结构的晶体有铜(Cu)、金(Au)、银(Ag)、铝(Al)等金属。在面心立方结构的基础上，可以变化出金刚石、闪锌矿等晶格结构。

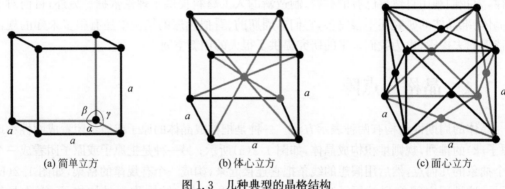

(a) 简单立方   (b) 体心立方   (c) 面心立方

图 1.3   几种典型的晶格结构

图 1.4(a) 所示是碳原子形成的金刚石结构，它是由面心立方单元的中心到顶角引 8 条"对角线"，在其中互不相邻的 4 条"对角线"的中点上各加一个"原子球"(格点)构成的；换一个角度来看，金刚石结构的每个原子都有四个最近邻原子，这四个最近邻原子正好在一个正四面体的顶角位置上(图 1.5(a))。再换一个角度，金刚石结构还可以看成两个面心立方结构沿着体对角线移动四分之一距离套构而成。这种结构的晶体，除了金刚石外，还有电子器件中最常用的半导体材料硅(Si)和锗(Ge)。图 1.5(b) 是闪锌矿结构(ZnS)，它的晶格看上去与金刚石结构相同，只是 4 条对角线中点上放置的是另一种原子。光电子器件常用到的磷化铟(InP)、砷化镓(GaAs)等都是闪锌矿结构。

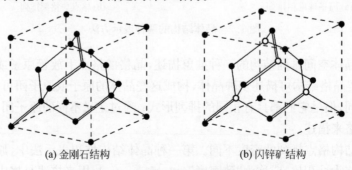

(a) 金刚石结构   (b) 闪锌矿结构

图 1.4   金刚石结构和闪锌矿结构

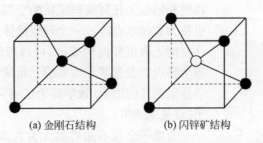

(a) 金刚石结构　　　　(b) 闪锌矿结构

图 1.5　金刚石结构和闪锌矿结构的另一种描述

　　图 1.6 表示的晶格结构是原子球在平面内最紧密的排列方式,称为密堆排列结构 (close-packed),即每个原子球周围排布有六个原子球(A 层)。不难看出,A 层上面一层原子球的球心对准 A 层球隙的排列方式可形成最紧密的堆积的结构,这种排列方式分为 B 位和 C 位两种。B 位和 C 位的两种排列方式与 A 层组合成两种堆积方式:AB AB AB⋯或者 ABC ABC ABC⋯,前者的排列方式称为六角密排晶格(Hexagonal-Close-Packed,HCP),而后者其实就是面心立方结构(图 1.7)。很多金属元素具有密堆排列结构,如铍(Be)、镁 (Mg)、锌(Zn)、镉(Cd)等是六角密排结构,氮化镓(GaN)、氮化铝(AlN)等纤锌矿结构也是六角密排结构;具有面心立方结构的金属铜(Cu)、金(Au)、银(Ag)、铝(Al)在前面已经讲到。

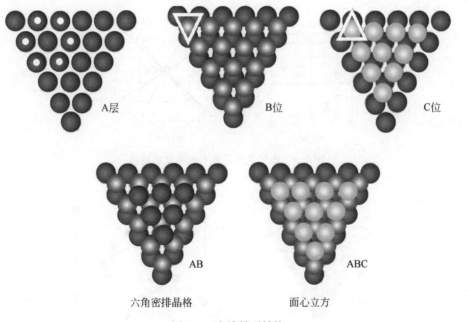

图 1.6　密堆排列结构

　　晶格分为简单晶格和复式晶格两类。如果晶格中所有格点上的原子或原子团的组成、排列、取向都完全相同,则称为简单晶格。简单晶格中格点上全同的原子或原子团称为基元,基元不仅化学性质相同而且在晶格中处于完全相同的地位,观察者处于不同基元的位置上将察觉不出任何差别。这时,如果用一个抽象的数学点来代替基元,则得到与晶体的几何

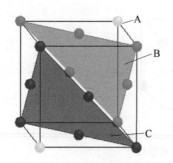

图 1.7　面心立方是密堆排列
结构中的 ABC 型

特性相同但无任何物理实质的空间格子,称为布拉菲格子,也称为布拉菲点阵。一个理想晶体是由基元这种结构单元在空间无限重复而构成的,可以理解成在布拉菲点阵中的每个格点上安置基元构成的。布拉菲格子(点阵)是纯粹数学抽象的几何图形,数学群论证明只可能有 14 种布拉菲格子(详见 1.3 节)。

考虑一个没有边界的无穷大点阵,其中有些格点与另一些格点不等价,这种不等价可以来自格点上化学元素的不同或格点本身空间几何构形的不同,这个点阵与复式晶格相对应。复式晶格是指晶格结点上的原子或原子团不是全部"等价"的,例如图 1.8 所示的 NaCl、CsCl、ZnO,看似是简单立方或者体心立方结构,但是不同格点上的化学元素不同,所以都是复式晶格。即使是同一种原子或者原子团构成的晶体,也可以是复式晶格。例如图 1.9 所示,可以看到六角密排中 A 层格点和 B 层格点的几何处境不同,从 A 原子看上下两层原子构成的三角形的朝向和从 B 原子看上下两层原子构成三角形的朝向是不同的;金刚石结构中的四面体顶角格点和中心格点在晶格中占据的位置在几何上也是不等价的,所以,六角密排和金刚石的晶格结构决定了其格点上的原子或原子团是"不等价"的,它们都不是布拉菲格子,属于复式晶格。

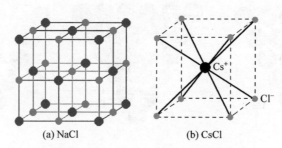

(a) NaCl　　　　　　　　(b) CsCl

图 1.8　由于化学元素不同的复式晶格

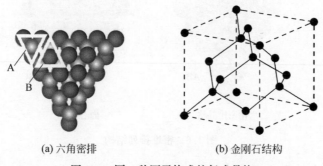

(a) 六角密排　　　　　　　(b) 金刚石结构

图 1.9　同一种原子构成的复式晶格

复式晶格可以看成由简单晶格相互穿套而成,每个简单晶格由相同的基元形成。例如图 1.10 所示,NaCl 晶体可以看成由 Na^+ 和 Cl^- 的面心立方结构的套构而形成,而图 1.11 所示则是由简单立方结构的 Cs^+ 和 Cl^- 套构形成 CsCl 的复式晶格。

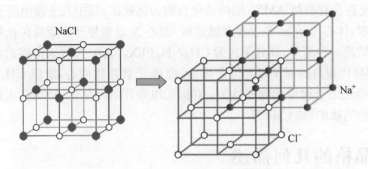

图 1.10　由面心立方结构的 Na^+ 和 Cl^- 套构形成 NaCl 的复式晶格

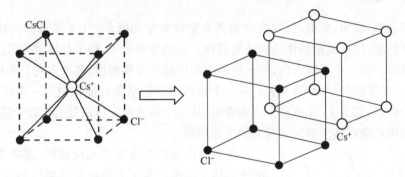

图 1.11　由简单立方结构的 Cs^+ 和 Cl^- 套构形成 CsCl 的复式晶格

在定义一组不等价的格点构成的基元以后，非布拉菲格子可以转换为布拉菲格子。例如，定义相邻的 Na^+ 和 Cl^- 为基元，NaCl 晶体可以看成由这种基元构成的面心立方结构，同样，定义相邻的 Cs^+ 和 Cl^- 为基元，CsCl 晶体则可以看成基元构成的简单立方结构。对于一个给定的晶体，总可以通过定义基元抽象出一种布拉菲格子，使得每个格点上的原子或原子团完全"等价"；基元的选择可以不唯一。

以上介绍的简单立方、体心立方、面心立方、金刚石、闪锌矿、六角密排是典型的基本晶格结构，可借此描述很多自然界中存在的复杂晶体结构。例如近年在太阳能电池研究中用到的钙钛矿结构，就可以看成体心立方加上面心立方的结构（图 1.12）。钙钛矿的组成是

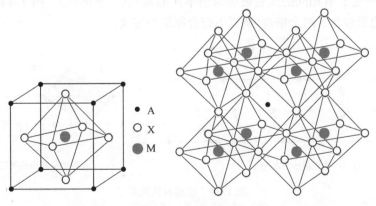

图 1.12　钙钛矿结构

$CaTiO_3$，目前统称具有类似 AMX_3 结构的化合物为钙钛矿，其中八个顶角原子 A 是镧系元素或者碱土元素，体心原子 M 是过渡金属元素，面心 X 是氧原子；金属卤化物钙钛矿是传统氧化物钙钛矿的一种变形，其分子式为 $CH_3NH_3PbX_3$，其中 X 代表卤族元素 Cl、Br、I，由 CH_3NH_3 基团替代顶角的原子，Pb 位于体心，卤族元素替代面心，所以 $CH_3NH_3PbX_3$ 也称为有机无机杂化的金属卤化物钙钛矿；有机无机杂化的钙钛矿不稳定，人们又发展了无机的金属卤化物钙钛矿，如 $CsPbX_3$。

1.2　晶格的几何描述

1.2.1　晶胞

在介绍晶胞、晶向、晶面之前，先介绍基本平移矢量的概念。1.1 节讲到的格子（点阵）是一种数学抽象，用来概括晶体结构的周期性。布拉菲格子中，整个晶体结构可以看作由代表基元的点沿空间三个不同方向，按一定的距离周期性平移构成，各个方向上平移周期的基本矢量，即基本平移矢量，简称基矢。从一个格点出发的基矢只能指向另一个格点，且不能穿过第 3 个格点，如图 1.13 所示。不难看出，从一个格点出发可以做出无数个基矢，每个基矢的大小表明晶格在这个基矢方向上的平移周期。

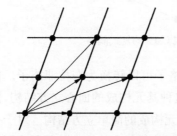

图 1.13　箭头表示从一个格点出发的基本平移矢量（基矢）

晶格是由周期性重复单元构成的，这些周期性重复的单元称为晶胞。为了方便研究晶格结构的不同特点，晶胞有两种定义方法，一种是原胞（primitive unit cell），另一种是单胞，也称为惯用晶胞（conventional unit cell）。

原胞是体积最小的晶胞，是可以平移完全覆盖点阵结构的最小单元，一个原胞中只含有一个格点。例如二维的点阵中由基矢围合起来的平行四边形，或者三维结构中由基矢围合起来的平行六面体；原胞的选取不唯一，原则上讲只要是最小周期性单元就可以。图 1.14（a）中的平行四边形都是原胞，考虑到相邻原胞对格点的共用，这里每个平行四边形顶点上只占 1/4 的格点。尽管原胞的选取方式不同，它们一定具有相同的代表最小周期单元的面积（二维体积）。图 1.14（b）中带有阴影的平行四边形包含了两个格点，所以不符合原胞的定义。

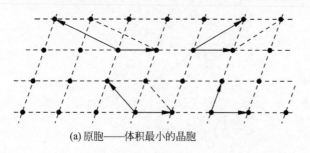

(a) 原胞——体积最小的晶胞

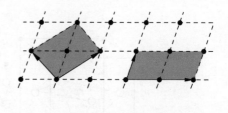

(b) 图中带阴影的图形不是原胞

图 1.14　原胞及其判断

原胞只含有一个格点,但不一定只含有一个原子。格点上的基元如果是一个单一原子,原胞中就只有一个原子;基元如果是多个原子构成的原子团,原胞中的原子数等于基元中含有的原子数。

一些常用的晶格结构有其约定俗成的原胞选取方式,图 1.15(a)和图 1.15(b) 给出了面心立方和体心立方原胞的习惯选取方式。

图 1.15(c) 给出了复式晶格 NaCl 的原胞选取方式。图 1.10 描述了 NaCl 晶格可以看成由 Na^+ 的面心立方晶格和 Cl^- 的面心立方晶格穿套而成,NaCl 晶格的原胞就是相应的面心立方的原胞,在原胞中包含 Na^+ 和 Cl^- 各一个。可以取为 Cl^- 的面心立方晶格原胞中心加一个 Na^+,当然反过来取也是可以的。如图 1.15(c)中虚线构成的六面体,由 Cl^- 的面心立方晶格原胞加中心的一个 Na^+ 组成。

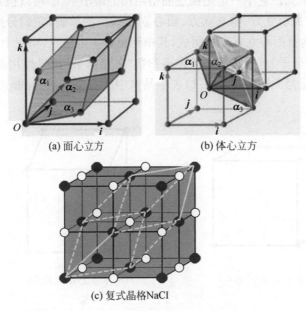

(a) 面心立方　　　　(b) 体心立方

(c) 复式晶格NaCl

图 1.15 原胞的习惯选取方式

还有一种原胞的选取方式,称为维格纳-塞茨原胞(Wigner-Seitz cell),是 20 世纪 30 年代由维格纳(Eugene Paul Wigner,1902—1995,美国)和塞茨(Frederick Seitz,1911—2008,美国)提出的。具体的选取方法是以某一格点为中心,画出中心到各个最邻近格点的连线,这些连线的垂直平分面所围成的最小的封闭多面体(二维则为多边形)就是维格纳-塞茨原胞,如图 1.16 所示。很明显,维格纳-塞茨原胞只包含一个格点,且位于原胞的中心(即中心格点)。

原胞的 3 个线性不相关的边矢量构成一组晶格基矢,如图 1.15 所示的 α_1、α_2、α_3。由于原胞是可以平移完全覆盖点阵结构的最小单元,所以,晶格基矢 α_1、α_2、α_3 构成一组完备基,在设定某一格点为原点后,点阵中任一格点的位置都可以表示成

$$\boldsymbol{R} = n_1\boldsymbol{\alpha}_1 + n_2\boldsymbol{\alpha}_2 + n_3\boldsymbol{\alpha}_3 \qquad (1\text{-}1)$$

其中 n_1、n_2、n_3 为一组整数。(注意,"晶格基矢"与图 1.13 所示"基本平移矢量(基矢)"的定义不同,"晶格基矢"由 3 个线性不相关的"基本平移矢量(基矢)"组成。)

单胞也称为惯用晶胞(conventional unit cell),是点阵中产生完全平移覆盖,并能体现

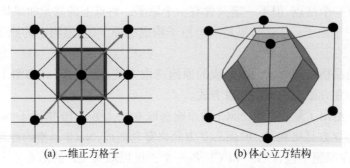

(a) 二维正方格子 (b) 体心立方结构

图 1.16 维格纳-塞茨原胞的选取方式

旋转对称性的常用单元。它不一定是描述晶格结构的最小单元，可以包含多个格点，比较直观。图 1.17 给出了简单立方、体心立方、面心立方结构的单胞，它们分别包含 1 个、2 个、4 个格点；金刚石结构是面心立方套构而成，其单胞也有 4 个格点（格点上的基元由 2 个原子组成，单胞包含 8 个原子）。通常使用的重要参数"晶格常数"就是惯用晶胞的边长。注意，用惯用晶胞的边矢量是无法通过式(1-1)表示晶格中所有格点的，除非式中 n_1、n_2、n_3 取非整数。

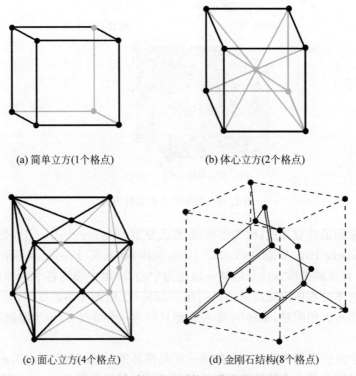

(a) 简单立方(1个格点) (b) 体心立方(2个格点)

(c) 面心立方(4个格点) (d) 金刚石结构(8个格点)

图 1.17 几个常见晶格结构的单胞(惯用晶胞)

任意一个晶格结构，在以其惯用晶胞三个维度上的边矢量（一般是正交的）作为单位矢量 i,j,k 构成的坐标系中，可以写出晶格基矢（原胞的边矢量）α_1、α_2、α_3。

简单立方晶格的立方单元就是最小的周期性单元（原胞），设其周期为 a，三个晶格基矢可以写成

$$\boldsymbol{\alpha}_1 = a\boldsymbol{i}$$
$$\boldsymbol{\alpha}_2 = a\boldsymbol{j} \tag{1-2}$$
$$\boldsymbol{\alpha}_3 = a\boldsymbol{k}$$

体心立方晶格和面心立方晶格的晶格基矢如图 1.15 所示，可以分别写成

$$\boldsymbol{\alpha}_1 = \frac{1}{2}(-\boldsymbol{a}_1 + \boldsymbol{a}_2 + \boldsymbol{a}_3) = \frac{a}{2}(-\boldsymbol{i} + \boldsymbol{j} + \boldsymbol{k})$$

$$\boldsymbol{\alpha}_2 = \frac{1}{2}(\boldsymbol{a}_1 - \boldsymbol{a}_2 + \boldsymbol{a}_3) = \frac{a}{2}(\boldsymbol{i} - \boldsymbol{j} + \boldsymbol{k}) \tag{1-3}$$

$$\boldsymbol{\alpha}_3 = \frac{1}{2}(\boldsymbol{a}_1 + \boldsymbol{a}_2 - \boldsymbol{a}_3) = \frac{a}{2}(\boldsymbol{i} + \boldsymbol{j} - \boldsymbol{k})$$

和

$$\boldsymbol{\alpha}_1 = \frac{1}{2}(\boldsymbol{a}_2 + \boldsymbol{a}_3) = \frac{a}{2}(\boldsymbol{j} + \boldsymbol{k})$$

$$\boldsymbol{\alpha}_2 = \frac{1}{2}(\boldsymbol{a}_1 + \boldsymbol{a}_3) = \frac{a}{2}(\boldsymbol{i} + \boldsymbol{k}) \tag{1-4}$$

$$\boldsymbol{\alpha}_3 = \frac{1}{2}(\boldsymbol{a}_1 + \boldsymbol{a}_2) = \frac{a}{2}(\boldsymbol{i} + \boldsymbol{j})$$

式(1-2)～式(1-4)表示原胞与惯用晶胞之间的关系，或者说晶格基矢与惯用晶胞边矢量的相互关系。

惯用晶胞的边长称为"晶格常数"(lattice constant)，是晶体的基本结构参数。三维空间中的晶格一般有 3 个晶格常数。

原胞与惯用晶胞是描述晶格结构的不同划分方法，各有各的用途。1.3 节涉及的倒格空间，是与原胞的概念相联系的，而本节将要讲述的晶格致密度的计算以及晶列指数和晶向指数的定义，用到的则是惯用晶胞的概念。

前面提到，原子球体积占总体积的百分数称为堆积比或"致密度"，用来描述晶格中原子排列的紧密程度。(注意这里所说的"原子球"的体积不是实际原子的体积，因为原子没有一个精确定义的最外层，通常所说的原子半径是根据相邻原子的平均核间距测定的。比如，氯气分子中两个 Cl 原子的核间距为 1.988Å，我们就把此核间距的一半 0.994Å 定为氯原子的半径。)用这里定义的惯用晶胞，可以方便地计算致密度。采用原子堆积的晶格描述方法，图 1.18 给出了体心立方、面心立方和六角密排晶格每个惯用晶胞中堆积排列的原子数；从致密度定义不难看出，致密度就是晶胞中原子球体积(看成堆积的原子球)与晶胞体积之比，即

$$k = \frac{nv}{V} \tag{1-5}$$

其中 $v = \dfrac{4\pi r^3}{3}$ 为单个原子球的体积，V 为晶胞体积，n 为一个晶胞中的原子数。

1.2.2　晶向与晶面

下面讨论布拉菲格子的晶向和晶面。

晶体具有宏观方向性，不同的方向上特性不同。微观上布拉菲格子中基元(原子或原子

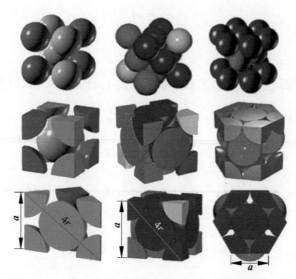

图 1.18　体心立方、面心立方和六角密排晶格每个惯用晶胞中的密排原子数

团)分列在一系列直线系上(图 1.19(a)),这些直线都相互平行,1 组平行直线称为 1 个晶列。不同晶列拥有不同的晶向,用晶向指数来标定。

晶向指数是以立方晶系晶格的惯用晶胞,即简单立方结构来定义的(体心立方和面心立方都是在简单立方结构中定义),以其边矢量 a_1、a_2、a_3 为单位位移矢量,从一个格点到某个方向上最近邻格点的位移矢量可以表示成

$$l_1a_1 + l_2a_2 + l_3a_3 \tag{1-6}$$

则这个方向的晶向可用 $[l_1l_2l_3]$ 表示,$l_1l_2l_3$ 称为晶向指数。图 1.19(b)中标出了简单立方晶格中 $[100]$、$[110]$、$[111]$ 的晶向。对于立方晶格中对称的晶向,例如图 1.20 所示的 6 个立方边的晶向(晶向指数上加横杠表示的是负向指数),是完全等同的,晶体在这些方向上的性质相同,没有区别,所以这 6 个晶向可以统一用尖括弧 $<100>$ 来表示。与此类似,对角线晶向用 $<111>$、面对角线晶向用 $<110>$ 来表示。$<100>$、$<111>$、$<110>$ 称为等效晶向,代表的是性质相同的晶向组。

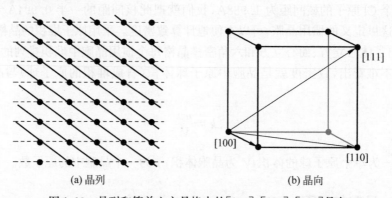

(a) 晶列　　　　　　　　　　　　　　　(b) 晶向

图 1.19　晶列和简单立方晶格中的 $[100]$、$[110]$、$[111]$ 晶向

如图 1.21 所示,布拉菲格子的格点是分列在平行等距的平面系上的,这些平行的平面系称为晶面系(族)。

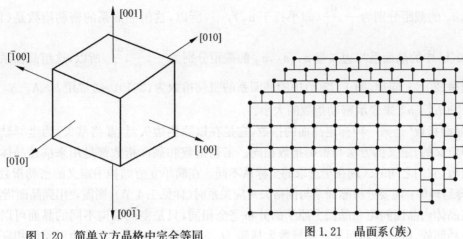

图 1.20 简单立方晶格中完全等同
的 6 个立方边晶向

图 1.21 晶面系(族)

晶面系具有如下特点：

(1) 晶面系一经划定,所有的格点全部包含在晶面系中无遗漏；

(2) 一族晶面平行且两两等距,这是晶格周期性的必然结果；

(3) 同一个格子可以有无穷多方向不同的晶面系。

晶面可以用密勒指数(Miller indices)或晶面指数来标定。

密勒指数与晶向指数一样,也是在立方晶系惯用晶胞(即简单立方结构)中定义的。如图 1.22 所示,以简单立方结构边矢量为基矢构成的直角坐标系(i, j, k)中分析一族晶面,因为所有格点都在晶面系上,所以必有一晶面通过原点；其他晶面既然相互等距,将均匀切割各坐标轴。不难看出,惯用晶胞边矢量 a_1, a_2, a_3 必定是晶面在该基矢方向上晶面间距的整数倍,换言之,第一个离开原点的晶面与边矢量轴的截距,必定是惯用晶胞边矢量长度的 $1/h$(h 为整数)。三个方向上有三个截距 $1/h_1$、$1/h_2$、$1/h_3$,则 h_1、h_2、h_3 称为这组晶面的密勒指数,用圆括弧表示,即晶面($h_1 h_2 h_3$)。具体来说,图 1.22(a)中的晶面系与边矢量

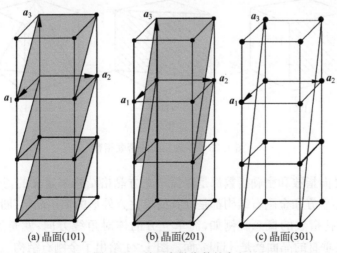

(a) 晶面(101)　　　　(b) 晶面(201)　　　　(c) 晶面(301)

图 1.22 晶面密勒指数的定义

a_1,a_2,a_3 的截距分别为 $\dfrac{a_1}{1},\dfrac{a_2}{0}$(即平行于 a_2),$\dfrac{a_3}{1}$,所以,这组晶面系的密勒指数是(101);

图 1.22(b)中的晶面系与边矢量 a_1,a_2,a_3 的截距分别为 $\dfrac{a_1}{2},\dfrac{a_2}{0},\dfrac{a_3}{1}$,所以,这组晶面系的密勒指数是(201);同理,图 1.22(c)中的晶面系的密勒指数为(301)。通常用 h_1、h_2、h_3 的平方和 $h_1^2+h_2^2+h_3^2$ 来表示密勒指数的大小。

"晶面指数"是另一种标定晶面的指数,它是在以原胞边矢量(晶格基矢)为坐标轴的坐标系中定义的,定义的方法与密勒指数相同。密勒指数和晶面指数都是用来描述晶体中晶面的指数,它们之间的区别在于选取的坐标系不同。在简单立方结构中定义的密勒指数比较直观,容易理解;而要分析晶面系与倒格矢对应关系时(详见 1.4 节),则需要用到晶面指数。

在晶体内晶面间距和晶面上原子的分布完全相同,只是空间位向不同的晶面可以归并为同一晶面族,以等效晶面的密勒指数大括弧 $\{h_1h_2h_3\}$ 来表示,它代表由对称性相联系的若干组等效晶面的总和。如图 1.23 所示,(001)、(100)、(010)的等效晶面的密勒指数为 $\{100\}$。由于符号相反的密勒指数所表示的晶面是相互平行的,例如晶面(111)和晶面 $(\bar{1}\,\bar{1}\,\bar{1})$,所以它们属于同一晶面族。等效晶面 $\{100\}$、$\{111\}$、$\{110\}$ 分别对应三、四、六个不同的晶面族。

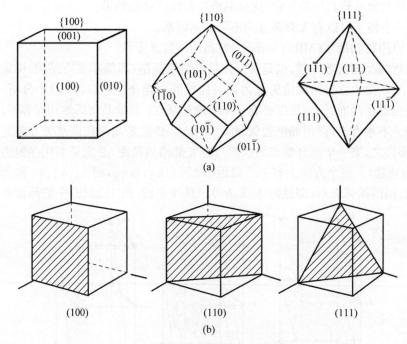

图 1.23 等效晶面的密勒指数

前面提到,晶向指数和密勒指数都是以简单立方晶格结构来定义的,其他的晶格结构,如体心立方、面心立方和金刚石结构都是在其简单立方外形的惯用晶胞(图 1.17 所示)中使用晶向指数和密勒指数的概念。例如,简单立方的体对角线方向,就是这些其他晶格的 [111] 方向,与之垂直的晶面就是 $\{111\}$ 面。图 1.24 给出了金刚石结构 [111] 方向的原子排列,很明显,金刚石的 $\{111\}$ 面是由双层原子排列构成的。

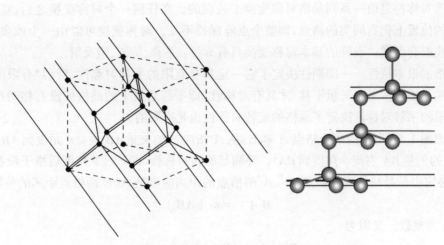

图 1.24 金刚石结构中 {111} 面由双层原子排列构成

1.3 晶体的宏观对称性

对称(symmetry)是指在某种变换条件下物体或图形出现不变的现象,一般是指正交变换下的不变性,正交变换即保持两点距离不变的变换。

按几何学意义,一个图形在运动(被操作)之后不发生任何变化,看上去像不动似的,这个图形针对这个运动(操作)就是对称的。不同类别的对称是根据物体可能有的保持不变的运动形式来定义的。例如"平移对称"或"旋转对称",即指该图形在平移或旋转之后保持一切不变,就像没有运动过一样。

不同的图形,对于某个运动(操作)的对称程度是不一样的。例如图 1.25 所示的不同图形,对于旋转操作的对称度可分析如下:

① 圆:任意旋转都与自身重合。
② 正方形:只有旋转 $\pi/2$、π、$3\pi/2$、2π,才能与自身重合。
③ 等腰梯形:只有旋转 2π 才能与自身重合。
④ 不规则四边形:只有旋转 2π 才能与自身重合。

所以,对于旋转操作,圆的对称性最好,正方形次之,等腰梯形和不规则四边形最差。采用旋转法可区分圆、正方形和等腰梯形或不规则四边形,但是不能区分等腰梯形或不规则四边形。当然,等腰梯形较之不规则四边形多了一个反射对称性,如图 1.25(c)所示对称轴。

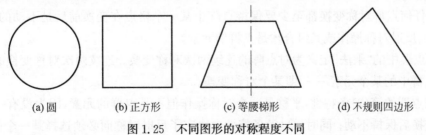

(a)圆　　　(b)正方形　　　(c)等腰梯形　　　(d)不规则四边形

图 1.25 不同图形的对称程度不同

　　点阵对称性是由一系列晶格对称变换来表现的。在任何一个对称变换之后,点阵中任意格点的位置上仍有同类的格点,即整个点阵保持不变。对称变换可以由一个或多个基本对称变换组合而成。点阵的基本对称变换只有 3 种:平移、旋转、镜反射。

　　晶格的根本特性——周期性决定了它一定具有有限的平移对称性,所谓“有限的”是指必须按照晶格基本平移矢量平移,才具有对称性,即平移后整个的晶格像没有移动过一样。这个有限的平移对称性决定了晶格的旋转对称性也是有限的。

　　考虑图 1.26 所示的两个格点 A 和 B,从 A 指向 B 的矢量 $\boldsymbol{AB}$ 左旋 θ 角度到 $\boldsymbol{AB'}$;从 B 指向 A 的矢量 $\boldsymbol{BA}$ 右旋 θ 角度到 $\boldsymbol{BA'}$。要满足旋转对称性,即转过 θ 角度后格子没有变化,B'、A' 必定也是晶格的两个格点,B'、A' 两格点的距离应该是 A、B 两格点距离的整数倍:

$$|\boldsymbol{B'A'}|=m|\boldsymbol{AB}| \tag{1-7}$$

其中,m 为整数。又因为

$$|\boldsymbol{B'A'}|=|\boldsymbol{AB}|(1-2\cos\theta) \tag{1-8}$$

$$m=1-2\cos\theta \tag{1-9}$$

要保证 m 为整数,θ 取 $0°$、$60°$、$90°$、$120°$、$180°$,或表示成

$$\theta=\frac{2\pi}{n} \quad (n=1,2,3,4,6) \tag{1-10}$$

旋转 $\theta=\frac{2\pi}{n}$ 的轴则称为 n 重旋转轴。这里点阵的各种对称变换称为对称素,n 重旋转轴的旋转对称变换所对应的对称素称为 C_1、C_2、C_3、C_4、C_6,分别对应旋转 $360°$、$180°$、$120°$、$90°$、$60°$,其中 C_1(旋转 $360°$)是所有结构都具有的,所有物体普遍存在的对称变换。

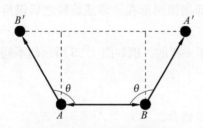

图 1.26　晶体的旋转对称性分析

　　反射对称是指对于一个平面,平面一边的任一点,在平面的另一边镜像对称的位置上有一个完全一样的点。换句话说,如果物体的一半是另一半的镜像,这个物体就是反射对称的,也称为镜反射对称。点阵的镜反射操作就是以某个对称面为基准对点阵进行镜像的反射操作,如整个点阵在此操作后能够保持不变,那么该点阵就具有镜反射对称性。

　　对称素组成的操作群,称为点群。点群是一种特殊的群,有如下特性:

　　(1) 点群元素是点阵的一个对称变换。其中“不动”对称变换也是一个群元素,相当于普通乘法中的“1”。

　　(2) 任何点群对称变换都至少要保持点阵中某一个格点在变换前后是不动的。所以,只有旋转、反射对称操作或其组合才是点群的元素。

　　(3) 点群中的“乘法”定义为对点阵的连续两次对称变换。连续两次对称变换必然等价于同一点群中的某个元素 —— 即某个对称变换。

　　根据点群的第(2)条特性,平移是一个对称操作但不是点群的元素,因为没有一个格点在平移变换后保持不动;同时,第(2)条特性也决定了反射对称面必须选择某一个晶面;当然,晶面不一定都是反射对称面。

由于对称素有限,且组合时受到的严格限制,所以只能组成 32 个不相同的点群。即晶体的宏观对称性只有 32 个不同类型,分别用 32 个点群来概括。

C_1：不动操作(1)；

C_n：只包含一个 n 重旋转轴的点群称为回转群(4)；

C_i：C_1 群加上中心反演(1)；

C_s：C_1 群加上反映面(1)；

C_{nh}：C_n 群加上与 n 重轴垂直的反映面(4)；

C_{nv}：C_n 群加上 n 个含 n 重轴的反映面(4)；

S_n：只包含旋转反演轴(2)；

D_n：包含一个 n 重旋转轴和 n 个与之垂直的二重轴的点群称为双面群(4)；

D_{nh}：D_n 群加上与 n 重轴垂直的反映面(4)；

D_{nd}：D_n 群加上通过 n 重轴及两根二重轴角平分线的反映面(2)；

O_h：立方对称的 48 个对称操作(1)；

T_d：正四面体的 24 个对称操作(1)；

O：O_h 群中的 24 个纯转动操作(1)；

T：T_d 群中的 12 个纯转动操作(1)；

T_h：T 群加上中心反演(1)。

括号中的数字表示的是点群数。

图 1.27 给出几种对称操作的示意图。中心反演操作 C_i 即从 A 变换到 B,而二重旋转操作 C_2 是从 A 变换到 A'。注意,旋转反演操作群只有 S_3 和 S_4 两个,因为 S_1 就是 C_i,而二重旋转反演操作 S_2 就是反映面操作 C_s(从 A 变换到 A'')。

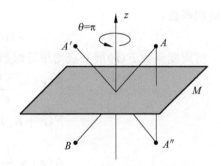

图 1.27　几种对称操作的示意图

布拉菲(A. Bravais,1811—1863,法国)于 1850 年用数学群论的方法推导出空间点阵只能有 14 种：简单三斜、简单单斜、底心单斜、简单正交、底心正交、体心正交、面心正交、简单六方、三角、简单四方、体心四方、简单立方、体心立方、面心立方。根据其对称特点,它们分别属于 7 个晶系,如表 1.1 中所列。

表 1.1　14 种布拉菲格子的对称性及所属点群(α,β,γ 见图 1.3(a))

晶　　系	对称性特征	晶 胞 参 数	所属点群	布拉菲格子
三斜	只有 C_1 或 C_i	$a\neq b\neq c$ $\alpha\neq\beta\neq\gamma$	C_1、C_i	简单三斜
单斜	唯一 C_2 或 C_s	$a\neq b\neq c$ $\alpha=\gamma=90°\neq\beta$	C_2、C_s、C_{2h}	简单/底心单斜
正交	3 个 C_2 或 C_s	$a\neq b\neq c$ $\alpha=\beta=\gamma=90°$	D_2、C_{2V}、D_{2h}	简单/底心/体心/面心正交
三方	唯一 C_3 或 C_6	$a=b=c$ $\alpha=\beta=\gamma\neq90°$	C_3、S_6、D_3、C_{3V}、D_{3d}	三角

晶　系	对称性特征	晶胞参数	所属点群	布拉菲格子
四方	唯一 C_4 或 S_4	$a=b\neq c$ $\alpha=\beta=\gamma=90°$	C_4、S_4、C_{4h}、D_4、C_{4V}、D_{2d}、D_{4h}	简单/体心四方
六方	唯一 C_6 或 S_3	$a=b\neq c$ $\alpha=\beta=90°,\gamma=120°$	C_6、C_{3h}、C_{6h}、D_6、C_{6V}、D_{3h}、D_{6h}	六角
立方	4 个 C_3	$a=b=c$ $\alpha=\beta=\gamma=90°$	T、T_h、T_d、O、O_h	简单/体心/面心立方

1.4　倒格子与布里渊区

晶体结构的空间周期性可以引入倒格子的概念来描述。

针对一个时域周期函数,其时间周期 T 的倒数即为频率——单位时间的周期数,那么空间的周期 R 的倒数,即单位空间的周期数,则可以看成"空间的频率"。

设一周期格子,其格点由关系式

$$\boldsymbol{R}_n = n_1\boldsymbol{\alpha}_1 + n_2\boldsymbol{\alpha}_2 + n_3\boldsymbol{\alpha}_3 \tag{1-11}$$

表示,$\boldsymbol{\alpha}_1$、$\boldsymbol{\alpha}_2$、$\boldsymbol{\alpha}_3$ 是晶格基矢(原胞的边矢量)。由于晶格的周期性,其相关物理性质 $F(\boldsymbol{r})$ 亦为周期函数:

$$F(\boldsymbol{r}+\boldsymbol{R}_n) = F(\boldsymbol{r}) \tag{1-12}$$

将周期函数 $F(\boldsymbol{r})$ 展开成傅里叶级数,有

$$F(\boldsymbol{r}) = \sum_g A(\boldsymbol{g})\mathrm{e}^{\mathrm{i}\boldsymbol{g}\cdot\boldsymbol{r}} \tag{1-13}$$

$$F(\boldsymbol{r}+\boldsymbol{R}_n) = \sum_g A(\boldsymbol{g})\mathrm{e}^{\mathrm{i}\boldsymbol{g}\cdot(\boldsymbol{r}+\boldsymbol{R}_n)} \tag{1-14}$$

$$A(\boldsymbol{g}) = \frac{1}{\Omega}\int_\Omega F(\boldsymbol{r})\mathrm{e}^{-\mathrm{i}\boldsymbol{g}\cdot\boldsymbol{r}}\mathrm{d}\boldsymbol{r} \tag{1-15}$$

$A(\boldsymbol{g})$ 为傅里叶级数展开系数,$\boldsymbol{g}$ 的量纲是空间尺度的倒数,对应时域周期函数傅里叶级数展开中的频率,$\boldsymbol{g}$ 可以理解成"空间频率"。由式(1-12),比较式(1-13)和式(1-14),可知

$$\mathrm{e}^{\mathrm{i}\boldsymbol{g}\cdot\boldsymbol{R}_n} = 1 \tag{1-16}$$

即

$$\boldsymbol{g}\cdot\boldsymbol{R}_n = 2\pi m \quad (m\text{ 为整数})$$

对布拉菲格子中的所有格矢量 $\boldsymbol{R}$ 满足式(1-15)的 $\boldsymbol{g}$ 记为 $\boldsymbol{G}_h$,则有

$$\boldsymbol{G}_h\cdot\boldsymbol{R}_n = 2\pi m \tag{1-17}$$

满足式(1-17)的全部矢量 $\boldsymbol{G}_h$ 端点的集合,构成该布拉菲格子的倒格子;由于 $\boldsymbol{G}_h$ 的量纲是空间尺度的倒数,与波矢的量纲相同,其端点(倒格点)可以用波矢 $\boldsymbol{k}$ 空间的格点来表示;矢量 $\boldsymbol{G}_h$ 也称为倒格矢。

对于给定的周期格子,都可以求出它对应的倒格子。设由式(1-11)表示的格子的倒格矢为

$$\boldsymbol{G}_h = h_1\boldsymbol{\beta}_1 + h_2\boldsymbol{\beta}_2 + h_3\boldsymbol{\beta}_3 \quad (h_1,h_2,h_3\text{ 为整数}) \tag{1-18}$$

$\boldsymbol{\beta}_1$、$\boldsymbol{\beta}_2$、$\boldsymbol{\beta}_3$ 为倒格子基矢,对应实空间的"晶格基矢"。则根据式(1-17)倒格矢的定义,有

$$\boldsymbol{\alpha}_i \cdot \boldsymbol{\beta}_j = 2\pi\delta_{ij} \quad (i,j=1,2,3) \tag{1-19}$$

所以,$\boldsymbol{\beta}_1$、$\boldsymbol{\beta}_2$、$\boldsymbol{\beta}_3$ 分别为

$$\boldsymbol{\beta}_1 = 2\pi \frac{\boldsymbol{\alpha}_2 \times \boldsymbol{\alpha}_3}{\boldsymbol{\alpha}_1 \cdot [\boldsymbol{\alpha}_2 \times \boldsymbol{\alpha}_3]} \tag{1-20}$$

$$\boldsymbol{\beta}_2 = 2\pi \frac{\boldsymbol{\alpha}_3 \times \boldsymbol{\alpha}_1}{\boldsymbol{\alpha}_2 \cdot [\boldsymbol{\alpha}_3 \times \boldsymbol{\alpha}_1]} \tag{1-21}$$

$$\boldsymbol{\beta}_3 = 2\pi \frac{\boldsymbol{\alpha}_1 \times \boldsymbol{\alpha}_2}{\boldsymbol{\alpha}_3 \cdot [\boldsymbol{\alpha}_1 \times \boldsymbol{\alpha}_2]} \tag{1-22}$$

以 $\boldsymbol{\beta}_1$、$\boldsymbol{\beta}_2$、$\boldsymbol{\beta}_3$ 为基矢构成的 $\boldsymbol{k}$ 空间周期结构 $\boldsymbol{G}_h = h_1\boldsymbol{\beta}_1 + h_2\boldsymbol{\beta}_2 + h_3\boldsymbol{\beta}_3$ 就是实空间周期结构 $\boldsymbol{R}_n = n_1\boldsymbol{\alpha}_1 + n_2\boldsymbol{\alpha}_2 + n_3\boldsymbol{\alpha}_3$ 的倒格子。

在立方晶系惯用晶胞(简单立方结构)边矢量构成的坐标系$(\boldsymbol{i},\boldsymbol{j},\boldsymbol{k})$中可以写出不同晶格结构倒格子的表达式(1-18)。设惯用晶胞的边长为 a,简单立方晶格倒格子基矢:

$$\begin{cases} \boldsymbol{\beta}_1 = \left(\dfrac{2\pi}{a}\right)\boldsymbol{i} \\[2mm] \boldsymbol{\beta}_2 = \left(\dfrac{2\pi}{a}\right)\boldsymbol{j} \\[2mm] \boldsymbol{\beta}_3 = \left(\dfrac{2\pi}{a}\right)\boldsymbol{k} \end{cases} \tag{1-23}$$

体心立方晶格的倒格子是面心立方结构,倒格子基矢为

$$\begin{cases} \boldsymbol{\beta}_1 = (2\pi/a)(\boldsymbol{j}+\boldsymbol{k}) \\ \boldsymbol{\beta}_2 = (2\pi/a)(\boldsymbol{k}+\boldsymbol{i}) \\ \boldsymbol{\beta}_3 = (2\pi/a)(\boldsymbol{i}+\boldsymbol{j}) \end{cases} \tag{1-24}$$

而面心立方晶格的倒格子则为体心立方结构,倒格子基矢为

$$\begin{cases} \boldsymbol{\beta}_1 = (2\pi/a)(-\boldsymbol{i}+\boldsymbol{j}+\boldsymbol{k}) \\ \boldsymbol{\beta}_2 = (2\pi/a)(\boldsymbol{i}-\boldsymbol{j}+\boldsymbol{k}) \\ \boldsymbol{\beta}_3 = (2\pi/a)(\boldsymbol{i}+\boldsymbol{j}-\boldsymbol{k}) \end{cases} \tag{1-25}$$

下面看一下晶面族与倒格矢的关系。

(1) 以晶面指数$(h_1 h_2 h_3)$描述的一族晶面与倒格矢 $\boldsymbol{G}_h = h_1\boldsymbol{\beta}_1 + h_2\boldsymbol{\beta}_2 + h_3\boldsymbol{\beta}_3$ 正交(可以理解成以倒格矢 $\boldsymbol{G}_h = h_1\boldsymbol{\beta}_1 + h_2\boldsymbol{\beta}_2 + h_3\boldsymbol{\beta}_3$ 为波矢的波的传播方向与晶面族$(h_1 h_2 h_3)$垂直)。注意,这里的晶面指数是在以一组晶格基矢(原胞边矢量)为坐标轴的坐标系中定义的。

证明如下:

如图 1.28 所示,对于正格子晶面上的矢量$\dfrac{\boldsymbol{\alpha}_1}{h_1} - \dfrac{\boldsymbol{\alpha}_2}{h_2}$和$\dfrac{\boldsymbol{\alpha}_1}{h_1} - \dfrac{\boldsymbol{\alpha}_3}{h_3}$,有

$$\boldsymbol{G}_h \cdot \left(\frac{\boldsymbol{\alpha}_1}{h_1} - \frac{\boldsymbol{\alpha}_2}{h_2}\right) = \boldsymbol{\beta}_1 \cdot \boldsymbol{\alpha}_1 - \boldsymbol{\beta}_2 \cdot \boldsymbol{\alpha}_2 = 0 \tag{1-26}$$

$$\boldsymbol{G}_h \cdot \left(\frac{\boldsymbol{\alpha}_1}{h_1} - \frac{\boldsymbol{\alpha}_3}{h_3}\right) = \boldsymbol{\beta}_1 \cdot \boldsymbol{\alpha}_1 - \boldsymbol{\beta}_3 \cdot \boldsymbol{\alpha}_3 = 0 \tag{1-27}$$

所以,$\boldsymbol{G}_h = h_1\boldsymbol{\beta}_1 + h_2\boldsymbol{\beta}_2 + h_3\boldsymbol{\beta}_3$ 垂直于晶面$(h_1 h_2 h_3)$。

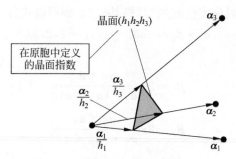

图 1.28　倒格矢与晶面族的关系

(2) 若以晶面指数 $(h_1 h_2 h_3)$ 描述的一族晶面的面间距为 d，则 $\boldsymbol{G}_h = h_1\boldsymbol{\beta}_1 + h_2\boldsymbol{\beta}_2 + h_3\boldsymbol{\beta}_3$ 的长度为 $2\pi/d$。

证明如下：

设 $\hat{\boldsymbol{n}} = \dfrac{\boldsymbol{G}_h}{|\boldsymbol{G}_h|}$ 为垂直于晶面系的单位矢量，则面间距为

$$d = \frac{1}{h_1}\boldsymbol{\alpha}_1 \cdot \hat{\boldsymbol{n}} = \frac{\boldsymbol{G}_h \cdot \boldsymbol{\alpha}_1}{h_1 |\boldsymbol{G}_h|} = \frac{2\pi}{|\boldsymbol{G}_h|} \tag{1-28}$$

从上面分析的晶面族与倒格矢的关系可知，倒格子中的一个格点（用 $\boldsymbol{G}_h$ 表示，即倒格矢 $\boldsymbol{G}_h$ 的端点）代表了正格子中的一族平行晶面。

图 1.29 给出了实空间周期格子与所对应的倒格子的示意图。图 1.29(c) 中倒格子的格点 $\dfrac{2\pi}{a}$ 对应图 1.29(a) 中垂直 x 方向上的晶面族，格点 $\dfrac{2\pi}{b}$ 对应垂直 y 方向上的晶面族，格点 $\dfrac{2\pi}{c}$ 对应图 1.29(b) 中的晶面族-1，格点 $\dfrac{2\pi}{d}$ 对应晶面族-2，在晶面族-2 正交方向上的一系列白色圆点则是倒格矢 $\dfrac{2m\pi}{d}$ 的端点（m 为正整数）。可以看出，倒格矢的大小正比于周期结构在垂直该倒格矢方向上晶面周期（图 1.29 中的 a、b、c、d）的倒数，可以理解为周期结构在这些方向上的"空间频率"，与波矢（传播方向上单位空间的波长数）的物理意义类似，具有波矢的量纲。注意到波矢的方向表示的是波在实空间的传播方向，例如，k_x 或 k_y 分别描述沿着 x 或 y 方向传播的波，倒格矢则是描述了在实空间某个方向晶面上的周期性，所以倒格子空间中用到的坐标方向是与实空间保持一致的。

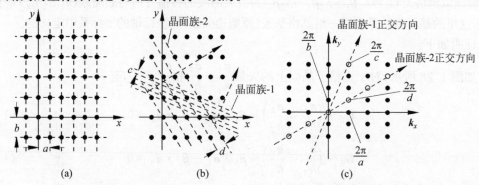

图 1.29　实空间的周期格子与所对应的倒格子：(a)、(b) 为实空间的周期格子，(c) 为与之对应的倒格子

在倒格子中，以某倒格点为中心，由中心格点到所有格点连线的垂直平分面所围成的多面体称为布里渊区；如果是二维的情况，布里渊区就是由中心格点到所有格点连线的垂直平分线所围成的多边形。定义第 $n+1$ 布里渊区是从原点出发经过 n 个中垂面（或中垂线）到达的区域，这里 n 为非负整数。图 1.30 给出二维正方格子的第一到第六布里渊区。第一布里渊区（$n=0$）是原点周围最近的四条格点连线中垂线围成的四边形区域（无须跨越任何中垂线），第二布里渊区（$n=1$）则是跨越这四条中垂线后到达的标"2"的区域，以此类推。从中

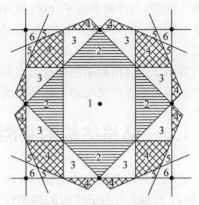

图 1.30　布里渊区示意图

心格点向外跨越的中垂线数 +1 即为布里渊区的序号，每个布里渊区的面积（二维体积）都是相同的。图 1.31 给出了面心立方晶格和体心立方晶格第一布里渊区的示意图，正如式(1-24)、式(1-25)所示，面心立方晶格(a) 的倒格子是体心立方结构，体心立方晶格(b) 的倒格子是面心立方结构。从图 1.30、图 1.31 可以看出，按照布里渊区定义画出的第一布里渊区，恰好就是倒格空间中倒格子的维格纳-塞茨原胞。

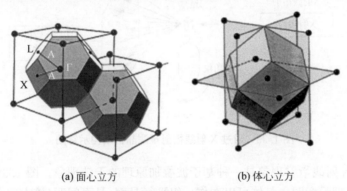

(a) 面心立方　　　　　　　　(b) 体心立方

图 1.31　面心立方晶格和体心立方晶格的第一布里渊区示意图

图 1.32 给出了布里渊区的作图方法。实空间的晶体结构通过定义基元得到相应的布拉菲格子，由布拉菲格子的晶格矢量 $\boldsymbol{\alpha}_1$、$\boldsymbol{\alpha}_2$、$\boldsymbol{\alpha}_3$ 根据式(1-20)～式(1-22)导出的倒格子基矢 $\boldsymbol{\beta}_1$、$\boldsymbol{\beta}_2$、$\boldsymbol{\beta}_3$ 构成倒格子，之后按照布里渊区的定义，选定某个倒格点为中心，作由中心格点到各个方向上相邻格点连线的垂直平分面(线)，将这些垂直平分面(线)所围成的多面体(边形)按照从中心格点向外跨越的垂直平分面(线)数 +1 的规则，即可标定出各个布里渊区的

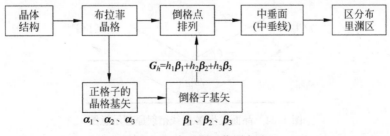

图 1.32　布里渊区作图方法

序号。注意，当跨越垂直平分面(线)的交线(点)时，跨越的垂直平分面(线)数等于相交的垂直平分面(线)数，例如图1.30所示，从第一布里渊区到第四布里渊区，跨越了三条中垂线的交点。

倒格子是晶格周期性在波矢空间(亦称 k 空间)的表述，利用倒格子的概念，方便在同一个空间讨论各种波与周期性晶格的相互作用。

1.5　晶格结构的观测

一般材料的晶格常数是埃(Å，10^{-10}m)的量级，例如，硅(Si)：5.43Å，铝(Al)：4.04Å，铁(Fe)：2.86Å。由于结构的周期性，晶体可以对与其波长相接近的 X 射线、电子流、中子流等产生衍射，通过它们的衍射图形来观测晶格结构。

X 射线能量高、穿透力强。选取波长与晶格常数数量级相当的 X 射线，晶体即可作为 X 射线的天然光栅。图1.33给出了通过 X 射线衍射观测晶格结构的示意图。

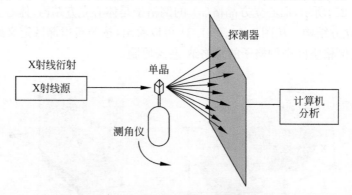

图 1.33　通过 X 射线衍射观测晶格结构示意图

具体来说，X 射线衍射现象是一种基于波叠加原理的干涉现象。图1.34给出晶面发生 X 射线衍射的原理示意图。晶体可以看作一组平行晶面，晶面间距(该方向上的周期)为 d。波长为 λ 的入射 X 射线通过晶体时，晶面起到反射镜的作用，周期性排列的原子或电子散射的次生 X 射线间互相干涉，决定了 X 射线在晶体中的衍射方向。即在某些方向(衍射方向)X 射线的强度增强，而另一些方向 X 射线强度减弱甚至消失。如果在衍射方向上放置一张感光底片，将会得到 X 射线的衍射图形。通过对衍射方向的测定，可从中得到晶胞大小和形状的信息。

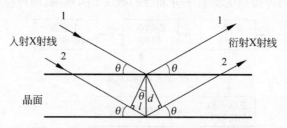

图 1.34　晶面发生 X 射线衍射原理示意图

设对于不同晶面的入射-散射光分别是光程 1 和光程 2，它们之间的光程差为 $2l$。相长干涉条件是光程差为波长的整数倍：

$$2l = 2d\sin\theta = n\lambda \quad n = 1, 2, 3, \cdots \tag{1-29}$$

对于给定的 d 和 λ，由布拉格定律式(1-29)就能确定 θ 角，这是能发生 X 射线衍射(相干增强)的角度。n 为衍射级数，级数增加，强度减弱。衍射角的定义是：波发生衍射时，衍射部分光线与光线原来传播方向之间的夹角。所以，图 1.34 所示的衍射示意图中的衍射角是 2θ。通过测定衍射角度，就可以反推出 d，即晶格在某一个方向上的周期。从式(1-29)中可以看出，入射波长必须小于 $2d$，否则不可能发生衍射。所以，由于可见光的波长远大于晶格周期，可见光波不能用于晶体衍射。不同晶面对应于不同衍射角，晶面间距 d 越小(一般表现为密勒指数越大)，衍射角越大。

格点上的基元含有多原子的情况下，由于基元内部原子层面的衍射，会导致某些在单原子格点结构中出现的衍射峰消失的"消光"现象。体心立方、面心立方的密勒指数都是以简单立方晶格结构来定义的，处于体心和面心格点的衍射，也会使得简单立方结构的某些衍射峰消失。如图 1.35 所示面心立方为例，设简单立方中晶面(100)的一级衍射峰出现的角度为 θ_1，则有

$$2a\sin\theta_1 = \lambda \tag{1-30}$$

亦可写成

$$2\left(\frac{a}{2}\right)\sin\theta_1 = \frac{\lambda}{2} \tag{1-31}$$

面心立方比简单立方结构多了在面心的格点，$[100]$ 方向上实际上是形成了面间距为 $\frac{a}{2}$ 的晶面系，对应的密勒指数可以写成(200)；从式(1-31)可以看出，θ_1 正好是晶面系(200)衍射出现极小值的角度。所以对于面心立方结构，在角度 θ_1 处观测不到衍射峰，也就是简单立方结构晶面(100)的一级衍射峰"消光"了。

面心立方中晶面系(200)一级衍射峰出现的角度 θ_2 应满足

$$2\left(\frac{a}{2}\right)\sin\theta_2 = \lambda \tag{1-32}$$

亦可写成

$$2a\sin\theta_2 = 2\lambda \tag{1-33}$$

不难看出，θ_2 正好是简单立方中晶面(100)的二级衍射峰。

如图 1.35(b)所示，在晶向 $[111]$ 方向上，面心立方结构与简单立方结构的晶面间距一致，不会出现消光现象。分析其规律可知，对于面心立方结构，密勒指数为全奇全偶的晶面系，例如(111)、(200)、(220)、(133)等，可以观测到衍射峰；而对于体心立方结构，出现衍射峰的是密勒指数和 $h_1 + h_2 + h_3$ 为偶数的那些晶面系，其他晶面由于消光不会出现衍射峰。

下面我们看一下衍射波矢与倒格空间的关系。如图 1.36(a)所示，以 O 为原点，A 为晶格中任一方向上的一个相邻的格点，其位矢为

$$\boldsymbol{R}_l = l_1\boldsymbol{a}_1 + l_2\boldsymbol{a}_2 + l_3\boldsymbol{a}_3 \tag{1-34}$$

波长为 λ 的入射光与衍射光的波矢分别为

$$\boldsymbol{k}_1 = \frac{2\pi}{\lambda}\hat{\boldsymbol{k}}_1 \tag{1-35}$$

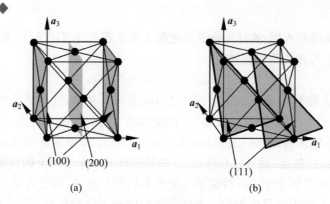

图 1.35 "消光"现象示意图

$$k_2 = \frac{2\pi}{\lambda}\hat{k}_2 \tag{1-36}$$

$\hat{k}_1$、$\hat{k}_2$ 为入射光、衍射光方向上的单位矢量。

两相邻格点 O 和 A 的衍射光之间的光程差为 $CO+OD$，则产生衍射极大条件为

$$CO + OD = \boldsymbol{R}_l \cdot (\hat{\boldsymbol{k}}_2 - \hat{\boldsymbol{k}}_1) = n\lambda \tag{1-37}$$

代入式(1-35)、式(1-36)，即

$$\boldsymbol{R}_l \cdot (\boldsymbol{k}_2 - \boldsymbol{k}_1) = 2\pi n \tag{1-38}$$

n 为衍射级数，式(1-38)称为劳厄衍射方程。

根据倒格矢的定义 $\boldsymbol{G}_h \cdot \boldsymbol{R}_n = 2\pi m$，则存在一个倒格矢 $\boldsymbol{G}$：

$$\boldsymbol{G} = \boldsymbol{k}_2 - \boldsymbol{k}_1 \tag{1-39}$$

从上式可以看出，周期性晶格结构对入射波的作用(从波矢为 $\boldsymbol{k}_1$ 的入射波到波矢为 $\boldsymbol{k}_2$ 的衍射波)，可以等效为与以该晶格倒格矢为波矢的波的合波效果。换言之，一个空间的周期结构可以看成一个虚拟的波，它的波矢就是这个周期结构的一个倒格矢 $\boldsymbol{G} = \boldsymbol{k}_2 - \boldsymbol{k}_1$，这个虚拟波与入射波 $\boldsymbol{k}_1$ 的合波，就得到衍射波 $\boldsymbol{k}_2$。所以，一个衍射波反映了一个倒格矢的信息，通过衍射波的测量分析可以得出晶体的周期性结构。

同时，由图 1.36(b)可知

$$|\boldsymbol{k}_1| \sin\theta = \frac{1}{2}|\boldsymbol{G}| \tag{1-40}$$

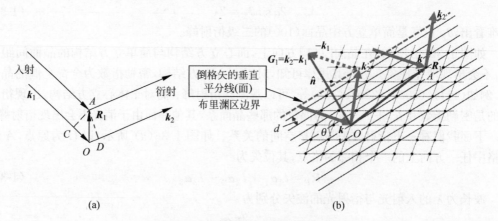

图 1.36 衍射波矢与倒格空间的关系

即图 1.36(b)中所示的倒格矢的垂直平分线(面)正是倒格空间布里渊区的边界。

另一方面,式(1-38)可写成

$$|\boldsymbol{k}_2-\boldsymbol{k}_1|\boldsymbol{R}_l\cdot\hat{\boldsymbol{n}}=2\pi n \tag{1-41}$$

$\hat{\boldsymbol{n}}$ 是 $\boldsymbol{k}_2-\boldsymbol{k}_1$ 方向上的单位矢量。因为 $\boldsymbol{R}_l\cdot\hat{\boldsymbol{n}}=d$,所以

$$|\boldsymbol{G}|=|\boldsymbol{k}_2-\boldsymbol{k}_1|=\frac{2\pi n}{d} \tag{1-42}$$

由式(1-40)可得

$$|\boldsymbol{k}_1|\sin\theta=\frac{1}{2}|\boldsymbol{k}_2-\boldsymbol{k}_1|=\frac{\pi n}{d} \tag{1-43}$$

代入式(1-35),可得

$$2d\sin\theta=n\lambda,\quad n=1,2,3,\cdots$$

这正是式(1-29)给出的衍射布拉格定律。

1.4 节给出了晶面族与倒格矢的关系,即倒格子中的一个格点代表正格子中的一族平行晶面;本节则分析了倒格子中一格点对应一个衍射波矢,所以晶格衍射图形上的一个斑点是与正格子的一族晶面相对应的,晶体衍射的过程就是把正格子中一族晶面转化为倒格子中一点的过程。晶体衍射图样可以看成晶体倒格子的映像。

从量子力学的波粒二象性中可以得知,电子、中子都具有波动性(物质波)。当这些物质波的德布罗意波长和晶格常数相接近时,与 X 射线一样,也可以产生反映晶格结构的衍射图形。当然,不同于 X 射线(电磁场)的是,电子、中子是具有一定能量的实物粒子,与晶体中原子的相互作用具有不同的散射机理;相同的是在弹性散射过程中,这些实物粒子的物质波被晶体中周期排列的原子散射叠加时互相干涉,遵循布拉格定律。

电子的德布罗意波长与其能量相关,能量越大,波长越短。当电子能量为 150eV 时,波长为 1Å;当电子能量增加到 10~30keV(高能电子束)时,波长可以达到 0.1Å 以下。电子束被散射的机理是入射电子与原子中的电子相互作用。原子量越大的,原子中的电子越多,相应的对于入射电子的散射截面就越大。电子束衍射的优点在于对散射截面大的原子,衍射强度大,测量速度快,适合晶体生长的实时检测,而且容易获得比 X 射线更短的波长。

中子的质量比较大,容易在较低的能量时获得更短的德布罗意波长。例如,波长为 1Å 时,中子的能量只有约 0.08eV。中子束散射的机理不同于电子束,由于中子为电中性,与电子之间没有相互作用,中子束散射是基于中子与原子核之间的强相互作用。其优点是对于质量较轻的原子(即散射截面小的原子)可以获得比较好的衍射图像,同时中子衍射可以区分同位素,另外还有可能探测各种准粒子。缺点是产生中子流需要使用核反应堆,造价昂贵,而且中子束衍射图像难以检测、亮度低、实验时间长。

1.6 晶格中的缺陷与扩散

实际的晶体中总是存在原子不规则排列的局部区域,称为晶体的缺陷。晶体的缺陷是不可避免的,它对于晶体的各种性质以及应用产生十分重要的作用。

晶体中的缺陷分为三种,面缺陷、线缺陷、点缺陷。

面缺陷产生于多晶体中晶粒的间界。实际的固体材料绝大部分是多晶,由许多晶粒

组成。由于晶粒可以有多种取向,所以造成多晶体的宏观性质表现为各向同性。晶粒之间的交界区(面)称为晶粒间界——可以看作一种晶体的面缺陷。一般的晶粒间界只有极少几层原子排列是比较错乱的,它的周边还有若干层原子是按照晶格排列的,只不过是有较大的畸变而已(图 1.37)。

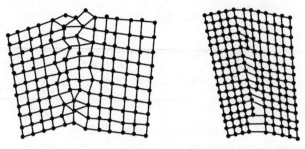

图 1.37   晶体中的面缺陷

线缺陷也称为位错,即在晶体中某处有一列或若干列原子发生了有规律的错排现象。这种错排现象是晶体内部局部滑移造成的,根据局部滑移的方式不同,可以分别形成螺型位错和刃型位错。如图 1.38 所示,螺型位错的位错线与滑移方向平行,而刃型位错的位错线与滑移方向垂直。

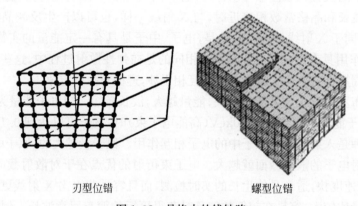

刃型位错   螺型位错

图 1.38   晶格中的线缺陷

晶格中某个原子脱离了平衡位置,形成空格点,称为空位;某个晶格间隙挤进了原子,称为间隙原子,这两种情况都称为晶格的点缺陷,如图 1.39 所示。

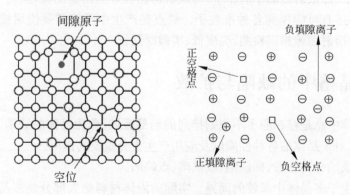

图 1.39   晶格中的点缺陷

扩散是自然界中普遍存在的现象,其本质是离子做无规则的布朗运动。通过扩散可以实现质量的输运。在气态或液态中,原子或分子可以比较自由地移动。在晶体中,原子虽然相对比较稳定,基本上处于各格点附近,但是它们也可以通过所谓扩散的方式在晶体中移动。固态中结构或成分等物理和化学的变化往往都是通过扩散进行的。晶体中原子的移动扩散现象称为自扩散,也可以看成空位点缺陷的扩散。自扩散与液体、气体分子的扩散相似,不同之处是原子在晶体中的运动要受到晶格周期性的限制,要克服势垒的阻挡。对于简单晶格,原子(缺陷)每跳一步的间距等于跳跃方向上的晶格周期。

杂质原子扩散的过程与晶体的微观缺陷有十分密切的联系。当杂质原子以替代方式出现时,由于杂质原子占据了正常格点,所以其扩散的方式同自扩散更为接近。但是,由于外来原子与晶体中基本原子的大小及电荷数目有所不同,因此当它们替代晶体中的原子后,会引起周围结构的畸变,使得畸变区域出现空位的概率大大增加,这样杂质原子跳向空位的概率也加大,也就是说,微观的缺陷可以加快杂质原子的扩散。

1.7 非晶体、准晶体

非晶体是指组成物质的分子(或原子、离子)不呈空间规则周期性排列的固体,如玻璃、松香、石蜡等,如图 1.40 所示。非晶体没有一定规则的外形;物理性质在各个方向上是相同的,即各向同性;没有固定的熔点。所以有人把非晶体称为"过冷液体"或"流动性很小的液体"。

非晶态固体包括非晶态电介质、非晶态半导体、非晶态金属。它们有特殊的物理、化学性质。例如金属玻璃(非晶态金属)比一般晶态金属的强度高、弹性好、硬度和韧性高、抗腐蚀性好、导磁性强、电阻率高等。非晶态固体所特有的性质使得它有多方面的应用,作为一个崭新的研究领域,近年来得到迅速的发展。

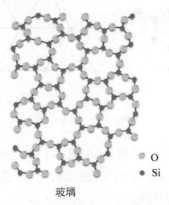

O
Si

玻璃

图 1.40 组成非晶体的分子不规则排列示意图

1984 年,中国、美国、法国和以色列等国的学者几乎同时在人工淬冷合金中发现了存在 5 重对称轴,确证这些合金相是具有长程定向有序、但是没有周期平移对称性的结构,称为准晶体。以后又陆续在实验室发现了具有 8 重、10 重、12 重对称轴的准晶结构,如图 1.41 所示。目前在自然界中还没有发现天然的准晶体。

准晶体的发现为我们提供了一种全新的物质状态,在此之前人们认为物质状态只有晶态和非晶态这两种;准晶体的发现也对传统的晶体对称理论提出了挑战。由于传统晶体学对称理论无法研究准晶体里面所蕴含的对称规律,一门新的分支学科——准晶体学迅速发展起来了。

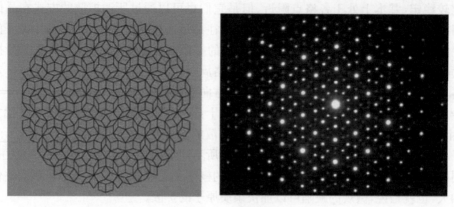

图 1.41 准晶体

习题

1.1 (1) 图 1.42(a)和图 1.42(b)所示的二维晶格是布拉菲格子还是复式格子? 请画出一个原胞和对应的基元。

(2) 如果选取构成六边形的六个原子为基元,画出图 1.42(a)中所示二维晶格所对应的布拉菲格子。

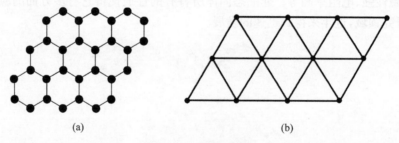

(a)   (b)

图 1.42 题 1.1 图

1.2 在以立方晶系惯用晶胞(单胞)边矢量 i,j,k 为单位矢量的坐标系中,写出简单立方、体心立方、面心立方晶格习惯选取的原胞的边矢量(晶格基矢),并尝试写出另一组不同的原胞的边矢量,比较它们的异同。

注: 惯用晶胞的边矢量与原胞的边矢量(晶格基矢)不同,两者的区别在于前者不能以 $l_1a_1+l_2a_2+l_3a_3$ 的形式表示晶格中任意一个格点(这里 l_1,l_2,l_3 为整数)。

1.3 有一晶格,每个格点上有一个原子,晶格基矢(以 nm 为单位)为

$$\boldsymbol{a}_1=3i, \quad \boldsymbol{a}_2=3j, \quad \boldsymbol{a}_3=1.5(i+j+k)$$

其中,i,j,k 为立方晶系惯用晶胞(单胞)边矢量方向上的单位矢量,问:

(1) 这种晶格属于哪种布拉菲格子?

(2) 原胞和惯用晶胞的体积各等于多少?

(3) 如果 $\boldsymbol{a}_1 = a\boldsymbol{i}, \boldsymbol{a}_2 = a\boldsymbol{j}, \boldsymbol{a}_3 = 1.5a\boldsymbol{i} + 0.5a(\boldsymbol{j} + \boldsymbol{k})$，又为何种结构？

1.4 GaAs 晶体的晶格常数为 5.65Å。计算最近邻 Ga 原子和 As 原子的间距；计算两个最近邻 As 原子的间距。

1.5 将单胞中原子球所占的体积与单胞体积之比定义为堆积比。若格点上放置相同的球，试求简单立方、体心立方、面心立方、六角密排晶格的最大堆积比。

1.6 在图 1.43 中，试求：

(1) 晶列 ED、FD 和 OF 的晶列指数；

(2) 晶面 AGK、$FGIH$ 和 $MNLK$ 的密勒指数；

(3) 画出晶面 $(1\bar{2}0)$、$(\bar{1}31)$；

(4) 计算晶面 (111) 的面间距。

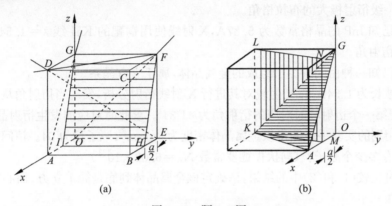

图 1.43 题 1.6 图

1.7 计算硅单晶的 (110) 和 (111) 面对应的相邻原子层面间距（硅的晶格常数 $a = 5.43$Å）。

1.8 分别写出简单立方、体心立方和面心立方面内原子排列最密的等效晶面的密勒指数。

1.9 如图 1.44 所示，B、C 两点是面心立方单胞上的两面心。请利用立方晶系晶面的密勒指数和其法线晶向指数一致的特点，求 ABC 面的密勒指数。

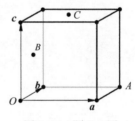

图 1.44 题 1.9 图

1.10 请构成一个二维格子的倒格子，已知：原胞边 $a = 1.25$Å，$b = 2.5$Å，夹角 $\gamma = 120°$。

1.11 证明倒格子原胞体积为 $\dfrac{(2\pi)^3}{v_c}$，其中 v_c 为正格子原胞的体积。

提示：倒格子原胞体积为 $v^* = \boldsymbol{b}_1 \cdot (\boldsymbol{b}_2 \times \boldsymbol{b}_3)$。

1.12 石墨烯的晶格如图 1.45 所示，六边形的每个顶点都有一个 C 原子，相邻的 C 原子间通过 sp^2 杂化轨道结合，键角为 120°，现已知 C-C 键长度为 0.142nm。

(1) 画出石墨烯的原胞示意图，确定原胞边矢量（晶格基矢）；

(2) 用所确定的晶格基矢表示图中 $\boldsymbol{AB}$ 矢量；

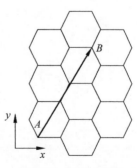

图 1.45 题 1.12 图

(3) 计算倒格子基矢,画出石墨烯晶格的倒格子示意图;

(4) 画出石墨烯的第一和第二布里渊区。

1.13 证明面心立方和体心立方格子互为倒易点阵;描述正格子为面心立方格子的第一布里渊区。

1.14 证明:正格子中一族晶面$(h_1h_2h_3)$与倒格矢$\boldsymbol{G}_h = h_1\boldsymbol{\beta}_1 + h_2\boldsymbol{\beta}_2 + h_3\boldsymbol{\beta}_3$正交,且有面间距$d = \dfrac{2\pi}{|\boldsymbol{G}_h|}$。(注:$(h_1h_2h_3)$为在原胞中定义的晶面指数)

1.15 一束动能为 1keV 的电子通过一金属箔产生衍射,这种金属具有立方晶格结构,晶面间距为 1Å,求:

(1) 电子的波长;

(2) 第一级衍射极大的布拉格角。

1.16 已知 InP 的晶格常数为 5.87Å,X 射线使用铜靶的 Ka1 线 $\lambda = 1.54$Å,求$\{111\}$晶面的 1 级衍射角。

1.17 已知一种由同种原子组成的金属晶体,属于立方晶系。

(1) 以波长为 1.54Å 的 X 射线对其进行 X 射线衍射分析,发现当衍射角从 0 开始逐渐增大时,出现第一个衍射峰时对应的衍射角为 $41°34'$。求此时对应的发生衍射晶面间距。

(2) 采用别的实验手段测得该金属晶体密度为 8g/cm^3,原子量为 64。请问该金属晶体单位体积内有多少个原子?(阿伏伽德罗常数 $N_0 = 6.02 \times 10^{23}$)

(3) 通过比较(1)和(2)中的结果,请确定该金属晶体到底是简单立方、面心立方还是体心立方。

第2章

固体的结合

2.1　固体结合的规律

本章将阐明原子是依靠怎样的相互作用结合成为固体的。

一般固体的结合可以概括为离子性结合、共价结合、金属性结合和范德瓦尔斯结合四种基本形式,不同的结合形式决定了固体具有不同的性质。实际的情况比较复杂,不仅一个固体材料可以兼有几种结合形式,而且由于不同结合形式之间存在着一定的联系,固体的结合可以具有两种结合之间的过渡性质。

一个一个的原子之所以能够结合在一起,组成具有很好周期性的、稳定的晶体,其根本原因在于原子结合起来之后具有更低的能量,晶体比自由原子的状态更稳定。固体结合主要归因于电子的负电荷与原子核的正电荷之间的静电吸引相互作用,磁力和万有引力可以忽略。

这里给出结合能和内能两个概念。

分散的自由原子结合成为晶体的过程中,会有一定的能量 W 释放出来,这个释放出来的能量,称为结合能。如果以距离无穷远的分散原子的状态为能量零点,则定义晶体结合后稳定时内能的最小值 $U(r_0)$ 为 $-W$,即结合能 $W = -U(r_0)$。

热力学定义内能(internal energy)为物体或若干物体构成的系统(简称系统)内部微观粒子的所有运动形式所具有的能量总和。在不涉及电子的激发电离、化学反应和核反应的情况下,狭义内能定义为仅考虑分子动能和势能两部分之和。在绝对零度下,忽略动能部分,则内能等于系统中微观粒子的相互作用势能。

以最简单的两个原子的情况为例,图 2.1 是两个原子相互作用势能,即系统内能与原子之间距离的关系示意图。横坐标 r 表示两个原子之间的距离,纵坐标 U 表示系统的内能。当原子处于自由状态,相互距离很远,r 趋于无穷大时,系统内能趋于零;原子结合的过程是放出能量的过程,原子距离逐渐减小,系统内能 U 逐渐下降;内能达到最小 $-W$ 时两原子间达到平衡距离 r_0;之后,原子距离继续减小,系统内能反而增加,而且增长速度很快。

内能最小值的点是原子之间的相互作用力从吸引力转变为排斥力的拐点。在内能最小点的右边,原子之间相互作用的吸引力大于排斥力,如果要把它们分开,外力要克服吸引力做功;在内能最小点的左边,原子之间相互作用的排斥力大于吸引力,要进一步减小原子间

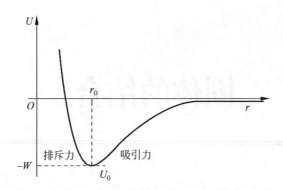

图 2.1 两个原子的相互作用势能与其间距之间的关系

距一样要有外力做功。在平衡距离 r_0 处内能最小,这时排斥力和吸引力达到平衡。平衡距离通常在 $\mathring{A}(10^{-10}\,\text{m})$ 的数量级。

一般情况下,两个原子的相互作用能(两个原子系统的内能)可以用下式来表示:

$$U(r) = -\frac{\alpha}{r^m} + \frac{\beta}{r^n} \tag{2-1}$$

式中,α、β、m、n 为大于零的参数,由实验或理论计算来确定,不同的材料其参数不同。

处于平衡位置 r_0(排斥力=吸引力)时内能达到极小点,有

$$F = \frac{\partial U(r)}{\partial r}\bigg|_{r_0} = 0 \tag{2-2}$$

通过这个极值条件可以确定平衡位置 r_0,进而确定晶格常数及晶体的体积。

2.2 晶体结合的量子理论

原子相互之间发生结合的标志是原子中电子(主要是外层电子)的运动状态发生了变化。在量子力学中,电子的运动状态用电子的波函数(也称为态函数)$\psi(\boldsymbol{r},t)$ 表示。$\psi(\boldsymbol{r},t)$ 表示的是一种概率波,波函数模的平方 $|\psi(\boldsymbol{r},t)|^2$ 表示的是在某个时间 t,在体积元 $\mathrm{d}v$ 中找到该电子的概率,即电子在空间的分布概率。由于电子在整个空间出现的概率为 1,所以有

$$\int_{\text{全空间}} |\psi(\boldsymbol{r},t)|^2 \mathrm{d}v = 1 \tag{2-3}$$

量子力学中用一系列与经典物理量(能量、动量等)相对应的算符作用于波函数,以得到波函数所描述粒子的对应物理量的"测量值"。对于任意一个算符 $\hat{A}$,每一个可能得到的"测量值"都是它的本征值,所对应的粒子状态为算符 $\hat{A}$ 的本征态,可用下式表示:

$$\hat{A}\psi_n = A_n\psi_n \tag{2-4}$$

这里,A_n 是算符 $\hat{A}$ 的本征值,ψ_n 是相应的本征态。

粒子可以处在算符 $\hat{A}$ 的本征态 ψ_n,也可以处于一系列本征态的叠加态 ψ 上:

$$\psi = \sum_n a_n\psi_n \tag{2-5}$$

a_n 为态叠加系数。当粒子处于算符 $\hat{A}$ 的本征态时,对于算符 $\hat{A}$ 所对应的物理量,粒子具有

确定的"测量值";而当粒子处于算符 $\hat{A}$ 的叠加态时,每次测量有可能坍塌到任意一个本征态上,坍塌到 ψ_n 的概率为 $|a_n|^2$。即这时算符 $\hat{A}$ 所对应的物理量的"测量值"是不确定的,取到本征值 A_n 的概率为 $|a_n|^2$。

对于某一个粒子,每个算符都有对应的一组本征态。具有相同本征态的算符称为对易(互易)算符,反之为非对易算符。例如 $\hat{A}$ 和 $\hat{B}$ 为非对易算符,它们具有不同的本征态,即 $\hat{A}$ 的本征态一定是 $\hat{B}$ 的叠加态。所以,当粒子处在 $\hat{A}$ 的本征态上,即具有确定的"测量值" A_n 时,由于这个状态是算符 $\hat{B}$ 的叠加态,则算符 $\hat{B}$ 所对应的物理量是不确定的。

粒子处于波函数 $\psi(\boldsymbol{r},t)$ 所描述的状态下,虽然在某一个时刻不是所有物理量都具有确定的值,但是它们在各自本征态上的概率分布是确定的,因而具有确定的平均值。即当电子的波函数 $\psi(\boldsymbol{r},t)$ 确定后,电子的任何一个物理量的平均值及其测量值概率的分布都完全确定了。因此,分析电子运动状态最核心的问题就是要确定电子的波函数及其随时间演化的规律。

描述 $\psi(\boldsymbol{r},t)$ 随时间演化的波动方程即薛定谔方程:

$$\mathrm{i}\hbar\frac{\partial \psi(\boldsymbol{r},t)}{\partial t} = \left(-\frac{\hbar^2}{2m}\nabla^2 + V(\boldsymbol{r})\right)\psi(\boldsymbol{r},t) \tag{2-6}$$

其中,$-\dfrac{\hbar^2}{2m}\nabla^2$ 是粒子的动能,$V(\boldsymbol{r})$ 是粒子的势能。与经典哈密顿(Hamilton)量对应的哈密顿算符表示为

$$\hat{H} = -\frac{\hbar^2}{2m}\nabla^2 + V(\boldsymbol{r}) \tag{2-7}$$

对于某个能量为 E 的本征态,波函数的形式为 $\psi(\boldsymbol{r},t)=\psi(\boldsymbol{r})\mathrm{e}^{-\mathrm{i}Et/\hbar}$,代入式(2-6),则可以得到不含时薛定谔方程——能量本征值方程:

$$\left[-\frac{\hbar^2}{2m}\nabla^2 + V(\boldsymbol{r})\right]\psi(\boldsymbol{r}) = E\psi(\boldsymbol{r}) \tag{2-8}$$

或表示成

$$\hat{H}\psi(\boldsymbol{r}) = E\psi(\boldsymbol{r}) \tag{2-9}$$

其中,E 是 $\hat{H}$ 的本征值,$\psi(\boldsymbol{r})$ 是 $\hat{H}$ 的本征函数。

从式(2-8)可以看出,电子的能量本征值和本征波函数是由哈密顿算符 $\hat{H}$ 决定的,特别是 $\hat{H}$ 中的势能项 $V(\boldsymbol{r})$。

在孤立原子中,电子在原子核的库仑场中运动,是典型的中心力场问题。考虑最简单的氢原子的情况,原子核中是一个质子,它与电子的库仑吸引能为

$$V(\boldsymbol{r}) = -\frac{e^2}{4\pi\varepsilon_0 r} \tag{2-10}$$

其中,r 为电子到原子核的距离,近似认为是原子半径。这时薛定谔方程中的哈密顿算符可以写成

$$\hat{H} = -\frac{\hbar^2}{2m}\nabla^2 - \frac{e^2}{4\pi\varepsilon_0 r} \tag{2-11}$$

代入薛定谔方程(2-6),就可以求解出一系列能量的本征值 E 和本征波函数 $\psi(\boldsymbol{r},t)$。

本征波函数的模的平方 $|\psi(\boldsymbol{r},t)|^2$ 描述的是能量为 E 的电子在原子核周围空间的分布概率。我们定义在单位微体积 $\mathrm{d}v$ 内出现的概率为概率密度,电子在原子核周围的概率密度在空间不是均匀分布的。如果用点的疏密来表示概率密度的分布,点密处表示电子出现的概率密度大,点疏处表示电子出现的概率密度小,看上去好像一片带负电的云状物笼罩在原子核周围,称为电子云。电子云相对比较密集的空间范围称为原子轨道。图 2.2 给出孤立原子中电子在原子核库仑势场作用下的原子轨道,每个原子轨道的能量即是式(2-9)给出的哈密顿量 $\hat{H}$ 的本征值,称为原子轨道能级,而每个原子轨道所表述的电子在空间的概率分布可以用 $\hat{H}$ 的本征波函数模的平方来表征,即我们熟悉的 s、p、d 原子轨道。

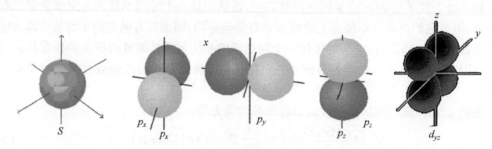

图 2.2　原子中电子的本征波函数(用 s、p、d 原子轨道来表述)

下面采用分子轨道法来分析晶体的结合规律。

分子轨道法是 1932 年由化学家马利肯(Robert. S. Mulliken,1896—1986,美国)提出的,它从分子的整体出发去研究分子中电子的运动状态。分子轨道理论认为,原子形成分子时,电子就在整个分子区域内运动而不限于任一个原子。分子中价电子的运动状态可以用波函数定量地描述。与前面分析孤立原子中电子的运动状态相类似,只是这时的 $|\psi(\boldsymbol{r},t)|^2$ 称为"分子轨道"。每一个分子轨道有一个相应的能量,表示在这个轨道上电子的能量。各分子轨道所对应的能量通常称为分子轨道的能级。

我们通过最简单的例子来分析原子的结合规律。设原子 A 和原子 B 在自由状态时,最外层原子轨道上都只有一个价电子,例如氢原子、碱金属等。自由状态原子 A 和原子 B 的能量本征值方程为

$$\begin{cases} \hat{H}_A \varphi_A = \left(-\dfrac{\hbar^2}{2m}\nabla^2 + V_A\right)\varphi_A = \varepsilon_A \phi_A \\[2mm] \hat{H}_B \varphi_B = \left(-\dfrac{\hbar^2}{2m}\nabla^2 + V_B\right)\varphi_B = \varepsilon_B \phi_B \end{cases} \tag{2-12}$$

式中,V_A、V_B 为作用于电子的库仑势,ϕ_A 和 ϕ_B 分别为氢原子 A 和 B 的原子轨道波函数,ε_A 和 ε_B 是原子轨道能量。当两个原子相互靠近时,波函数交叠,每个电子与两个原子核都发生作用。这时的哈密顿量算符为

$$\hat{H} = -\frac{\hbar^2}{2m}\nabla_1^2 - \frac{\hbar^2}{2m}\nabla_2^2 + V_{A1} + V_{A2} + V_{B1} + V_{B2} + V_{12} \tag{2-13}$$

$\frac{\hbar^2}{2m}\nabla_1^2$ 和 $\frac{\hbar^2}{2m}\nabla_2^2$ 为考虑两个核作用后电子的动能,下标 1、2 分别表示两个电子。V_{A1} 表示原子核 A 对电子 1 产生的库仑势,V_{A2}、V_{B1}、V_{B2} 按照下标类推;V_{12} 表示两个电子之间的相

互作用,一般情况下,电子与电子之间的相互作用比起原子核与电子之间的相互作用要小很多,V_{12} 可以忽略不计。于是哈密顿量 $\hat{H}$ 可以分解成两个独立的算符 $\hat{H}_1$ 和 $\hat{H}_2$,式(2-13)可以分解成两个独立的式子:

$$\hat{H}_i\psi_i=\left(-\frac{\hbar^2}{2m}\nabla_i^2+V_{Ai}+V_{Bi}\right)\psi_i=E_i\psi_i \quad i=1,2 \tag{2-14}$$

式中每个部分只与一个电子的坐标有关,所以波函数可以分解为两个波函数的乘积:

$$\psi(\boldsymbol{r}_1,\boldsymbol{r}_2)=\psi_1(\boldsymbol{r}_1)\psi_2(\boldsymbol{r}_2) \tag{2-15}$$

代入薛定谔方程(2-6),得到两个单电子波动方程,就可以求出波函数 ψ_i,即分子轨道。注意,这时的单电子波动方程与孤立原子的不同,电子是在两个原子核 A、B 的库仑势场中运动。如图 2.3 所示,设两个原子核之间的距离为 R,它们到两个电子的距离分别为 r_a 和 r_b,则式(2-14)中的哈密顿算符可以写成

$$\hat{H}=-\frac{\hbar^2}{2m}\nabla^2-\frac{e^2}{4\pi\varepsilon_0 r_a}-\frac{e^2}{4\pi\varepsilon_0 r_b} \tag{2-16}$$

后两项即为两个原子核 A、B 作用于电子的库仑势。

求解分子轨道波函数 ψ_i 比较复杂,一般采用近似解法。其中最常用的方法是把分子轨道看成原有原子轨道的线性组合,这种近似的处理方法称为原子轨道线性组合法,简称 LCAO (Linear Combination of Atomic Orbitals)法,即

$$\psi_i=\sum_m a_m\phi_m \tag{2-17}$$

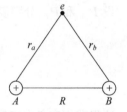

图 2.3　两个原子结合成
分子的示意图

原子 A 和原子 B 结合成分子时的分子轨道波函数可以写成这两个原子自由状态时的原子轨道波函数 φ_A 和 φ_B 的线性组合:

$$\begin{aligned}\psi_+&=C_+(\phi_A+\lambda\phi_B)\\ \psi_-&=C_-(\phi_A-\lambda\phi_B)\end{aligned} \tag{2-18}$$

式中,ψ_+、ψ_- 表示的分子轨道即式(2-16)所示哈密顿算符的本征态,参数 λ 表示两个原子波函数组合成分子轨道波函数时的权重因子,即两个电子在相邻原子之间的分布概率的不均匀程度,C_+、C_- 是归一化系数,使得参数 λ 的取值为 0～1。

ψ_+、ψ_- 分子轨道的能级,即由 ψ_+、ψ_- 描述的系统的能量平均值,就是能量的本征值,可以表示成

$$\begin{aligned}E_+&=\frac{\int\psi_+^*\hat{H}\psi_+\,\mathrm{d}\boldsymbol{r}}{\int\psi_+^*\psi_+\,\mathrm{d}\boldsymbol{r}}=C_+^2\left(\int\phi_A^*\hat{H}\phi_A\,\mathrm{d}\boldsymbol{r}+\lambda\int\phi_A^*\hat{H}\phi_B\,\mathrm{d}\boldsymbol{r}+\lambda\int\phi_B^*\hat{H}\phi_A\,\mathrm{d}\boldsymbol{r}+\lambda^2\int\phi_B^*\hat{H}\phi_B\,\mathrm{d}\boldsymbol{r}\right)\\ &=C_+^2(H_{aa}+\lambda H_{ab}+\lambda H_{ba}+\lambda^2 H_{bb})\end{aligned} \tag{2-19}$$

$$\begin{aligned}E_-&=\frac{\int\psi_-^*\hat{H}\psi_-\,\mathrm{d}\boldsymbol{r}}{\int\psi_-^*\psi_-\,\mathrm{d}\boldsymbol{r}}=C_-^2\left(\int\phi_A^*\hat{H}\phi_A\,\mathrm{d}\boldsymbol{r}-\lambda\int\phi_A^*\hat{H}\phi_B\,\mathrm{d}\boldsymbol{r}-\lambda\int\phi_B^*\hat{H}\phi_A\,\mathrm{d}\boldsymbol{r}+\lambda^2\int\phi_B^*\hat{H}\phi_B\,\mathrm{d}\boldsymbol{r}\right)\\ &=C_-^2(H_{aa}-\lambda H_{ab}-\lambda H_{ba}+\lambda^2 H_{bb})\end{aligned} \tag{2-20}$$

其中：

$$H_{aa} = \int \phi_A^* \hat{H} \phi_A \, \mathrm{d}\boldsymbol{r} = \varepsilon_A - \frac{e^2}{4\pi\varepsilon_0} \int \frac{|\phi_A|^2}{r_b} \mathrm{d}\boldsymbol{r}$$

$$H_{bb} = \int \phi_B^* \hat{H} \phi_B \, \mathrm{d}\boldsymbol{r} = \varepsilon_B - \frac{e^2}{4\pi\varepsilon_0} \int \frac{|\phi_B|^2}{r_a} \mathrm{d}\boldsymbol{r} \qquad (2\text{-}21)$$

$$H_{ab} = \int \phi_A^* \hat{H} \phi_B \, \mathrm{d}\boldsymbol{r}$$

$$H_{ba} = \int \phi_B^* \hat{H} \phi_A \, \mathrm{d}\boldsymbol{r} \qquad (2\text{-}22)$$

式中，ε_A 和 ε_B 是式(2-6)中的原有原子轨道能级，$\dfrac{e^2}{4\pi\varepsilon_0} \int \dfrac{|\phi_A|^2}{r_b} \mathrm{d}\boldsymbol{r}$ 表示电子占用 A 核轨道时所受 B 核的库仑吸引能，$\dfrac{e^2}{4\pi\varepsilon_0} \int \dfrac{|\phi_B|^2}{r_a} \mathrm{d}\boldsymbol{r}$ 表示电子占用 B 核轨道时所受 A 核的库仑吸引能，H_{ab}、H_{ba} 是相互重叠的电子波函数与两个原子核之间的库仑吸引能。

设 P_A 和 P_B 分别表示电子在 A 原子轨道和 B 原子轨道上的概率，则有

$$P_A = \frac{1}{1+\lambda^2} \qquad (2\text{-}23)$$

$$P_B = \frac{\lambda^2}{1+\lambda^2} \qquad (2\text{-}24)$$

这里我们定义电离度 f_i：

$$f_i = \frac{P_A - P_B}{P_A + P_B} = \frac{1-\lambda^2}{1+\lambda^2} \qquad (2\text{-}25)$$

当 $\lambda = 0$，$f_i = 1$ 时，有 $P_A = 1$，$P_B = 0$，这时 B 原子的价电子完全转移到 A 原子轨道，称为离子性结合，对应的化学键为离子键，例如碱金属和卤族元素的化合物就是典型的离子性结合。这时式(2-19)和式(2-20)的分子轨道能级为

$$E_+ = C_+^2 (H_{aa} + \lambda H_{ab} + \lambda H_{ba} + \lambda^2 H_{bb}) = C_+^2 H_{aa} = C_+^2 \left(\varepsilon_A - \frac{e^2}{4\pi\varepsilon_0} \int \frac{|\phi_A|^2}{r_b} \mathrm{d}\boldsymbol{r} \right) \quad (2\text{-}26)$$

$$E_- = C_-^2 (H_{aa} - \lambda H_{ab} - \lambda H_{ba} + \lambda^2 H_{bb}) = C_-^2 H_{aa} = C_-^2 \left(\varepsilon_A - \frac{e^2}{4\pi\varepsilon_0} \int \frac{|\phi_A|^2}{r_b} \mathrm{d}\boldsymbol{r} \right) \quad (2\text{-}27)$$

取归一化系数 $C_+ = C_- = 1$，则 ψ_+、ψ_- 两个分子轨道的能级为

$$E_+ = E_- = \varepsilon_A - \frac{e^2}{4\pi\varepsilon_0} \int \frac{|\phi_A|^2}{r_b} \mathrm{d}\boldsymbol{r} < \varepsilon_A \qquad (2\text{-}28)$$

前面提到，$-\dfrac{e^2}{4\pi\varepsilon_0} \int \dfrac{|\phi_A|^2}{r_b} \mathrm{d}\boldsymbol{r}$ 表示电子占用 A 核轨道时所受 B 核的库仑吸引能，本质上是正负离子之间的库仑吸引作用。由于简并的分子轨道能级低于自由状态的原子轨道能级，原子结合成分子能量降低，系统更加稳定。

当 $\lambda = 1$，$f_i = 0$ 时，有 $P_A = \dfrac{1}{2}$，$P_B = \dfrac{1}{2}$，这时往往对应的是两个完全相同的原子，这两个原子的价电子均匀分布在两个原子之间，即两个原子共享所有价电子，称为共价结合，对应的化学键是共价键。最简单和典型的共价键例子就是两个氢原子结合成的氢分子。这时，

ψ_+、ψ_- 两个分子轨道的能级可以表示成

$$
\begin{aligned}
E_+ &= C_+^2 (H_{aa} + \lambda H_{ab} + \lambda H_{ba} + \lambda^2 H_{bb}) \\
&= 2C_+^2 (H_{aa} + H_{ab}) \\
&= 2C_+^2 \left(\varepsilon_A - \frac{e^2}{4\pi\varepsilon_0} \int \frac{|\phi_A|^2}{r_b} \mathrm{d}r + H_{ab} \right) \\
&= \varepsilon_A + H_{ab}
\end{aligned}
\tag{2-29}
$$

$$
\begin{aligned}
E_- &= C_-^2 (H_{aa} - \lambda H_{ab} - \lambda H_{ba} + \lambda^2 H_{bb}) \\
&= 2C_-^2 (H_{aa} - H_{ab}) \\
&= 2C_-^2 \left(\varepsilon_A - \frac{e^2}{4\pi\varepsilon_0} \int \frac{|\phi_A|^2}{r_b} \mathrm{d}r - H_{ab} \right) \\
&= \varepsilon_A - H_{ab}
\end{aligned}
\tag{2-30}
$$

式中取归一化系数 $C_+ = C_- = \dfrac{1}{\sqrt{2}}$，由于是两个全同的原子，用到

$$
\begin{aligned}
H_{aa} &= H_{bb} \\
H_{ab} &= H_{ba}
\end{aligned}
\tag{2-31}
$$

又因为 $\lambda = 1$ 时，电子在两个原子之间均匀分布，表示正负离子之间库仑吸引能的项 $-\dfrac{e^2}{4\pi\varepsilon_0} \int \dfrac{|\phi_A|^2}{r_b} \mathrm{d}r$ 很小，所以有

$$
\varepsilon_A - \frac{e^2}{4\pi\varepsilon_0} \int \frac{|\phi_A|^2}{r_b} \mathrm{d}r \approx \varepsilon_A
\tag{2-32}
$$

式(2-29)和式(2-30)给出了分子轨道 ψ_+、ψ_- 的能级。其中 H_{ab} 表示相互重叠(自旋相反)的负电子云与原子核之间的库仑吸引作用。前面分析过，在原子结合成分子的过程中，吸引力使得整个系统放出能量，达到内能最低的平衡位置，吸引力做负功，所以 H_{ab} 是负值。由此可知，ψ_+ 的能量比原子轨道能级降低了，ψ_- 的能级则升高了。

图 2.4 给出了 $\lambda = 1$ 时，ψ_+、ψ_- 轨道能级状态的示意图。能量较低的 ψ_+ 轨道可以容纳两个自旋方向相反的电子，原先孤立原子中的两个价电子优先占据 ψ_+ 轨道，形成稳定的分子。从式(2-18)可以看出，ψ_+ 中的"+"表示两个原子轨道波函数波相相同，叠加的结果，两原子间电子云密度增加，即电子在两个原子核之间分布的概率增加。可以直观想象带负电的电子分布在两个带正电的原子核之间，正负电荷的库仑吸引力使得两个原子结合成分子，所以 ψ_+ 称为成键态，或成键轨道。成键轨道的能级低于孤立原子中的原子轨道能级，也就是说形成分子后系统的能量降低，趋于稳定；另一个分子轨道 ψ_- 中的"−"表示两个原子轨道波函数波相相反，两原子间电子云密度减小，电子在两个原子核之间分布的概率减少，则不利于两个原子结合成分子，所以 ψ_- 称为反键态，也称为反键轨道。反键轨道的能量高于孤立原子中的原子轨道能级，即如果能形成分子，系统的能量是升高的。

当电离度 f_i 介于 0 与 1 之间时，结合性质为部分离子键、部分共价键，称为混合键。f_i 越大，离子性成分越强。表 2.1 给出了一些材料的电离度。电离度为零的纯共价结合的晶体有 C、Si、Ge 等；SiC 的电离度为 0.177，比较接近 0，基本上是共价结合的性质；GaAs、InP、GaN、ZnO 的电离度依次增加，离子性结合的成分越来越多，晶体的结合性质从共价键

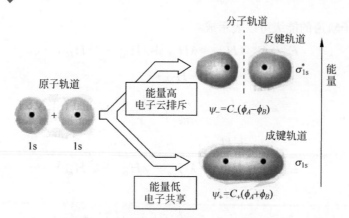

图 2.4   成键态(成键轨道)和反键态(反键轨道)的能量示意图

逐步转为离子键。

表 2.1   半导体器件常用材料的电离度

晶体	C	Si	Ge	SiC	GaAs	InP	GaN	ZnO
电离度 f_i	0	0	0	0.177	0.310	0.421	0.500	0.616

综合分析,两个原子成键时系统的各种相互作用能 E 可以写成

$$E = E_0 + \frac{e^2}{4\pi\varepsilon_0 R} - \frac{e^2}{4\pi\varepsilon_0}\int\left(\frac{|\phi_A|^2}{r_b} + \frac{|\phi_B|^2}{r_a}\right)\mathrm{d}\boldsymbol{r} - \frac{e^2}{4\pi\varepsilon_0}\int\left(\frac{\phi_A\phi_B}{r_a} + \frac{\phi_A\phi_B}{r_b}\right)\mathrm{d}\boldsymbol{r} + (V_{电子排斥})$$

$$(2\text{-}33)$$

其中,$E_0 = \varepsilon_A + \varepsilon_B$。从第二项起依次表示:

库仑排斥能,来自分子中原子核之间的库仑排斥能,这一项与电子无关,所以没有出现在式(2-13)中。

库仑吸引能,由于 λ 不等于 1 引起离子性所产生的正负离子间的库仑吸引能。

交换势吸引能,由于自旋反平行的电子配对,这些电子与两个原子核之间的吸引能。

交换势排斥能,根据泡利不相容原理,满壳电子结构的电子云交叠时产生非常强烈的排斥能。

2.1 节中分析了孤立原子形成稳定分子时,内能最小,系统内部吸引力和排斥力达到平衡。表 2.2 中给出了不同分子结合方式中相互作用能的分析。可以看出,离子键中,排斥力来自带正电的原子核之间的库仑排斥能和交换势排斥能,吸引力则来自正负离子的库仑吸引能,原子核(离子实)对电子的库仑吸引能是离子键成键的基本原因;共价键中,排斥力主要来自带正电的原子核之间,吸引力是来自交换势吸引能,原子轨道 ϕ_A、ϕ_B 的相互重叠是共价键成键的基本原因。混合键则同时具有各种相互作用能。

表 2.2   不同分子结合方式(化学键)中相互作用能的分析

	库仑排斥能	库仑吸引能	交换势吸引能	交换势排斥能
离子键	○	○		○
混合键	○	○	○	○
共价键	○		○	○

2.3　固体结合的类型

图 2.5 给出晶体结合的规律。除了 2.2 节讲述的离子键和共价键之外,还有基于电子共有化运动的金属键。各种化学键的成因不同,特点也各不相同。本节将给出不同结合方式形成晶体的性质。

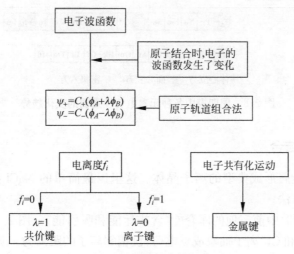

图 2.5　晶体结合的规律

首先介绍原子的电负性。原子的电负性是表征原子对价电子束缚强弱的物理量。这里先给出电离能和亲和能的概念。电离能是使一个中性原子失去一个电子成为正离子所必需的能量,等价为一个正离子得到一个电子成为中性原子所放出的能量,即

中性原子－电子＝正离子(吸收能量)

等价为

正离子＋电子＝中性原子(放出的能量)

亲和能则是一个中性原子获得一个电子成为负离子所释放的能量。即

中性原子＋电子＝负离子(放出能量)

等价为

负离子－电子＝中性原子(吸收能量)

电离能越大,表示中性原子失去电子成为正离子所需要的能量越大,即对电子的吸引力越大;亲和能越大,则表示中性原子获得电子成为负离子时放出的能量越大,也意味着该中性原子更容易吸引电子。所以,电离能和亲和能大,都表示对电子的吸引力大;电离能一般联系正离子,亲和能联系负离子。马利肯以 Li 原子电负性＝1 为标准定义:

电负性 ＝0.18(电离能 ＋ 亲和能)(单位 eV)

这里,0.18 的系数是为了使 Li 的电负性为 1。根据上面的分析,电离能或亲和能大都导致电负性强。

图 2.6 给出了元素周期表中各个元素电负性强弱的变化趋势。元素的电负性越大,原子在形成化学键时对成键电子的吸引力越强。

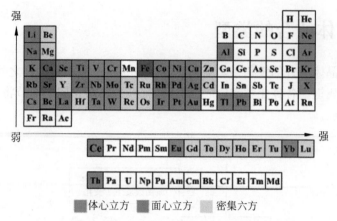

■体心立方　■面心立方　密集六方

图 2.6　周期表中各种元素电负性强弱的变化趋势

2.3.1　离子结合

卤族元素和碱金属形成典型的离子晶体。这里以最简单的 NaCl 晶体为例,给出离子晶体结合能的计算方法。

首先计算式(2-33)中前三项的库仑能(含排斥能和吸引能)。图 2.7 给出了 NaCl 的晶体结构,这里把 Na^+ 和 Cl^- 离子抽象成点电荷,设相邻离子的距离为 r,则从一个正离子到空间另外任意一个离子的距离 R 满足:

$$R^2 = n_1^2 r^2 + n_2^2 r^2 + n_3^2 r^2 \tag{2-34}$$

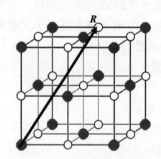

图 2.7　NaCl 的晶体结构

n_1、n_2、n_3 为立方晶系坐标空间三个方向上与 R 相对应的原子数。这个正离子与任意一个格点上的离子的平均库仑作用能可以表示为

$$\frac{1}{2} \sum_{n_1 n_2 n_3} \frac{q^2 (-1)^{n_1+n_2+n_3}}{4\pi\varepsilon_0 (n_1^2 r^2 + n_2^2 r^2 + n_3^2 r^2)^{1/2}} \tag{2-35}$$

由于离子间的库仑作用为两个离子所共有,所以式(2-35)中有一个 $\frac{1}{2}$ 的系数。负离子与任意一个格点离子的平均库仑作用能也可以用式(2-35)表示,所以一对正负离子的能量为式(2-35)的 2 倍。

显然,当 $n_1+n_2+n_3=$ 偶数时,两个点电荷为同性,表现为排斥力;当 $n_1+n_2+n_3=$ 奇数时,两个点电荷为异性,表现为吸引力,所以式(2-35)中有 $(-1)^{n_1+n_2+n_3}$。于是一个原胞中(含有一对正负离子)的库仑能可以写成

$$\frac{q^2}{4\pi\varepsilon_0 r} \sum_{n_1 n_2 n_3} \frac{(-1)^{n_1+n_2+n_3}}{(n_1^2 + n_2^2 + n_3^2)^{1/2}} = -\frac{\alpha q^2}{4\pi\varepsilon_0 r} \tag{2-36}$$

这里 α 只与晶格结构有关,称为马德隆常数。图 2.8 所示最简单的一维晶格的马德隆常数为

$$2\left(1 - \frac{1}{2} + \frac{1}{3} - \frac{1}{4} + \cdots\right) \tag{2-37}$$

由 $\ln(1+x)=x-\dfrac{x^2}{2}+\dfrac{x^3}{3}-\cdots$，可得 $\alpha=2\ln(2)$。

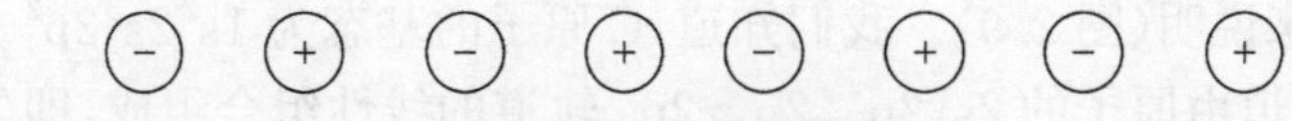

图 2.8　一维晶格

碱金属和卤族元素的化合物晶体马德隆常数的典型值为

NaCl：1.747565

CsCl：1.762675

ZnS：1.6381

马德隆常数是由晶体的结构决定的,对于复杂的晶格结构计算起来比较困难,一般采用测量的方法。

前面分析了离子晶体的交换势吸引能(式(2-33)中的第四项)非常弱,可以忽略不计,下面给出计算第五项的交换势排斥能的经验公式。我们知道除了原子核之间的排斥作用,当两个离子相互接近到它们的电子云发生显著重叠时,也会产生强烈的排斥作用,实际的离子晶体便是在相邻离子间的排斥作用增强到与库仑吸引作用相抵时达到平衡的。

NaCl 晶格中一对离子的平均交换势排斥能可唯象地表示为 $b\mathrm{e}^{-r/r_0}$ 或 $\dfrac{b}{r^n}$,每个离子有 6 个相邻离子,则交换势排斥能为

$$6\,\frac{b}{r^n} \tag{2-38}$$

由式(2-36)和式(2-38)可以得出 NaCl 晶格中 N 个原胞的系统内能：

$$U(r)=N\left[-\frac{\alpha e^2}{4\pi\varepsilon_0 r}+6\,\frac{b}{r^n}\right]=N\left[-\frac{A}{r}+\frac{B}{r^n}\right] \tag{2-39}$$

内能 U 为最小值时的 r,就是构成稳定分子的相邻原子间距,即平衡距离 r_0。

离子晶体一般是典型金属和非金属之间的化合物,离子性结合是比较强的,一对离子的结合能,典型值可达 5eV。在实验上表现出结合能大、熔点高的特性,NaCl 晶体熔点可达 801℃,而 Na 金属的熔点仅为 97.8℃。离子晶体在低温(常温)下是很好的绝缘体,因为电子无法在具有饱和结构的离子间传输；但是在高温下由于带电离子点缺陷的运动可以形成电流,离子晶体是可以导电的。

2.3.2　共价结合

共价结合的晶体称为共价晶体或同极晶体。从表 2.1 中得知, $f_i=0$ 的共价晶体的典型代表是四族元素的 C、Si、Ge。 $f_i=0.177$ 的 SiC 也主要是共价结合。共价结合具有饱和性和方向性。饱和性是指一个原子具有确定数目的共价键,共价键只能由未配对的电子形成；共价结合的方向性是指原子是在特定的方向上形成共价键,共价键的强弱取决于两个电子轨道相互交叠的程度,原子在价电子波函数最大的方向上形成共价键,由于共价键具有确定的方向,难以改变,共价晶体一般硬而脆。

在成键的过程中,由于原子间的相互影响,同一原子中几个能量相近的不同类型的原子轨道可以进行线性组合,重新分配能量和确定空间方向,组成数目相等的新的原子轨道,这

种轨道重新组合的方式称为杂化(hybridization),杂化后形成的新轨道称为杂化轨道(hybrid orbital)。

以金刚石为例来说明(图 2.9)。我们知道,C 原子的基态为 $1s^2 2s^2 2p^2$。在形成金刚石分子时,它的分子轨道由原子的 $2s$、$2p_x$、$2p_y$、$2p_z$ 轨道的线性组合组成,即先形成 4 个完全相同的杂化轨道,称为 sp^3 杂化轨道,再与另外 C 原子的 4 个 sp^3 杂化轨道形成 4 对共价键。这是由于完全相同的 sp^3 杂化轨道形成 4 对共价键的能量比较低的缘故。虽然轨道杂化过程中,$2s$ 轨道的一个电子升到 $2p$ 轨道要吸收 $4eV$ 的能量,而不同原子间的 sp^3 杂化轨道在形成共价键时会放出 $3.6eV$ 的能量,多形成两个共价键所释放出的 $7.2eV$ 能量足以补偿两个电子从 $2s$ 轨道升到 $2p$ 轨道所需要的增加能量。

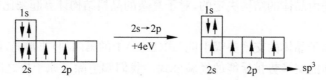

图 2.9　C 原子在形成金刚石结构时的轨道杂化

2.3.3　金属性结合

与离子性结合和共价结合不同,金属在结合成晶体时,原来属于各原子的价电子完全脱离原子核的束缚,转变为在整个晶体内运动的准自由电子,其波函数遍及整个晶体。在晶体内部,一方面是由共有化电子形成的负电子云,另一方面是浸在这个负电子云中的带正电的离子实。离子实之间的作用力基本上被电子云所屏蔽,如图 2.10 所示,金属离子实被电子云的"海洋"所包围。

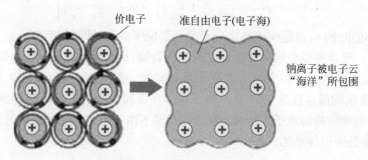

图 2.10　金属钠原子结合成晶体时,钠离子被电子云"海洋"所包围

以钠金属为例,每个孤立的钠原子只有一个价电子,价电子与原子核间是松散的结合。形成晶体时,价电子容易摆脱束缚,成为在晶体中自由运动的准自由电子。负电子云与离子实之间存在库仑吸引力,体积越小,电子云越密集,库仑能量越低,表现出把原子聚合起来的作用;当体积减小到一定程度时,电子云密度增加,交换势排斥力增加,当吸引力和排斥力达到平衡时,即形成稳定的金属键结合。

金属性结合的晶体由于其共有化电子的自由运动,所以具有高导电性、高导热性;而且金属键没有方向性,即原子排列的具体形式没有特殊的要求,多形成堆积比较大的面心立方或六角密堆晶格。在外加力矩作用下,离子排列可改变位置,电子可自由移动,宏观表现为金属一般具有很好的延展性,可变形弯曲。

2.4 原子和分子固体

前面提到,原子相互之间发生结合的标志是原子中电子(主要是外层电子)运动状态发生了变化,像离子性结合、共价结合、金属性结合都是这样。还有一种电子运动状态(波函数)没有发生变化的固体结合形式,称为范德瓦尔斯结合。

范德瓦尔斯结合往往产生于原来具有稳定电子结构的原子或分子之间,例如具有满壳结构的惰性气体元素、价电子已用于形成共价键的饱和分子等。我们知道,每个原子都具有一些围绕原子核运动的电子,如果电荷在核周围总是对称分布,则原子内部的正负电荷完全抵消,对外呈现出电中性。但是电子的分布总有微小的起伏,于是原子会产生随时间变化的电偶极矩,这些瞬时出现的电偶极矩之间的相互作用形成了范德瓦尔斯结合。靠范德瓦尔斯结合形成的固体称为原子固体或分子固体。

靠范德瓦尔斯相互作用结合的两个原子的相互作用能可以写成

$$U(r) = -\frac{A}{r^6} + \frac{B}{r^{12}} \tag{2-40}$$

式中,第一项是吸引能,第二项为重叠排斥作用。A、B 都是正数,由实践经验所得。

图 2.11 所示的氢键是一种典型的范德瓦尔斯力。氢原子由原子核和一个 1s 轨道的电子组成,H-O 共价结合时,电子被拉向氧原子的力量较强,使水分子中形成电偶极矩(H^+-O^{2-})。形成冰晶体时,正是这种电偶极矩产生的范德瓦尔斯力使水分子结合在一起。在有机物或生物体中,分子和高分子主要由氢键连接在一起。

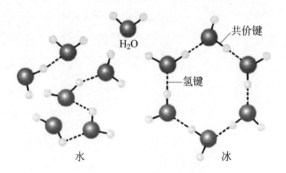

图 2.11 氢键示意图

习题

2.1 设两个原子间的相互能量可以表示为 $U(r) = -\dfrac{\alpha}{r^m} + \dfrac{\beta}{r^n}$。

(1) 求形成稳定分子时的平衡间距 r_0 及结合能 W;

(2) 若取 $m=2, n=10$,平衡间距 $=0.3\text{nm}$,$W=4\text{eV}$,求 α、β 的值;

（3）计算使该分子分裂所必需的力。

提示：该力不能小于合力表现为引力的最大值，引力 $F = -\dfrac{\partial U(r)}{\partial r}$。

2.2 对于线型离子晶体，假定由 $2N$ 个交替带电荷为 $\pm q$ 的离子排布成一条直线，其最近邻之间的排斥势能为 A/R^n。忽略最邻近离子以外的排斥势能，试写出在平衡间距下系统内能 $U(r_0)$ 的表达式。

第3章

固体电子论

固体中电子的运动状态不仅决定了固体结合的类型,也很大程度上决定了固体的电学、磁学、光学特性。研究电子运动规律的理论称为"电子论"。

电子论的发展可以追溯到 1896 年洛伦兹首次提出电子的概念,次年,J. J. 汤姆逊证明了电子的存在。这两位科学家因此分别获得 1902 年和 1906 年诺贝尔物理学奖。

1900 年,德鲁德(Paul Drude,1863—1906,德国)借用气体分子运动论提出了基于"电子气"的经典自由电子论。所谓"气"不是指气体,而是将大量自由电子的系统类比于理想气体。金属中含有数量巨大的自由电子,基于成熟的气体分子动力学,这些自由电子构成了一种特殊的气体——"经典电子气"。这个模型做了以下的近似和假设。

- 独立电子近似:忽略电子与电子之间的相互作用。
- 自由电子近似:电子没有与离子碰撞时,忽略电子与离子之间的相互作用。
- 碰撞:电子突然改变速度的瞬时事件,是由于碰到不可穿透的离子实而被反弹,忽略电子之间的相互碰撞;通过碰撞电子和离子交换能量,在一定温度下达到热平衡状态;碰撞后电子的速度只与温度有关,服从麦克斯韦速度分布率,与碰撞前电子速度无关。
- 弛豫时间:单位时间内电子发生碰撞的概率是 $1/\tau$,τ 为弛豫时间(或平均自由时间,即前后两次碰撞之间的平均时间),弛豫时间与电子位置、速度无关。

根据德鲁德模型的近似和假设,在两次碰撞之间,每个电子做匀速直线运动,势能可以被忽略,总能量全部是动能;在有外场的情况下,电子的运动服从牛顿定律。

之后洛伦兹对德鲁德模型做了改进,提出"经典电子气"服从麦克斯韦-玻尔兹曼统计分布规律,可以用经典力学定律对其进行定量的计算。

经典自由电子论能解释欧姆定律和反映电导率与热导率之间关系的维德曼-弗兰兹定律(Wiedemann-Franz law,对于所有金属,在一定温度下热导率和电导率之比是相同的),但在分析常温下金属电阻率与温度成正比的关系,以及电子比热容等现象时却遇到不可逾越的困难。其原因在于电子的行为在很大程度上偏离了经典力学理论,经典自由电子论存在致命的缺陷,需要用量子力学理论来分析电子的运动状态。

1925 年,费米和狄拉克基于泡利不相容原理,提出电子气体的新统计方法——费米-狄拉克统计;之后,1928 年,索末菲使用费米-狄拉克统计,提出索末菲电子气模型,给出费米气体、费米球、费米波矢等固体电子理论中的一系列重要概念。索末菲电子气模型的基本假设与德鲁德的经典电子气模型很类似,但是明确了电子满足量子理论的费米-狄拉克分布,即电子被处理成服从量子统计的费米子。

1928 年,布洛赫(Felix Bloch,1905—1983,瑞士)提出"周期性势场"的概念,给出电子在周期性势场中运动状态的描述,即固体电子能带理论——量子固体电子理论的基础。布洛赫因此被称为"固体物理之父"。1963 年,科恩(Walter Kohn,1923—2016,奥地利)建立密度泛函理论,为精确计算元素和化合物能带奠定了基础,由此发展起了量子化学和计算材料学,科恩因此获得 1998 年诺贝尔化学奖。

从理论上得到材料的能带结构以及相关的费米面、能态密度和电子云分布(或笼统地简称为材料的能带结构或电子结构),需要大量的数值计算。这方面的进步既依赖于理论方法上的发展,也很强地依赖于计算机技术的革新。能带结构的计算同时也成为一个专门的领域,不仅可以解释实验结果,还可以可靠地预言材料的许多性质,并在某些情形下导致实验方面的重要发现。

本章首先给出索末菲自由电子论,即电子在自由空间的运动规律;在此基础上,重点讲述布洛赫的固体电子能带理论,分析在晶格周期势场中电子的运动状态;最后给出费米统计分布的概念。

3.1　索末菲自由电子论

3.1.1　波函数与 E-k 关系

金属中含有数量巨大的自由电子,按照索末菲模型,我们来分析自由电子在势能为 U_0 的无限空间中运动(电子间的相互作用忽略不计)。这里要用到式(2-8)的能量本征值方程:

$$\left(-\frac{\hbar^2}{2m}\nabla^2 + U_0\right)\psi(\boldsymbol{r}) = E\psi(\boldsymbol{r}) \tag{3-1}$$

其中,m 是电子的质量。为简单起见,可选取 $U_0=0$,展开拉普拉斯算符,则有

$$-\frac{\hbar^2}{2m}\left(\frac{\partial^2}{\partial x^2} + \frac{\partial^2}{\partial y^2} + \frac{\partial^2}{\partial z^2}\right)\psi(\boldsymbol{r}) = E\psi(\boldsymbol{r}) \tag{3-2}$$

根据牛顿力学能量 E 和动量 $\boldsymbol{p}$ 的关系 $E = \frac{1}{2m}p^2$ 以及 $\boldsymbol{p} = \hbar\boldsymbol{k}$,可得

$$E(k) = \frac{\hbar^2 k^2}{2m} \tag{3-3}$$

即

$$k^2 = \frac{2mE}{\hbar^2} \tag{3-4}$$

代入式(3-1),则有

$$\nabla^2 \psi(\boldsymbol{r}) + k^2 \psi(\boldsymbol{r}) = 0 \tag{3-5}$$

上式有通解:

$$\psi_k(\boldsymbol{r}) = A\exp(\mathrm{i}\boldsymbol{k}\cdot\boldsymbol{r}) \tag{3-6}$$

其中,A 为归一化因子,可由归一化条件确定:

$$\int_{(V)} \psi_k^* \psi_k \, d\tau = 1 \tag{3-7}$$

$$A = \frac{1}{\sqrt{V}} \tag{3-8}$$

这里 V 为空间体积。所以有

$$\psi_k(\mathbf{r}) = \frac{1}{\sqrt{V}} \exp(i\mathbf{k} \cdot \mathbf{r}) \tag{3-9}$$

式(3-9)所示的波函数 $\psi_k(\mathbf{r})$ 为平面波,具有确定的 $\mathbf{k}$,即确定的动量 $\mathbf{p} = \hbar\mathbf{k}$。由

$$|\psi_k(\mathbf{r})|^2 = \int_V \frac{1}{V} \exp(-i\mathbf{k} \cdot \mathbf{r}) \exp(i\mathbf{k} \cdot \mathbf{r}) \, d\mathbf{r} = 1$$

可知,该波函数所描述的电子在空间各点出现的概率都相同(不依赖于空间位置),换言之,其位置是完全不确定的。这正是量子力学的测不准原理,即位置和动量是一对非互易量,一个确定了,另一个就完全不确定了。

式(3-3)和式(3-4)给出了能量 E 和波矢量 $\mathbf{k}$(动量)的关系。如图 3.1 所示,自由电子的 E-k 关系可以用一条抛物线来描述。对式(3-3)求两次导数得

$$\frac{1}{m} = \frac{1}{\hbar^2} \frac{d^2 E}{dk^2} \tag{3-10}$$

上式表明,图 3.1 中抛物线每一点上切线斜率的变化率与电子质量 m 的倒数成正比,即质量决定了粒子能量和动量的关系。根据前边提到的自由电子气模型的近似和假设,金属中自由电子的势能可以被忽略,总能量 E 全部是动能。

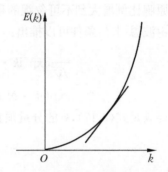

图 3.1 自由电子在无限空间的运动状态——E-k 关系

3.1.2 能级与态函数

实际的晶体都是具有有限尺寸、有边界的。设晶体为图 3.2 所示的平行六面体,其棱边 L_x、L_y、L_z 分别沿原胞三个基矢 $\mathbf{a}_x$、$\mathbf{a}_y$、$\mathbf{a}_z$ 方向,三个基矢的长度分别为 a_x、a_y、a_z,N_x、N_y、N_z 分别为沿三个基矢方向的原胞数,可得棱边长分别为

$$L_x = N_x a_x \tag{3-11}$$

$$L_y = N_y a_y \tag{3-12}$$

$$L_z = N_z a_z \tag{3-13}$$

可统一写成

$$L_i = N_i a_i \quad (i = x, y, z) \tag{3-14}$$

为了处理在有限空间中电子的运动状态,1921 年,波恩(Max Born,1882—1970,德国)和冯·卡门(Theodore von Kármán,1881—1963,美国)提出了著名的波恩-卡门条件,也称为周期性边界条件。以一维情况为例,即以一个环状链作为有限链的近似模型,如图 3.3 所示。这个模型包含有限数目的原胞,而沿环运动仍可看作无限长链,把晶体看成首尾相接的环状链,固体中的波以晶体总的宏观尺度为周期:

$$\psi_k(r) = \psi_k(r + L_i) = \psi_k(r + N_i a_i) \tag{3-15}$$

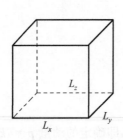

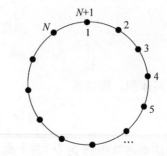

图 3.2　设晶体为一个平行六面体　　　图 3.3　首尾相连的波恩-卡门环状链模型

　　利用周期性边界条件避免了对于有限原胞链两端原胞的特殊处理,这里实际上忽略了有限晶体界面上的原胞与内部原胞的区别。对于宏观尺度的晶体,由于处在界面处的原胞数比例很小,周期性边界条件是一个很好的近似;但当晶体的尺度小至纳米量级,处于边界处的原胞比例增大到不可忽视的程度时,波恩-卡门条件将不再适用。

　　由波恩-卡门条件可以推出：

$$\frac{1}{\sqrt{V}}\exp(\mathrm{i}\boldsymbol{k}\cdot\boldsymbol{r})=\frac{1}{\sqrt{V}}\exp[\mathrm{i}\boldsymbol{k}\cdot(\boldsymbol{r}+N_i\boldsymbol{\alpha}_i)] \tag{3-16}$$

$$\exp(\mathrm{i}\boldsymbol{k}\cdot N_i\boldsymbol{\alpha}_i)=1 \tag{3-17}$$

要满足式(3-17),$\boldsymbol{k}$ 的分量须具有如下的形式：

$$k_x=\frac{2\pi l_x}{L_x} \tag{3-18}$$

$$k_y=\frac{2\pi l_y}{L_y} \tag{3-19}$$

$$k_z=\frac{2\pi l_z}{L_z} \tag{3-20}$$

即

$$k_i=\frac{2\pi l_i}{L_i} \tag{3-21}$$

其中,l_i 为整数。可以看出,在有限尺寸的晶体中,电子波函数 $\psi_k(\boldsymbol{r})$ 的波矢 $\boldsymbol{k}$ 是不连续分布的,它的最小单元是

$$\Delta k_x=\frac{2\pi}{L_x},\quad \Delta k_y=\frac{2\pi}{L_y},\quad \Delta k_z=\frac{2\pi}{L_z} \tag{3-22}$$

　　波矢的最小单元 Δk_i 与体系尺度 L_i 的大小有关,L_i 越大,Δk_i 则越小。即边界效应使得在自由空间连续取值的 k_i 只能取分立值,抛物线分布的 $E\text{-}k$ 关系变成了离散的点,如图 3.4 所示。宏观物体的 $L_i=N_i a_i$ 很大,所以 k_i 点分布很密,可以认为是准连续的;当 L_i 无穷大时,k_i 趋于连续分布,即晶体具有无限大体积的情况。

　　这些离散取值的 $\boldsymbol{k}$,每一个 $\boldsymbol{k}$ 代表一个电子运动可能(被允许)的状态,即本征态,由相应的本征波函数来描述,对应一个能量的本征值。这些本征态在 $\boldsymbol{k}$ 空间中排成一个点阵,如图 3.5 所示,每一个量子态在 $\boldsymbol{k}$ 空间中所占的体积：

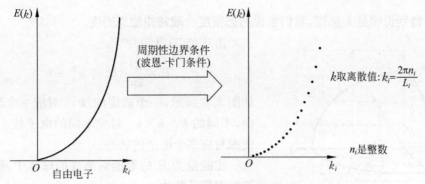

图 3.4 由于边界的存在, k_i 只能取离散的值

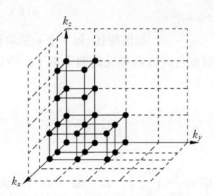

图 3.5 由于 $\boldsymbol{k}$ 取离散的值,每个 $\boldsymbol{k}$ 值所对应的本征态在波矢 $\boldsymbol{k}$ 空间占有一个体积元

$$\Delta k_x \Delta k_y \Delta k_z = \frac{(2\pi)^3}{L_x L_y L_z} = \frac{(2\pi)^3}{V'} \tag{3-23}$$

如果图 3.2 所示的晶体为立方晶系,则 V' 即为晶体的体积。

$\boldsymbol{k}$ 空间点阵密度(即单位 $\boldsymbol{k}$ 空间可能有的 $\boldsymbol{k}$ 取值的数目)为

$$\boldsymbol{k} \text{ 空间的点阵密度} = \frac{\boldsymbol{k} \text{ 的所有取值数}}{\text{整个 } \boldsymbol{k} \text{ 空间体积}}$$

即为式(3-23)的倒数:

$$\rho(\boldsymbol{k}) = \frac{V'}{(2\pi)^3} \tag{3-24}$$

考虑电子自旋,每个 $\boldsymbol{k}$ 值可对应两个自旋不同的状态(这两个状态能量简并, $\boldsymbol{k}$ 也简并),所以 $\boldsymbol{k}$ 标度下的态密度,即单位 $\boldsymbol{k}$ 空间的本征态的数目 $g(\boldsymbol{k})$ 为

$$g(\boldsymbol{k}) = \frac{2V'}{(2\pi)^3} = \text{const} \tag{3-25}$$

可以看到,当晶体的宏观尺度 $V' = L_x L_y L_z$ 确定了, $\boldsymbol{k}$ 标度下的态密度为一常数。

由 $\boldsymbol{k}$ 标度下的态密度 $g(\boldsymbol{k})$ 可以推导出能量标度下的状态密度 $N(E)$,即在单位能量间隔中含有的本征态的数目,也称为能态密度。若设 ΔZ 表示能态数目,则能态密度函数的定义为

$$N(E) = \lim_{\Delta E \to 0} \frac{\Delta Z}{\Delta E} \tag{3-26}$$

如果没有特别说明是 k 标度,我们常说的态密度一般特指能态密度。

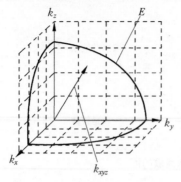

图 3.6 一个确定的 $|k|^2$ 对应一个
球形等能面

由式(3-3)可知

$$E = \frac{\hbar^2}{2m}(k_x^2 + k_y^2 + k_z^2) \qquad (3-27)$$

如图 3.6 所示,一个确定的 $|k|^2$ 对应一个球形等能面,不同的 k_x、k_y、k_z 对应不同的电子状态,球形等能面对应多个电子的状态。

在能量为 E 的等能面形成的球体中,波矢 k 允许的取值总数为

$$\rho(k) \frac{4}{3}\pi |k|^3 \qquad (3-28)$$

如前所述,每一个 k 的取值确定一个电子能级。考虑电子自旋,每一个能级可以填充自旋方向相反的两个电子。所以能量为 E 的球体中,电子能态总数为

$$Z(E) = 2\rho(k) \frac{4}{3}\pi |k|^3 = 2\frac{V'}{8\pi^3} \frac{4}{3}\pi \frac{(2m)^{\frac{3}{2}}}{\hbar^3} E^{\frac{3}{2}} = \frac{V'(2m)^{\frac{3}{2}}}{3\pi^2 \hbar^3} E^{\frac{3}{2}} \qquad (3-29)$$

上式对 E 求导:

$$dZ = \frac{V'}{2\pi^2}\left(\frac{2m}{\hbar^2}\right)^{3/2} E^{1/2} dE = N(E) dE \qquad (3-30)$$

由式(3-26)能态密度(态密度)的定义,可得

$$N(E) = \lim \frac{\Delta Z}{\Delta E} = \frac{dZ}{dE} = \frac{V'}{2\pi^2}\left(\frac{2m}{\hbar^2}\right)^{3/2} E^{1/2} \qquad (3-31)$$

可见,电子的能态密度并不是均匀分布的,电子能量越高,能态密度就越大,如图 3.7 所示。

前面分析的是体材料的态密度,如果是二维晶体情况就不同了。如图 3.8 所示二维量子阱材料,这时式(3-24)的 k 空间点阵密度为 $\rho(k)_{二维} = \dfrac{S}{(2\pi)^2}$,$S$ 为二维晶体的面积(亦称为二维体积);二维晶体态密度 $N(E)$ 的求法与三维晶体类似,但要用圆形等能线替代球形等能面,式(3-28)变为求能量为 E 的等能线形成的圆中波矢 k 允许的取值总数,再代入式(3-29)。

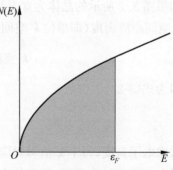

图 3.7 电子的能态密度(态密度)

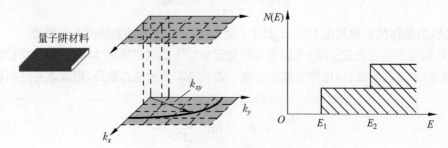

图 3.8 量子阱材料的态密度

3.2 周期势场中电子的运动状态

3.2.1 布洛赫定理

经典电子论及半经典电子论在分析晶体的很多特性时取得了成功,但仍然有很多现象无法解释。布洛赫非常了解经典电子论及半经典电子论的优缺点。他敏锐地看到,尽管索末菲用量子统计代替了德鲁德的玻尔兹曼统计,但他保留了理想电子气的假设,所以不能真正解释电子长平均自由程、电阻与温度的关系等问题。布洛赫抓住了问题的关键:电子是在离子间运动的,所以不能忽略离子的影响而看成自由电子。为了描述周期性势场:

$$V(\boldsymbol{r}) = V(\boldsymbol{r} + \boldsymbol{R}_n) \tag{3-32}$$

中电子运动的一般性特点,布洛赫提出布洛赫定理——薛定谔方程的解与自由电子德布罗意波的解差一个周期性的调幅因子:

$$\psi(\boldsymbol{r}) = \mathrm{e}^{\mathrm{i}\boldsymbol{k}\cdot\boldsymbol{r}} u(\boldsymbol{r}) \tag{3-33}$$

即在周期性势场中运动的电子波函数具有调幅平面波的形式,如图 3.9 所示。图中虚线慢变平面波部分是自由电子波函数 $\mathrm{e}^{\mathrm{i}\boldsymbol{k}\cdot\boldsymbol{r}}$,实际上代表了自由粒子在晶体中传播的行波,平面波因子反映了电子在各个原胞之间的共有化运动,德鲁德和索末菲的自由电子论只是研究了这个共有化运动;实线快变的调幅因子是与晶格周期性相同的周期函数,它的振幅由一个原胞到另外一个原胞周期性地振荡,反映了单个原胞中电子的运动:

$$u(\boldsymbol{r} + \boldsymbol{R}_n) = u(\boldsymbol{r}) \tag{3-34}$$

式(3-33)的 $\psi(\boldsymbol{r}) = \mathrm{e}^{\mathrm{i}\boldsymbol{k}\cdot\boldsymbol{r}} u(\boldsymbol{r})$ 称为布洛赫函数(Bloch wavefunction)。$u(\boldsymbol{r})$ 与周期势场 $V(\boldsymbol{r})$ 有着同样的周期,是薛定谔方程在周期势场 $V(\boldsymbol{r})$ 中的本征函数,用布洛赫函数描述的电子称为布洛赫电子。

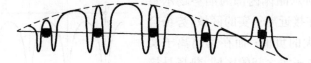

图 3.9 周期势场中运动的电子波函数

布洛赫定理还有另一种表述:在晶格周期性势场 $V(\boldsymbol{r}) = V(\boldsymbol{r} + \boldsymbol{R}_n)$ 中,电子的波函数 ψ 具有这样的性质:

$$\psi(\boldsymbol{r} + \boldsymbol{R}_n) = \mathrm{e}^{\mathrm{i}\boldsymbol{k}\cdot\boldsymbol{R}_n} \psi(\boldsymbol{r}) \tag{3-35}$$

即当平移晶格矢量 $\boldsymbol{R}_n$ 时,波函数只增加了位相因子 $\mathrm{e}^{\mathrm{i}\boldsymbol{k}\cdot\boldsymbol{R}_n}$。

下面证明布洛赫定理。由晶格的平移对称性,设电子的概率密度 $n(\boldsymbol{r}) = |\psi(\boldsymbol{r})|^2$ 在平移操作 T_R 下是不变的:

$$T_R \, n(\boldsymbol{r}) = n(\boldsymbol{r} + \boldsymbol{R}_n) = n(\boldsymbol{r}) \tag{3-36}$$

这里

$$\boldsymbol{R}_n = \sum_i n_i \alpha_i, \quad i = x, y, z \tag{3-37}$$

因此,在相邻原胞中相应位置的波函数应该就差一个简单相位系数(即模的平方是一样的,相位不一定一样)：

$$\psi(\boldsymbol{r}+\boldsymbol{\alpha}_i)=\mathrm{e}^{\mathrm{i}\theta_i}\psi(\boldsymbol{r}) \tag{3-38}$$

由式(3-15)周期性边界条件(波恩-卡门条件)可知

$$\mathrm{e}^{\mathrm{i}N_i\theta_i}=1 \tag{3-39}$$

因此有

$$\theta_i=\frac{2\pi}{N_i}l_i,\quad l_i \text{ 为整数} \tag{3-40}$$

由式(3-21)和式(3-40)，得

$$\psi(\boldsymbol{r}+\boldsymbol{R}_n)=\psi\left(\boldsymbol{r}+\sum_i n_i\alpha_i\right)=\mathrm{e}^{\mathrm{i}\sum_i\frac{2\pi}{N_i}l_in_i}\psi(\boldsymbol{r})=\mathrm{e}^{\mathrm{i}\boldsymbol{k}\cdot\boldsymbol{R}_n}\psi(\boldsymbol{r}) \tag{3-41}$$

式(3-35)的布洛赫定理得证。

3.2.2　近自由电子近似

1.5 节描述了在特定方向上,当入射电磁波的空间频率(波矢)等于晶格空间频率(倒格矢)半数的整数倍时会发生衍射极大。对于晶格中的电子波函数,也有类似的规律。分析晶格中电子的运动状态,即解周期势场中的薛定谔方程。求解包含周期势的薛定谔方程是很难的,实际各种体系的能量本征值问题除了少数情况外,往往不能严格求解,因此需要采用合适的近似解法,微扰理论是应用最广泛的近似方法。微扰理论的基本思想是把哈密顿量分为 H_0 和 H' 两个部分,H_0 的本征值和本征函数是比较容易解出的,与 H_0 相比,H' 是一个很小的量,称为微扰,因此可以在 H_0 的基础上,把微扰 H' 的影响逐级考虑进去,获得周期势场下对电子本征值和本征函数的修正,以求出尽可能精确的近似解。

近自由电子近似,也称为弱晶格势近似(weak potential approximation)是一种常用的方法。从图 3.10 所示晶体内部周期势场示意图可以看出,只有在接近离子实的区域,势场会急剧下降,出现极大的负值;而在远离离子实的区域,比如两个离子实之间的区域,势场是接近零且变化缓慢的。近自由电子近似的具体思路是假定晶体中电子是在很弱的周期势场中运动,电子的运动状态接近自由电子,但同时受到

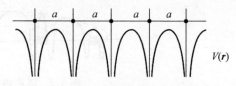

图 3.10　晶格中周期势场的分布特点

周期势场的影响;由于周期势场很弱,所以其对电子状态的影响可以用微扰理论处理;自由电子哈密顿量(索末菲自由电子模型)被选为零级哈密顿量 H_0,晶格的周期势场则作为微扰 H'。该方法适用于描述参与共有化运动的外层价电子的运动状态。

设晶格周期势场为

$$V(\boldsymbol{r})=V(\boldsymbol{r}+\boldsymbol{R}_n) \tag{3-42}$$

由式(2-8)可知,周期势场下电子的能量本征值方程：

$$\left[-\frac{\hbar^2}{2m}\nabla^2+V(\boldsymbol{r})\right]\psi(\boldsymbol{r})=E\psi(\boldsymbol{r}) \tag{3-43}$$

式中,m 为电子的质量,当 $V(\boldsymbol{r})=0$ 时,式(3-43)即为自由电子的波动方程。这里用到了两个近似,一个是绝热近似,另一个是自洽场近似。所谓绝热近似即没有考虑原子核的振

动,认为原子核是静止不动的;自洽场近似则认为电子是完全一样的,这样只要研究一个电子的状态即可。

为简单起见,先分析一维晶格的情况。一维周期势场中有

$$\left[-\frac{\hbar^2}{2m}\frac{\mathrm{d}^2}{\mathrm{d}x^2}+V(x)\right]\psi_k(x)=E\psi_k(x) \tag{3-44}$$

设周期变化的势场 $V(x)$ 由两部分组成:

$$V(x)=V_0+\Delta V \tag{3-45}$$

式中,V_0 是周期势场的平均场,ΔV 为对平均场的偏离量。当 $\Delta V=0$,即只考虑周期势场的平均场时,式(3-44)的解是没有微扰的自由态,称为基态:

$$\psi_k^{(0)}(x)=\frac{1}{\sqrt{L}}\mathrm{e}^{\mathrm{i}kx} \tag{3-46}$$

式中,$L=Na$ 是一维晶格的宏观尺寸,N 为原胞数,a 为晶格常数。如图 3.11 所示,与 3.1 节中索末菲模型的结果相类似,k 取离散值:

$$k=\frac{l}{Na}(2\pi),\quad l \text{ 为整数} \tag{3-47}$$

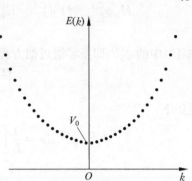

图 3.11 只考虑周期势场的平均场时基态能量本征值

对应每一个 k 态能级本征值的零级近似解:

$$E_k^0=\frac{\hbar^2 k^2}{2m}+V_0 \tag{3-48}$$

当 $\Delta V\neq 0$ 时:

$$H=-\frac{\hbar^2}{2m}\frac{\mathrm{d}^2}{\mathrm{d}x^2}+V(x),\quad V(x)=V_0+\Delta V \tag{3-49}$$

将 $V(x)$ 展开成傅里叶级数:

$$V(x)=\sum_n V_n\exp\left[\mathrm{i}\frac{2\pi}{a}nx\right]=V_0+\sum_n{}'V_n\exp\left[\mathrm{i}\frac{2\pi}{a}nx\right] \tag{3-50}$$

则有

$$\begin{aligned}
H&=-\frac{\hbar^2}{2m}\frac{\mathrm{d}^2}{\mathrm{d}x^2}+V(x)\\
&=-\frac{\hbar^2}{2m}\frac{\mathrm{d}^2}{\mathrm{d}x^2}+V_0+\sum_{n\neq 0}V_n\exp\left(\mathrm{i}\frac{2\pi nx}{a}\right)=H_0+H'
\end{aligned} \tag{3-51}$$

其中:

$$H_0=-\frac{\hbar^2}{2m}\frac{\mathrm{d}^2}{\mathrm{d}x^2}+V_0 \tag{3-52}$$

$$H'=\sum_{n\neq 0}V_n\exp\left(\mathrm{i}\frac{2\pi nx}{a}\right) \tag{3-53}$$

式中,n 为整数,H_0 就是零级哈密顿量,H' 是微扰项。可以看出,$\Delta V=0$ 时的基态就是 H_0 的本征值,在此基础上,把 H' 的影响逐级考虑进去,获得周期势场下对电子能级(能量本征值)的修正,以求出式(3-51)尽可能精确的近似解。

根据微扰理论,把电子能量 $E(k)$ 和波函数 $\psi(k)$ 分别展开成

$$E(k) = E_k^{(0)} + E_k^{(1)} + E_k^{(2)} + \cdots \tag{3-54}$$

$$\psi_k = \psi_k^{(0)} + \psi_k^{(1)} + \psi_k^{(2)} + \cdots \tag{3-55}$$

将以上各展开式代入式(3-44)的能量本征值方程中,得到各级近似方程:

$$H_0\psi_k^{(0)} = E_k^{(0)}\psi_k^{(0)} \qquad\qquad —— \text{零级近似方程} \tag{3-56}$$

$$H_0\psi_k^{(1)} + H'\psi_k^{(0)} = E_k^{(0)}\psi_k^{(1)} + E_k^{(1)}\psi_k^{(0)} \qquad —— \text{一级近似方程} \tag{3-57}$$

$$H_0\psi_k^{(2)} + H'\psi_k^{(1)} = E_k^{(0)}\psi_k^{(2)} + E_k^{(1)}\psi_k^{(1)} + E_k^{(2)}\psi_k^{(0)}$$

$$—— \text{二级近似方程} \tag{3-58}$$

式(3-46)中的 $\psi_k^{(0)}$ 即是零级近似方程的解,具有正交归一性,即

$$\int_0^L \psi_{k'}^{(0)*}\psi_k^{(0)}\mathrm{d}x = \delta_{k'k} \tag{3-59}$$

证明如下:

$$\int_0^{Na}\psi_{k'}^{(0)*}\psi_k^{(0)}\mathrm{d}x = \frac{1}{L}\int_0^{Na}\mathrm{e}^{\mathrm{i}(k-k')x}\mathrm{d}x$$

$$= \begin{cases} 1 & k = k' \\ \dfrac{1}{\mathrm{i}L(k-k')}\mathrm{e}^{\mathrm{i}(k-k')x}\Big|_0^{Na} = 0 & k \neq k' \end{cases} = \delta_{k'k} \tag{3-60}$$

用狄拉克符号可表示成

$$\int_0^L \psi_{k'}^{(0)*}\psi_k^{(0)}\mathrm{d}x = \langle k' \mid k \rangle = \delta_{k'k} \tag{3-61}$$

由微扰理论可以得到能量和波函数各级修正项的表达式。能量的一级修正项为

$$E_k^{(1)} = \int(\psi_k^0)^*[\Delta V]\psi_k^0\mathrm{d}x = \langle k' \mid \Delta V \mid k \rangle \tag{3-62}$$

能量的二级修正项为

$$E_k^{(2)} = \sum_{k'}' \frac{\mid\langle k' \mid \Delta V \mid k \rangle\mid^2}{E_k^0 - E_{k'}^0} \tag{3-63}$$

这里暂不考虑简并 $\mid E_k^0 - E_{k'}^0 \mid \sim 0$ 的情况,$\sum_{k'}'$ 代表积分中不包括 $k' = k$ 这一项。

波函数的一级修正项:

$$\psi_k^{(1)} = \sum_{k'}' \frac{\langle k' \mid \Delta V \mid k \rangle}{E_k^0 - E_{k'}^0}\psi_{k'}^0 \tag{3-64}$$

下面分别求解式(3-62)~式(3-64)。将 $\Delta V = V(x) - V_0$ 代入式(3-62),可得

$$E_k^{(1)} = \int(\psi_k^0)^*[V(x)-V_0]\psi_k^0\mathrm{d}x = \int(\psi_k^0)^*V(x)\psi_k^0\mathrm{d}x - V_0\int(\psi_k^0)^*\psi_k^0\mathrm{d}x = V_0 - V_0 = 0$$

$$\tag{3-65}$$

即能量的一级修正项为零。将式(3-51)所示微扰项 ΔV 展开:

$$\Delta V = \sum_n' V_n\exp\left[\mathrm{i}\frac{2\pi}{a}nx\right] \tag{3-66}$$

代入能级的二级修正式(3-63),有

$$\langle k' \mid \Delta V \mid k \rangle = \frac{1}{Na}\int_0^{Na}\exp(-\mathrm{i}k'x)\Delta V\exp(\mathrm{i}kx)\mathrm{d}x$$

$$= \sum_{n}{}' \frac{1}{Na} \int_0^{Na} V_n \exp\left[\mathrm{i}\left(-k' + \frac{2\pi}{a}n + k\right)x\right] \mathrm{d}x \tag{3-67}$$

式(3-67)的物理意义是二级修正来自所有其他 k' 状态对于 k 状态的作用，这些作用的强弱与势场起伏有关，下面具体分析。当 $-k' + \dfrac{2\pi}{a}n + k \neq 0$ 时，有

$$\int_0^{Na} \exp\left[\mathrm{i}\left(-k' + \frac{2\pi}{a}n + k\right)x\right] \mathrm{d}x = 0 \tag{3-68}$$

所以

$$\langle k' \mid \Delta V \mid k \rangle = 0 \tag{3-69}$$

这时能量的二级修正项也为零。

当 $-k' + \dfrac{2\pi}{a}n + k = 0$ 时，有

$$\int_0^{Na} \exp\left[\mathrm{i}\left(-k' + \frac{2\pi}{a}n + k\right)x\right] \mathrm{d}x = Na \tag{3-70}$$

代入式(3-67)，有

$$\langle k' \mid \Delta V \mid k \rangle = V_n \tag{3-71}$$

由于 k 和 k' 的取值都是 $k = \dfrac{2\pi l}{Na}$ 的形式，所以仅对某一个 n 值才可能有 $-k' + \dfrac{2\pi}{a}n + k = 0$，所以式(3-67)中的求和式中只有一项：

$$\langle k' \mid \Delta V \mid k \rangle = \frac{1}{Na} \int_0^{Na} \exp(-\mathrm{i}k'x) \Delta V \exp(\mathrm{i}kx) \mathrm{d}x = \begin{cases} V_n, & -k' + \dfrac{2\pi}{a}n + k = 0 \\ 0, & \text{其他} \end{cases} \tag{3-72}$$

将 $E_k^0 - E_{k'}^0 = \dfrac{\hbar^2}{2m}\left[k^2 - \left(k + \dfrac{2\pi}{a}n\right)^2\right]$ 及式(3-72)代入式(3-63)和式(3-64)，可得能级的二级修正项及波函数的一级修正项分别为

$$E_k^{(2)} = \sum_{k'}{}' \frac{|\langle k' \mid \Delta V \mid k \rangle|^2}{E_k^0 - E_{k'}^0} = \sum_{n'}{}' \frac{|V_n|^2}{\dfrac{\hbar^2}{2m}\left[k^2 - \left(k + \dfrac{2\pi}{a}n\right)^2\right]} \tag{3-73}$$

$$\psi_k = \psi_k^0 + \psi_k^{(1)} = \frac{1}{\sqrt{L}} \mathrm{e}^{\mathrm{i}kx} + \sum_n{}' \frac{V_n}{\dfrac{\hbar^2}{2m}\left[k^2 - \left(k + \dfrac{n}{a}2\pi\right)^2\right]} \frac{1}{\sqrt{L}} \mathrm{e}^{\mathrm{i}(k + 2\pi\frac{n}{a})x}$$

$$= \frac{1}{\sqrt{L}} \mathrm{e}^{\mathrm{i}kx}\left\{1 + \sum_n{}' \frac{V_n}{\dfrac{\hbar^2}{2m}\left[k^2 - \left(k + \dfrac{2\pi n}{a}\right)^2\right]} \exp\left[\mathrm{i}\frac{2\pi}{a}nx\right]\right\}$$

$$= \frac{1}{\sqrt{L}} \mathrm{e}^{\mathrm{i}kx} u_k(x) \tag{3-74}$$

很明显，对于式(3-74)中大括号内的指数函数，当 x 的改变量是晶格常数 a 的整数倍时，数值不变，说明大括号内的函数是晶格的周期函数。于是周期势场中的电子波函数等于自由电子波函数乘上晶格周期函数，即为调幅平面波，具有布洛赫函数的形式。周期势场中的电子波函数是由波矢为 k 的前进平面波和被周期势场散射的各散射波的叠加形成的。

　　一般情况下，各原子所产生的散射波的位相之间没有什么关系，彼此抵消，周期势场对前进平面波影响不大。如果忽略这个影响（$\sum\limits_{n}'$ 项），式(3-74)则是一个自由电子波函数。这正是零级近似的情形。

　　k 取值在布里渊区边界 $k=-\dfrac{n\pi}{a}$ 时，有

$$\left[k^2-\left(k+\frac{2\pi n}{a}\right)^2\right]=0 \tag{3-75}$$

这时，$k'=k+\dfrac{2\pi n}{a}=\dfrac{\pi n}{a}$。而作为电子的波函数，有 $k'=\dfrac{2\pi}{\lambda}$，即此时正好满足 $2a=n\lambda$。根据布拉格定律（$2d\sin\theta=n\lambda$）可知，此时将发生布拉格反射，$k'=\dfrac{\pi n}{a}$ 的反射波很强，不能再当作微扰处理，而其他反射波的影响可以忽略不计。这时的电子波函数只考虑波矢为 k 和 k' 的两个平面波叠加形成的驻波，而且这时有

$$E^0(k)=\frac{\hbar^2 k^2}{2m}=\frac{\hbar^2(k')^2}{2m}=E^0(k') \tag{3-76}$$

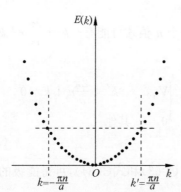

图 3.12　能量简并的两个本征态($V_0=0$)

k 和 k' 是两个能量相等的本征态，称为简并状态，如图 3.12 所示。相应波函数为

$$\psi^0(k)=\frac{1}{\sqrt{L}}\exp(\mathrm{i}kx) \tag{3-77}$$

$$\psi^0(k')=\frac{1}{\sqrt{L}}\exp(\mathrm{i}k'x) \tag{3-78}$$

　　在这种情况下，需要采用简并微扰法。在简并微扰的计算中，零级近似波函数选择为简并态的适当线性组合：

$$\psi=a\psi_k^0+b\psi_{k'}^0 \quad \left(\text{其中：} k=-\frac{n\pi}{a}, k'=\frac{n\pi}{a}\right) \tag{3-79}$$

把波函数式(3-79)代入能量本征值方程式(3-44)：

$$\left[-\frac{\hbar^2}{2m}\frac{\mathrm{d}^2}{\mathrm{d}x^2}+V(x)\right]\psi(x)=E\psi(x) \tag{3-80}$$

有

$$\left[-\frac{\hbar^2}{2m}\frac{\mathrm{d}^2}{\mathrm{d}x^2}+V+\Delta V\right](a\psi_k^0+b\psi_{k'}^0)=E(a\psi_k^0+b\psi_{k'}^0) \tag{3-81}$$

因为 E_k^0、$E_{k'}^0$ 为无微扰 $\Delta V=0$ 时的能量本征值，即

$$\left[-\frac{\hbar^2}{2m}\frac{\mathrm{d}^2}{\mathrm{d}x^2}+V\right]\psi_k^0(x)=E_k^0\psi_k^0(x) \tag{3-82}$$

$$\left[-\frac{\hbar^2}{2m}\frac{\mathrm{d}^2}{\mathrm{d}x^2}+V\right]\psi_{k'}^0(x)=E_{k'}^0\psi_{k'}^0(x) \tag{3-83}$$

所以，式(3-82)、式(3-83)代入式(3-81)有

$$(E_k^0 + \Delta V)a\psi_k^0 + (E_{k'}^0 + \Delta V)b\psi_{k'}^0 = E(a\psi_k^0 + b\psi_{k'}^0) \tag{3-84}$$

式(3-84)两边左乘基态波函数 $\psi_k^0(x)$ 和 $\psi_{k'}^0(x)$ 的共轭并积分,可得

$$\begin{cases} (E_k^0 - E)a + V_n^* b = 0 \\ V_n a + (E_{k'}^0 - E)b = 0 \end{cases} \tag{3-85}$$

a、b 有解的条件是系数行列式为零,即

$$\begin{vmatrix} E_k^0 - E & V_n^* \\ V_n & E_{k'}^0 - E \end{vmatrix} = 0 \tag{3-86}$$

可得

$$E_\pm = \frac{1}{2}\{(E_k^0 + E_{k'}^0) \pm [(E_k^0 - E_{k'}^0)^2 + 4|V_n|^2]^{1/2}\} \tag{3-87}$$

分析上式,当 $E_k^0 = E_{k'}^0 = E^0$,即 $k = -\dfrac{n\pi}{a}$,

$k' = \dfrac{n\pi}{a}$ 时,有

$$E_\pm = \begin{cases} E^0 + |V_n| \\ E^0 - |V_n| \end{cases} \tag{3-88}$$

如图 3.13 所示,其中 V_n 就是式(3-66)中
$V(x)$ 的展开系数。可以看到,由于周期势
场的微扰,原来的一个能量值 E^0 分裂成
了 E_+ 和 E_- 两个能量值,函数 $E(k)$ 在

$k = \dfrac{n\pi}{a}$ 处断开,产生宽度为 $2|V_n|$ 的能量
间隙。

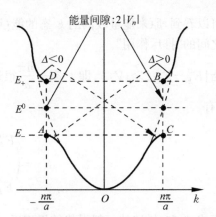

图 3.13 晶格周期势场中电子的 $E\text{-}k$ 关系(如图中箭头所示,$k = \dfrac{n\pi}{a}$ 和 $k' = -\dfrac{n\pi}{a}$ 的两个简并态发生耦合($V_0 = 0$))

当 $E_k^0 \approx E_{k'}^0$ 时,$|E_k^0 - E_{k'}^0| \ll |V_n|$,即

k 很接近 $-\dfrac{n\pi}{a}$,这时把式(3-87)中 [ ] 内的

式子对 $\dfrac{E_{k'}^0 - E_k^0}{|V_n|}$ 利用近似公式 $(1+x)^{1/2} \approx 1 + \dfrac{1}{2}x$ 展开,可得

$$E_\pm = \frac{1}{2}\left\{ E_k^0 + E_{k'}^0 \pm \left[2|V_n| + \frac{(E_k^0 - E_{k'}^0)^2}{4|V_n|} \right] \right\} \tag{3-89}$$

由于 k 很接近 $-\dfrac{n\pi}{a}$,k' 很接近 $\dfrac{n\pi}{a}$,有

$$k = -\frac{\pi n}{a}(1 - \Delta)$$

$$\tag{3-90}$$

$$k' = \frac{\pi n}{a}(1 + \Delta)$$

将式(3-90)代入 $E(k) = V_0 + \dfrac{\hbar^2 k^2}{2m}$,得

$$E_k^0 = V_0 + \frac{\hbar^2}{2m}\left(\frac{\pi n}{a}\right)^2(1-\Delta)^2 = V_0 + T_n(1-\Delta)^2$$

$$E_{k'}^0 = V_0 + \frac{\hbar^2}{2m}\left(\frac{\pi n}{a}\right)^2(1+\Delta)^2 = V_0 + T_n(1+\Delta)^2 \qquad (3\text{-}91)$$

这里：

$$T_n = \frac{\hbar^2}{2m}\left(\frac{\pi n}{a}\right)^2 \qquad (3\text{-}92)$$

式(3-91)代入式(3-89)，可得

$$E_\pm = \begin{cases} V_0 + T_n + |V_n| + \Delta^2 T_n\left(\dfrac{2T_n}{|V_n|} + 1\right) \\[2mm] V_0 + T_n - |V_n| - \Delta^2 T_n\left(\dfrac{2T_n}{|V_n|} - 1\right) \end{cases} \qquad (3\text{-}93)$$

可以看到，原来能量较高的 k' 态的能量提高，原来能量较低的 k 态的能量降低了，存在能态之间的"排斥作用"。

当 $|E_k^0 - E_{k'}^0| \gg |V_n|$，即 k 离 $-\dfrac{n\pi}{a}$ 很远时，把式(3-87)中 [ ] 内的式子按 $\dfrac{|V_n|}{E_{k'}^0 - E_k^0}$ 展开，则有

$$E_\pm = \begin{cases} E_{k'}^0 + \dfrac{|V_n|^2}{E_{k'}^0 - E_k^0} \\[3mm] E_k^0 - \dfrac{|V_n|^2}{E_{k'}^0 - E_k^0} \end{cases} \qquad (3\text{-}94)$$

与前面式(3-73)描述的一般微扰结果相近，仅保留了一项修正。

综上所述，在晶格周期势场的作用下，k 状态只与 $k + \dfrac{2n\pi}{a}$ 的状态相互作用，除了 k 取值等于 $\dfrac{n\pi}{a}$ 的点(这时 $k' = k + \dfrac{2n\pi}{a}$ 也是 $\dfrac{\pi}{a}$ 的整数倍)外，在大部分 k 取值的地方，电子的能量状态可以用零级近似解(即索末菲的自由电子模型)近似。而在 $k = \dfrac{n\pi}{a}$ 时，在晶格周期势场的作用下，发生强烈的简并微扰，描述电子运动状态的 E-k 曲线发生"分裂"，即在某些能量范围内电子不再具有能量状态，这个能量间隙范围简称能隙，也称为带隙或者禁带，如式(3-88)及图 3.13 所示。

在能隙之间是电子可以具有的能量状态。根据波恩-卡门条件可知，对于有限体积晶体中电子的波矢 k 不能连续取值，由式(3-21)，k 取值的最小单元为 $\dfrac{2\pi}{Na}$，N 是晶格原胞数，a 是原胞基矢长度，即 k 取值的最小单元取决于晶体的宏观尺寸 Na。因为每个能隙之间 k 的范围为 $\dfrac{2\pi}{a}$，所以每个能隙之间 k 取值的数量为

$$\frac{\left(\dfrac{2\pi}{a}\right)}{\left(\dfrac{2\pi}{Na}\right)} = N \qquad (3\text{-}95)$$

每个 k 值对应一个能级,所以每个能隙之间包含的能级数正好等于晶格原胞数 N。当 N 很大时,相应的能级很密集并成为准连续状态,所以称为能带(或允带),如图 3.14 所示。

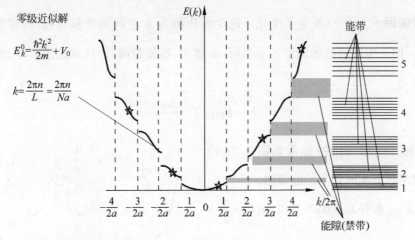

图 3.14　晶体中的能带和能隙(禁带),此能带图亦称为扩展布里渊图景下的能带图($V_0=0$)

在倒格空间中,$k=\dfrac{n\pi}{a}$ 恰好是每个布里渊区的边界。从图 3.14 可以看出,每个布里渊区内部的能级是准连续的,布里渊区边界能级发生突变;属于同一个布里渊区的能级构成一个能带,不同的布里渊区的能级对应不同的能带。图 3.14 亦称为扩展布里渊图景下的能带图。

晶格的空间周期性(空间频率)可以用倒格矢 $G=\dfrac{2\pi}{a}$ 来表述。1.5 节中讲到,这个空间周期结构可以等效成一个波矢为 G 的虚拟波,晶格周期势场对电子运动状态的影响可以看成这个虚拟波参与的晶格中电子波函数的相互作用。电子波函数可以有很多 k 的取值,这些不同的 k 态中,相差正好是倒格矢整数倍 $\dfrac{2l\pi}{a}$ 的一组电子波函数之间通过这个虚拟波(晶格的周期性)产生相互作用,正如图 3.14 中标注的五角星所示。

根据式(3-74),平面波部分 k 平移 $\dfrac{2l\pi}{a}$,$k'=k+\dfrac{2l\pi}{a}$ 对应的波函数为

$$\psi_{k'}=\frac{1}{\sqrt{L}}e^{i\left(k+\frac{2l\pi}{a}\right)x}\left\{1+\sideset{}{'}\sum_n\frac{V_n}{\dfrac{\hbar^2}{2m}\left[\left(k+\dfrac{2l\pi}{a}\right)^2-\left(\left(k+\dfrac{2l\pi}{a}\right)+\dfrac{2\pi}{a}n\right)^2\right]}\exp\left[i\frac{2\pi n}{a}x\right]\right\}$$

$$=\frac{1}{\sqrt{L}}e^{ikx}\left\{e^{i\frac{2\pi l}{a}x}+\sideset{}{'}\sum_n\frac{V_n}{\dfrac{\hbar^2}{2m}\left[\left(k+\dfrac{2l\pi}{a}\right)^2-\left(\left(k+\dfrac{2l\pi}{a}\right)+\dfrac{2\pi}{a}n\right)^2\right]}\exp\left[i\frac{2\pi}{a}(n+l)x\right]\right\}$$

$$=\frac{1}{\sqrt{L}}e^{ikx}u'_k(x)\tag{3-96}$$

我们注意到,虽然电子布洛赫波平面波部分 k 变成 $k'=k+\dfrac{2l\pi}{a}$,相应电子的能量也发生了变化,但由于波矢变化的部分 $\dfrac{2l\pi}{a}$ 体现晶格的周期性(倒格矢的整数倍),对应的波函数

可以写成式(3-96)描述的布洛赫波的形式,依然保留了波矢为 k 的平面波分量,只是 $u_k(x)$ 变成了 $u_k'(x)$。换言之,布洛赫波的平面波部分波矢 k 平移 $\dfrac{2l\pi}{a}$ 后,平面波部分保持 $\mathrm{e}^{\mathrm{i}kx}$ 不变,只是调幅因子 $u_k(x)$ 发生了变化。这个性质称为 k 空间的平移对称性(注意,波矢为 $k'=k+\dfrac{2l\pi}{a}$ 的一组波函数的能量各不相同,m 越大,能量越高)。选取这组 k 中最小的值设为 $k_{简约}$,则有

$$k = k_{简约} + \frac{2\pi m}{a} \qquad (3\text{-}97)$$

按照 k 平移 $\dfrac{2m\pi}{a}$ 后得到的能带如图 3.15 所示,称为周期布里渊图景下的能带图。

显然,$k_{简约}$ 都分布在第一布里渊区 $-\dfrac{\pi}{a} \sim$ $\dfrac{\pi}{a}$ 的范围内,即图 3.15 中阴影所示部分,这部分称为简约布里渊区,阴影部分所描述的能带结构相应地称为简约布里渊区图景下的能带图。

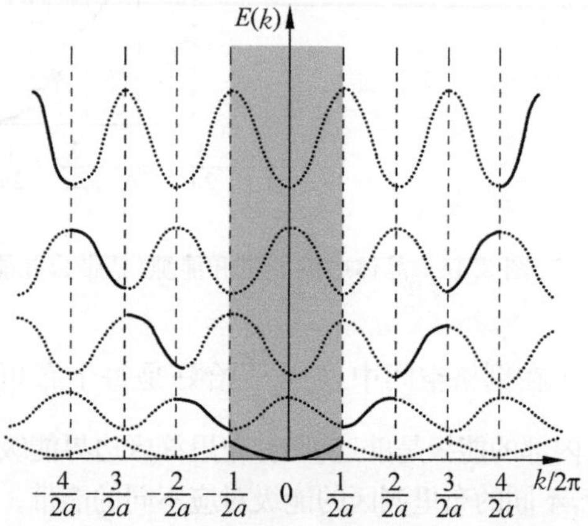

k 空间的平移对称性表述为对于周期布里渊图景下的同一个能带,有

$$E(k) = E(k + G_n) \qquad (3\text{-}98)$$

而对于不同的能带,则

图 3.15 周期布里渊图景以及简约布里渊图景 (阴影部分)下的能带图($V_0 = 0$)

$$E(k) \neq E(k + G_n) \qquad (3\text{-}99)$$

换言之,每一个能带的单个状态都对应一个独立的简约波矢,而对一个简约波矢而言则存在一系列能量不同的状态。所以在描述电子运动状态时需要指明①属于哪个能带,即式(3-97)中的 m;②简约波矢,即式(3-97)中的 k。

为了更好理解能带在 k 空间的平移对称性,这里给出由矩阵特征方程计算能带(E-k 关系)的方法。

式(3-44)给出了一维周期势场中的能量本征值方程:

$$\left[-\frac{\hbar^2}{2m} \frac{\mathrm{d}^2}{\mathrm{d}x^2} + V(x) \right] \psi_k(x) = E\psi_k(x)$$

以自由电子近似模型为例,如式(3-50)所示 $V(x)$ 可展开傅里叶级数:

$$V(x) = \sum_n V_n \exp\left[\mathrm{i} \frac{2\pi}{a} nx \right] = V_0 + \sum_n{}' V_n \exp\left[\mathrm{i} \frac{2\pi}{a} nx \right] \qquad (3\text{-}100)$$

根据布洛赫定理式(3-33),$\psi(x)$ 可以写成

$$\psi(x) = \mathrm{e}^{\mathrm{i}kx} u(x) \qquad (3\text{-}101)$$

其中 $u(x)$ 具有与晶格同样周期性,$u(r + R_n) = u(r)$,所以,$u(x)$ 亦可展开成

$$u(x) = \sum_{-\infty}^{+\infty} u_n \mathrm{e}^{\mathrm{i}\frac{2\pi}{a}nx} \qquad (3\text{-}102)$$

将式(3-50)、式(3-101)、式(3-102)代入式(3-44)，可得

$$\frac{\hbar^2}{2m}\sum_n u_n\left(k+\frac{2\pi}{a}n\right)^2 \mathrm{e}^{\mathrm{i}\left(k+\frac{2\pi}{a}n\right)x} + \mathrm{e}^{\mathrm{i}kx}\sum_p\sum_m V_p u_m \mathrm{e}^{\mathrm{i}\frac{2\pi}{a}px}\mathrm{e}^{\mathrm{i}\frac{2\pi}{a}mx} = E\mathrm{e}^{\mathrm{i}kx}\sum_q u_q \mathrm{e}^{\mathrm{i}\frac{2\pi}{a}qx}$$

$$(3\text{-}103)$$

上式两边乘以 $\mathrm{e}^{-\mathrm{i}\left(k+\frac{2\pi}{a}n\right)x}$ 并积分，利用：

$$\int_0^{Na}\mathrm{e}^{\mathrm{i}(k-k')x}\,\mathrm{d}x = \begin{cases} Na, & k=k' \\ \dfrac{1}{\mathrm{i}(k-k')}\mathrm{e}^{\mathrm{i}(k-k')x}\,\Big|_0^{Na}=0, & k'=k+\dfrac{2\pi}{a}l, l\neq 0, l\in\mathbf{Z}\end{cases} \quad(3\text{-}104)$$

可得如下一系列线性方程：

$$\left[\frac{\hbar^2}{2m}\left(k+\frac{2\pi}{a}n\right)^2 - E\right]u_n + \sum_p\sum_m V_p u_m = 0 \quad p+m=n \qquad(3\text{-}105)$$

即

$$\begin{bmatrix} \cdots & \cdots & \cdots & \cdots & \cdots \\ \cdots & \dfrac{\hbar^2}{2m}\left(k-\dfrac{2\pi}{a}\right)^2+V_0-E & V_{-1} & V_{-2} & \cdots \\ \cdots & V_1 & \dfrac{\hbar^2}{2m}k^2+V_0-E & V_{-1} & \cdots \\ \cdots & V_2 & V_1 & \dfrac{\hbar^2}{2m}\left(k+\dfrac{2\pi}{a}\right)^2+V_0-E & \cdots \\ \cdots & \cdots & \cdots & \cdots & \cdots \end{bmatrix} \begin{bmatrix} \cdots \\ u_{-1} \\ u \\ u_1 \\ \cdots \end{bmatrix} = 0$$

$$(3\text{-}106)$$

上式为能量本征值方程以 u_n 为基矢展开的矩阵形式，其有解的条件是系数矩阵行列式为零：

$$\det\begin{bmatrix} \cdots & \cdots & \cdots & \cdots & \cdots \\ \cdots & \dfrac{\hbar^2}{2m}\left(k-\dfrac{2\pi}{a}\right)^2+V_0-E & V_{-1} & V_{-2} & \cdots \\ \cdots & V_1 & \dfrac{\hbar^2}{2m}k^2+V_0-E & V_{-1} & \cdots \\ \cdots & V_2 & V_1 & \dfrac{\hbar^2}{2m}\left(k+\dfrac{2\pi}{a}\right)^2+V_0-E & \cdots \\ \cdots & \cdots & \cdots & \cdots & \cdots \end{bmatrix} = 0$$

$$(3\text{-}107)$$

给定一个 k，可以得到 n 个 E 的解，n 的数目由式(3-50)所示周期性势场的傅里叶展开决定；由此可以得到所有 k 对应的 E 的本征值，即图3.15所示的能带 $E\text{-}k$ 关系。

如果将 k 移动一个布里渊区：$k'=k+\dfrac{2\pi}{a}$

式(3-103)变成

$$\frac{\hbar^2}{2m}\sum_n u_n\left(k'-\frac{2\pi}{a}+\frac{2\pi}{a}n\right)^2 \mathrm{e}^{\mathrm{i}\left(k'-\frac{2\pi}{a}+\frac{2\pi}{a}n\right)x} + \mathrm{e}^{\mathrm{i}\left(k'-\frac{2\pi}{a}\right)x}\sum_p\sum_m V_p u_m \mathrm{e}^{\mathrm{i}\frac{2\pi}{a}px}\mathrm{e}^{\mathrm{i}\frac{2\pi}{a}mx}$$

$$= E\mathrm{e}^{\mathrm{i}\left(k'-\frac{2\pi}{a}\right)x}\sum_q u_q \mathrm{e}^{\mathrm{i}\frac{2\pi}{a}qx}$$

$$(3\text{-}108)$$

特征方程(3-106)则变为

$$
\begin{bmatrix}
\cdots & \cdots & \cdots & \cdots & \cdots \\
\cdots & \dfrac{\hbar^2}{2m}\left(k-\dfrac{4\pi}{a}\right)^2+V_0-E & V_{-1} & V_{-2} & \cdots \\
\cdots & V_1 & \dfrac{\hbar^2}{2m}\left(k-\dfrac{2\pi}{a}\right)^2+V_0-E & V_{-1} & \cdots \\
\cdots & V_2 & V_1 & \dfrac{\hbar^2}{2m}k^2+V_0-E & \cdots \\
\cdots & \cdots & \cdots & \cdots & \cdots
\end{bmatrix}
\begin{bmatrix}
\cdots \\ u_{-1} \\ u_0 \\ u_1 \\ \cdots
\end{bmatrix}=0
$$

$$(3\text{-}109)$$

比较式(3-106)与式(3-109),可以看到,由这两个特征方程得到的 E-k 关系是相同的,都如图 3.15 所示。也就是说,将 k 移动一个布里渊区,在周期布里渊图景下的同一个能带有式(3-98)所表述的 k 空间平移对称性 $E(k)=E(k+G_n)$。

我们再来分析一下图 3.14、图 3.15 的能带图。能带图中的纵坐标 E 描述的是电子的总能量,包括动能和势能。自由电子的势能为零,图 3.4 所示的自由电子的能量 E 只有动能;对于处于某一能量状态 E 的自由电子,其波函数是具有确定波矢 k 的平面波,即电子在空间任何地方出现的概率是完全一样的。晶体(周期势场)中电子的波函数是布洛赫波,电子在空间分布的概率不再是常数,不同能量本征态对应不同的波函数,即对应不同的空间分布概率,这时电子势能具有确定的平均值;在布里渊区边界(能带底/顶)发生布拉格反射,电子波函数呈驻波分布,此时电子的动能为零,只有势能,不同能带底/顶的势能不同;对于不同的 k 状态,总能量中动能和势能的比例是不同的,在布里渊区中的某点动能出现极大值。

3.2.3 紧束缚近似

解包含周期势薛定谔方程的另一种近似方法是紧束缚模型(tight-binding model)。在固体中,多数电子被紧紧束缚在原子周围的内壳层中,紧束缚模型假设电子在一个原子附近时,主要受到该原子场的作用,把其他原子场的作用看成微扰;与上一节的自由电子近似不同,这里把孤立原子中电子的哈密顿量选为零级哈密顿量,该模型可以很好地解释内层电子的运动状态。

暂不考虑原子间的相互作用,把在格点 $\boldsymbol{R}_m$ 处的原子视为孤立原子,则原子势场为 $U(\boldsymbol{r}-\boldsymbol{R}_m)$(图 3.16 中点线所示);电子基本上处于围绕原子核运动的束缚态 $\phi_i(\boldsymbol{r}-\boldsymbol{R}_m)$,满足薛定谔方程:

$$
\left[-\frac{\hbar^2}{2m}\nabla^2+U(\boldsymbol{r}-\boldsymbol{R}_m)\right]\phi_i(\boldsymbol{r}-\boldsymbol{R}_m)=E_i\phi_i(\boldsymbol{r}-\boldsymbol{R}_m) \tag{3-110}
$$

E_i 为其能量本征值。

若在 N 个格点上有 N 个这样的"孤立"原子,就有 N 个与式(3-110)一样的方程,具有同样的束缚态函数和能量本征值,即是能量 N 重简并的。

实际晶体中的电子还会受到其他格点上原子的作用,电子感受到的势场是 N 个格点原子势场之和 $V(\boldsymbol{r})$,这时电子波函数 ψ 满足的薛定谔方程为

$$\left[-\frac{\hbar^2}{2m}\nabla^2+V(\mathbf{r})\right]\psi(\mathbf{r})=E\psi(\mathbf{r}) \tag{3-111}$$

亦可写成

$$\left[-\frac{\hbar^2}{2m}\nabla^2+U(\mathbf{r}-\mathbf{R}_m)+(V(\mathbf{r})-U(\mathbf{r}-\mathbf{R}_m))\right]\psi(\mathbf{r})=E\psi(\mathbf{r}) \tag{3-112}$$

E 为晶格周期势场中电子的能量本征值。

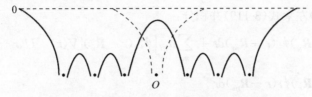

图 3.16 实线为 $(V(\mathbf{r})-U(\mathbf{r}-\mathbf{R}_m))$ 的示意图

紧束缚近似把方程(3-110)看作零级近似,把 $(V(\mathbf{r})-U(\mathbf{r}-\mathbf{R}_j))$ 部分看成微扰,采用第 2 章中提到的原子轨道线性组合法(LCAO),取 N 个"孤立"原子中电子束缚态的线性组合近似作为电子在实际晶体周期性势场中的波函数:

$$\psi(\mathbf{r})=\sum_m a_m\phi_i(\mathbf{r}-\mathbf{R}_m) \tag{3-113}$$

根据布洛赫定理,晶体中电子波函数是布洛赫函数。为此须令:

$$a_m=\frac{1}{\sqrt{N}}\exp(\mathrm{i}\mathbf{k}\cdot\mathbf{R}_m) \tag{3-114}$$

式(3-113)则可用波矢 $\mathbf{k}$ 标记,写成

$$\begin{aligned}\psi(\mathbf{r})&=\frac{1}{\sqrt{N}}\sum_m\exp(\mathrm{i}\mathbf{k}\cdot\mathbf{R}_m)\phi_i(\mathbf{r}-\mathbf{R}_m)\\&=\frac{1}{\sqrt{N}}\exp(\mathrm{i}\mathbf{k}\cdot\mathbf{r})\sum_m\exp[-\mathrm{i}\mathbf{k}\cdot(\mathbf{r}-\mathbf{R}_m)]\phi_i(\mathbf{r}-\mathbf{R}_m)\end{aligned} \tag{3-115}$$

由上式可知:

$$\begin{aligned}\psi(\mathbf{r}+\mathbf{R}_n)&=\frac{1}{\sqrt{N}}\exp[\mathrm{i}\mathbf{k}\cdot(\mathbf{r}+\mathbf{R}_n)]\sum_m\exp[-\mathrm{i}\mathbf{k}\cdot(\mathbf{r}+\mathbf{R}_n-\mathbf{R}_m)]\phi_i(\mathbf{r}+\mathbf{R}_n-\mathbf{R}_m)\\&=\frac{1}{\sqrt{N}}\exp(\mathrm{i}\mathbf{k}\cdot\mathbf{R}_n)\exp(\mathrm{i}\mathbf{k}\cdot\mathbf{r})\sum_m\exp(-\mathrm{i}\mathbf{k}\cdot(\mathbf{r}+\mathbf{R}_n-\mathbf{R}_m))\phi_i(\mathbf{r}+\mathbf{R}_n-\mathbf{R}_m)\end{aligned}$$

$$\tag{3-116}$$

设 $\mathbf{R}_s=\mathbf{R}_n-\mathbf{R}_m$,式(3-116)可写为

$$\begin{aligned}\psi(\mathbf{r}+\mathbf{R}_n)&=\frac{1}{\sqrt{N}}\exp(\mathrm{i}\mathbf{k}\cdot\mathbf{R}_n)\exp(\mathrm{i}\mathbf{k}\cdot\mathbf{r})\sum_s\exp[-\mathrm{i}\mathbf{k}\cdot(\mathbf{r}+\mathbf{R}_s)]\phi_i(\mathbf{r}+\mathbf{R}_s)\\&=\exp(\mathrm{i}\mathbf{k}\cdot\mathbf{R}_n)\psi(\mathbf{r})\end{aligned} \tag{3-117}$$

即当平移晶格矢量 $\mathbf{R}_n$ 时,波函数只增加了位相因子 $\exp(\mathrm{i}\mathbf{k}\cdot\mathbf{R}_n)$,式(3-115)描述的 $\psi(\mathbf{r})$ 为布洛赫函数。

将式(3-115)代入式(3-112):

$$\sum_m a_m\left[-\frac{\hbar^2}{2m}\nabla^2+U(\mathbf{r}-\mathbf{R}_m)\right]\phi_i(\mathbf{r}-\mathbf{R}_m)+\sum_m a_m[V(\mathbf{r})-U(\mathbf{r}-\mathbf{R}_m)]\phi_i(\mathbf{r}-\mathbf{R}_m)$$

$$= E \sum_m a_m \phi_i(\boldsymbol{r} - \boldsymbol{R}_m) \tag{3-118}$$

再将式(3-110)代入式(3-118),有

$$\sum_m a_m E_i \phi_i(\boldsymbol{r} - \boldsymbol{R}_m) + \sum_m a_m [V(\boldsymbol{r}) - U(\boldsymbol{r} - \boldsymbol{R}_m)] \phi_i(\boldsymbol{r} - \boldsymbol{R}_m)$$

$$= E \sum_m a_m \phi_i(\boldsymbol{r} - \boldsymbol{R}_m) \tag{3-119}$$

以 $\phi_i^*(\boldsymbol{r} - \boldsymbol{R}_n)$ 左乘式(3-119)并积分:

$$\sum_m a_m E_i \int \phi_i^*(\boldsymbol{r} - \boldsymbol{R}_n) \phi_i(\boldsymbol{r} - \boldsymbol{R}_m) \mathrm{d}\boldsymbol{r} + \sum_m a_m \int \phi_i^*(\boldsymbol{r} - \boldsymbol{R}_n) [V(\boldsymbol{r}) - U(\boldsymbol{r} - \boldsymbol{R}_m)] \phi_i(\boldsymbol{r} - \boldsymbol{R}_m) \mathrm{d}\boldsymbol{r}$$

$$= E \sum_m a_m \int \phi_i^*(\boldsymbol{r} - \boldsymbol{R}_n) \phi_i(\boldsymbol{r} - \boldsymbol{R}_m) \mathrm{d}\boldsymbol{r} \tag{3-120}$$

考虑到紧束缚近似下,相邻原子的波函数重叠很少,可近似认为

$$\int \phi_i^*(\boldsymbol{r} - \boldsymbol{R}_n) \phi_i(\boldsymbol{r} - \boldsymbol{R}_m) \mathrm{d}\boldsymbol{r} = \delta_{mn} \tag{3-121}$$

另,设 $\boldsymbol{\xi} = \boldsymbol{r} - \boldsymbol{R}_m$,且周期性势场有

$$\boldsymbol{V}(\boldsymbol{\xi}) = \boldsymbol{V}(\boldsymbol{\xi} + \boldsymbol{R}_m) \tag{3-122}$$

则有

$$\int \phi_i^*(\boldsymbol{r} - \boldsymbol{R}_n) [V(\boldsymbol{r}) - U(\boldsymbol{r} - \boldsymbol{R}_m)] \phi_i(\boldsymbol{r} - \boldsymbol{R}_m) \mathrm{d}\boldsymbol{r}$$

$$= \int \phi_i^* [\boldsymbol{\xi} - (\boldsymbol{R}_n - \boldsymbol{R}_m)] [V(\boldsymbol{\xi} + \boldsymbol{R}_m) - U(\boldsymbol{\xi})] \phi_i(\boldsymbol{\xi}) \mathrm{d}\boldsymbol{\xi}$$

$$= \int \phi_i^* [\boldsymbol{\xi} - (\boldsymbol{R}_n - \boldsymbol{R}_m)] [V(\boldsymbol{\xi}) - U(\boldsymbol{\xi})] \phi_i(\boldsymbol{\xi}) \mathrm{d}\boldsymbol{\xi} \tag{3-123}$$

式(3-123)的积分结果显然只取决于相对位置 $\boldsymbol{R}_n - \boldsymbol{R}_m$ 的函数,可记为

$$\int \phi_i^*(\boldsymbol{r} - \boldsymbol{R}_n) [V(\boldsymbol{r}) - U(\boldsymbol{r} - \boldsymbol{R}_m)] \phi_i(\boldsymbol{r} - \boldsymbol{R}_m) \mathrm{d}\boldsymbol{r} = -J(\boldsymbol{R}_n - \boldsymbol{R}_m) \tag{3-124}$$

由于 $V(\boldsymbol{\xi}) - U(\boldsymbol{\xi})$ 就是周期势场减去孤立原子的势场,如图 3.16 中的实线所示,仍然是负值,故这里引入负号。

将式(3-121)和式(3-124)代入,式(3-120)简化成

$$\sum_m a_m E_i \delta_{mn} + \sum_m a_m [-J(\boldsymbol{R}_n - \boldsymbol{R}_m)] = \sum_m a_m E \delta_{mn} \tag{3-125}$$

即

$$a_n E_i + \sum_m a_m [-J(\boldsymbol{R}_n - \boldsymbol{R}_m)] = a_n E \tag{3-126}$$

再将式(3-114)所定义的 a_n、a_m 代入,可得到周期势场中电子的能量本征值:

$$E = E_i - \sum_m \exp[-\mathrm{i}\boldsymbol{k} \cdot (\boldsymbol{R}_n - \boldsymbol{R}_m)] J(\boldsymbol{R}_n - \boldsymbol{R}_m) \tag{3-127}$$

设 $\boldsymbol{R}_s = \boldsymbol{R}_n - \boldsymbol{R}_m$,式(3-127)可简化成

$$E = E_i - \sum_s J(\boldsymbol{R}_s) \exp(-\mathrm{i}\boldsymbol{k} \cdot \boldsymbol{R}_s) \tag{3-128}$$

可以看到,周期势场中电子的能量本征值 E 与孤立原子中电子的能量本征值 E_i 相比有一个平移 $\sum_s J(\boldsymbol{R}_s) \exp(-\mathrm{i}\boldsymbol{k} \cdot \boldsymbol{R}_s)$,对于不同的波矢 $\boldsymbol{k}$,该平移量不同。换言之,对于每个

波矢 k 标定的波函数(式(3-115)),对应式(3-128)所示不同的能量本征值 $E(k)$,即孤立原子中电子的能量本征值 E_i 展成了一系列的能量本征值 $E(k)$。

考虑到周期性边界条件,式(3-21)给出 k 的取值是不连续分布的,且根据式(3-95)可知,在每个布里渊区内 k 的取值数正好等于晶格所包含的原胞数 N,对应准连续分布的 k 值,$E(k)$ 将形成准连续的能带,每个能带的能级数等于晶格原胞数,与自由电子近似方法得到的结果相同。

下面以简立方晶体为例分析单原子的能级 E_s 如何扩展成晶体的能带。

设单原子 s 态的电子波函数为 ϕ_s,则由式(3-124)可得

$$-J(\mathbf{R}_s) = \int \phi_s^*(\xi - \mathbf{R}_s)[V(\xi) - U(\xi)]\phi_s(\xi)\mathrm{d}\xi \tag{3-129}$$

$\phi_s(\mathbf{R}_s)$ 和 $\phi_s(\xi - \mathbf{R}_s)$ 表示相距 $\mathbf{R}_s$ 的两个格点上的电子波函数,$J(\mathbf{R}_s)$ 为重叠积分,当 $\mathbf{R}_s = 0$ 时,重叠最大,用 J_0 来表示:

$$J_0 = -\int |\phi_s(\xi)|^2 [V(\xi) - U(\xi)]\mathrm{d}\xi \tag{3-130}$$

如图 3.17(a) 所示简立方晶格中,处于原点的格点有 6 个图中白点所示的近邻格点,它们的位置分别为 $(a,0,0)$、$(0,a,0)$、$(0,0,a)$、$(-a,0,0)$、$(0,-a,0)$、$(0,0,-a)$,对于球对称的 s 态波函数,重叠积分 $J(\mathbf{R}_s)$ 只取决于格点之间的距离 $|\mathbf{R}_s|$,所以上述 6 个近邻格点对应的 $J(\mathbf{R}_s)$ 具有相同的值,记为

$$J_1 = J(\mathbf{R}) \tag{3-131}$$

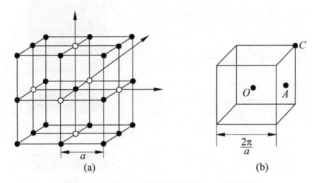

图 3.17　简立方晶体及其第一布里渊区

如果忽略近邻格点以外格点重叠积分的贡献,则有

$$E(k) = E_s - J_0 - J_1 \sum_s \exp(-\mathrm{i}\mathbf{k} \cdot \mathbf{R}_s) \tag{3-132}$$

把邻近 6 个格点的 $\mathbf{R}_s$ 代入上式,可得

$$E(\mathbf{k}) = E_s - J_0 - 2J_1(\cos ak_x + \cos ak_y + \cos ak_z) \tag{3-133}$$

可以看出,对应不同 k 的取值,能量状态不同,能级 E_s 分裂成一系列能级所构成的能带 $E(k)$;由 k 的取值范围可推导出能带的宽度。在图 3.17(b)所示简立方晶格的第一布里渊区中考虑 k 的取值,O 点的坐标为

$$\mathbf{k}_O = (0,0,0) \tag{3-134}$$

代入式(3-133)则有

$$E(\mathbf{k}_O) = E_s - J_0 - 6J_1 \tag{3-135}$$

C 点的坐标为

$$\boldsymbol{k}_C = \left(\frac{\pi}{a}, \frac{\pi}{a}, \frac{\pi}{a} \right) \tag{3-136}$$

对应的能量状态为

$$E(\boldsymbol{k}_C) = E_s - J_0 + 6J_1 \tag{3-137}$$

显然，O 点的能量最低，对应能带底，C 点的能量最高，对应能带顶。于是可知能带的宽度为：

$$E(\boldsymbol{k}_C) - E(\boldsymbol{k}_O) = 12J_1 \tag{3-138}$$

图 3.18 是简立方晶体的单原子 s 态能级扩展成晶体的能带的示意图，由式(3-138)可以看到，能带的宽度取决于近邻格点上电子波函数的重叠程度 J_1，重叠越多，能带越宽，一般情况下，内层电子相互重叠小，形成的能带较窄，外层电子重叠大，形成的能带就会比较宽。对应不同原子的能级，在晶体中就产生了一系列宽度不等的能带，如图 3.19 所示。

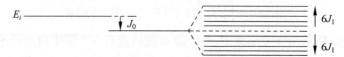

图 3.18　简立方晶体的单原子 s 态能级扩展成晶体的能带

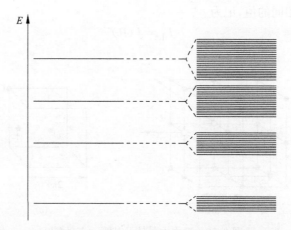

图 3.19　晶体中的单原子能级扩展成晶体的能带示意图

上面分析简立方晶体 s 态能级是最简单的情况，p 态、d 态不再是简单的球对称，在计算重叠积分时要考虑电子云的分布，不同的晶格结构近邻格点的 $\boldsymbol{R}_s$ 也不尽相同，另外，不同的原子态之间也可能发生相互作用，扩展的能带之间还会发生相互的交叠等现象。

总结晶体中的电子的运动状态：晶体中电子的波函数是布洛赫波，反映了晶体电子的共有化运动和围绕原子核运动两者兼有的特征，晶体的电子状态由能带描述，一般情况下，原子能级和晶体能带有一一对应关系，能带宽度取决于电子波函数的重叠程度，禁带宽度取决于周期势场变化的剧烈程度。

3.3　费米统计分布与费米面

能带理论是一种单电子近似。每一个电子的运动看成是近似独立的,具有一系列的本征态。由单电子近似描述的系统的宏观态就可以由电子在这些本征态上的统计分布来描述。

量子统计有费米-狄拉克(Fermi-Dirac)统计和玻色-爱因斯坦(Bose-Einstein)统计两种。凡自旋为半整数$(n+1/2)$的粒子,如电子、质子、中子等,称为费米子,遵循费米-狄拉克统计规律,而自旋为整数n的粒子,如光子、声子等,则遵从玻色-爱因斯坦统计规律。

费米-狄拉克统计是1925年费米基于泡利不相容原理提出的关于电子气体的新统计方法,几个月后,狄拉克也给出了类似的陈述。对于系统的平衡态,费米-狄拉克统计的基本原理归结为用一个完全确定的费米统计分布函数$f(E)$来描述能量为E的本征态被一个电子占据的概率:

$$f(E) = \frac{1}{e^{(E-E_F)/k_B T} + 1} \tag{3-139}$$

式中,k_B是玻尔兹曼常数;E_F称为费米能级,具有能量的量纲,但并不代表具体电子本征态的能级,实际上是系统的化学势,是由系统中电子总数N决定的:

$$\sum_i f(E_i) = N \tag{3-140}$$

上式表示对系统所有本征态的叠加,每一个状态的能级为E_i,有可能是简并的。如图3.20所示。当E比E_F小很多时,有$e^{(E-E_F)/K_B T} \ll 1$,$f(E) \approx 1$;当$E = E_F$时,$f(E) = \frac{1}{2}$,当E比E_F大很多时,$e^{(E-E_F)/K_B T} \gg 1$,$f(E) \approx 0$。

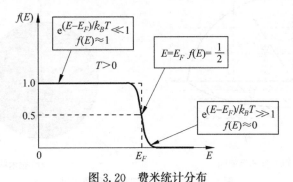

图3.20　费米统计分布

由式(3-139)可知

$$\left(-\frac{\partial f}{\partial E}\right) = \frac{1}{k_B T} \frac{1}{(e^{(E-E_F)/k_B T}+1)(e^{-(E-E_F)/k_B T}+1)} \tag{3-141}$$

由于$f(E)$的变化主要集中在E_F附近的$k_B T$范围内,因此,$\left(-\frac{\partial f}{\partial E}\right)$只有在这个很小的能量区域内有显著的值,所以具有类似δ函数的特性。

当系统处于绝对零度$T=0$K时,系统的能量最低。由于电子的填充必须遵从泡利不相容原理,因此即使在$T=0$K时,电子也不可能全部填充在能量最低的能态上。如能量低的能态已经填有电子,其他电子就必须填到能量较高的能态上。电子从能量最低的原点开始填起,能量由低到高逐层向外填充,一直到所有电子都填完为止。系统在绝对零度时的这种电子填充称为基态填充,如图 3.21 所示,电子填充的最高能级的能量值称为费米能量 E_{F0},$E<E_{F0}$ 时,有 $f(E)=1$,$E>E_{F0}$ 时,$f(E)=0$。

3.1.2 节分析了,自由电子在 k 空间的等能面为球面(图 3.22(a)),基态填充时电子充满了以 k_F 为半径的球,称为费米球。由式(3-24)可知,费米球中所包含的状态数为 $N=2\times\dfrac{V'}{(2\pi)^3}\dfrac{4\pi}{3}k_F^3$,这里 V' 是晶体在实空间的体积,$\dfrac{4\pi}{3}k_F^3$ 是 k_F 球的体积。于是可以求出费米球半径为

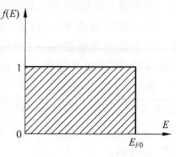

图 3.21 基态填充

$$k_F=2\pi\left(\frac{3}{8\pi}\right)^{1/3}\left(\frac{N}{V}\right)^{1/3}=(3\pi^2 n)^{1/3} \quad (3\text{-}142)$$

式中,$n=\dfrac{N}{V}$ 为电子密度。费米球的表面称为费米面,费米面是绝对零度时 k 空间占有电子与不占有电子区域的分界面,费米面的能值即为费米能量 E_{F0},一般只有几电子伏特:

$$E_{F0}=\frac{\hbar^2 k_F^2}{2m}=\frac{\hbar^2}{2m}(3\pi^2 n)^{2/3} \quad (3\text{-}143)$$

定义费米动量 $P_F=\hbar k_F$ 和费米温度 $T_F=E_{F0}/k_B$,一般费米温度是 10^4K 量级。

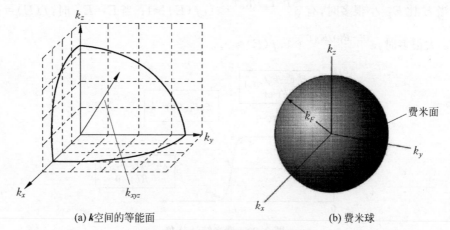

(a) k 空间的等能面 (b) 费米球

图 3.22 k 空间的等能面和费米球

当系统的温度 $T>0$K 时,电子由于热运动会被激发到较高的能态。如图 3.23 所示,由于电子热运动的能量一般只有几 $k_B T$,在常温下 $k_B T \ll E_F$,因此只有费米面附近的电子才能被激发到高能态,即只有 $|E-E_{F0}|\sim k_B T$ 的电子才能被热激发,而能量比 E_F 低几 $k_B T$ 的电子则难以被热激发到费米球外的高能态,其分布与 $T=0$ 时的基态填充相同。

在平衡状态的统计问题中,往往只需要知道电子的能量分布状况,可以不必考虑 k 空间的统计分布,因而可以更简便地应用能态密度 $N(E)$ 的概念。能量在 $E\sim E+\mathrm{d}E$ 单位体积中的电子数为:

$$dN = f(E)N(E)dE \tag{3-144}$$

如图 3.24 所示,电子按能量的统计分布一方面取决于体现费米统计分布的 $f(E)$,另一方面取决于晶体本身的能态密度函数 $N(E)$。

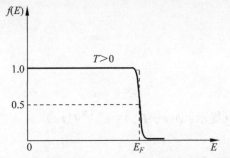

图 3.23 系统的温度 $T>0K$ 时的费米分布函数

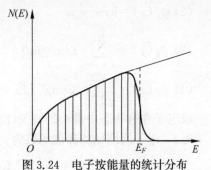

图 3.24 电子按能量的统计分布

在有限温度下,E_{F0} 以下能态的占有概率减小,而 E_{F0} 以上能态的占有概率增大,可以认为,E_{F0} 上、下电子占有概率的增大和减小是关于 E_{F0} 对称的。但是,由于电子的能态密度 $N(E)$ 随 E 的增加而增大,即 E_{F0} 以上的 $N(E)$ 大于以下的 $N(E)$,若 E_{F0} 上、下电子能态占有率的增加、减少相同,则 E_{F0} 以上要多填一些电子。因此,若保持 $E_F = E_{F0}$,则系统的电子数就要增加。但实际上系统的电子数是一定的,由此分析可知,在 $T>0K$ 的有限温度下,E_F 是略低于 E_{F0} 的。绝对零度和 $T>0$ 时的费米球截面图如图 3.25 所示。

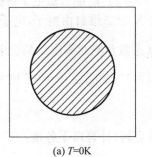

(a) $T=0K$ (b) $T>0K$

图 3.25 费米球截面

习题

3.1 设某金属晶体体积为 $V=(L_1 \times L_2 \times L_3)$,计算在 k 空间每一个模式的体积、模式密度 $g(k)$ 和能量标度下态密度 $N(E)$,并说明 $g(k)$ 和 $N(E)$ 的区别与联系。推导一维和二维情况下自由电子的状态密度 $N_1(E)$ 和 $N_2(E)$。

3.2 在具有晶格常数 a 的面心立方点阵中,有 $N_L = N_1 N_2 N_3$ 个单胞,写出波矢 k 的表达式,以及每个波矢 k 占有的体积,并计算出面心立方点阵的第一布里渊区中可以获得多少个波矢 k 点?

提示:面心立方点阵的倒格子空间为体心立方结构,第一布里渊区为一个 14 面体,为倒格空间的原胞,体积为 $\dfrac{32\pi^3}{a^3}$。

3.3 一维周期势场中电子的波函数满足布洛赫定理。如果晶格常数为 a，电子的波函数为

(1) $\psi_k(x)=\sin\dfrac{x}{a}\pi$

(2) $\psi_k(x)=\mathrm{i}\cos\dfrac{3x}{a}\pi$

(3) $\psi_k(x)=\displaystyle\sum_{l=-\infty}^{+\infty}f(x-la)$

(4) $\psi_k(x)=\displaystyle\sum_{m=-\infty}^{+\infty}(-\mathrm{i})^m f(x-ma)$

求电子在这些态中最小的波矢（简约波矢）。（提示：$\psi(\boldsymbol{r}+\boldsymbol{R}_n)=\mathrm{e}^{\mathrm{i}\boldsymbol{k}\cdot\boldsymbol{R}_n}\psi(\boldsymbol{r})$）

3.4 电子周期场的势能函数为：

$$V(x)=\begin{cases}\dfrac{1}{2}m\omega^2[b^2-(x-na)^2], & na-b\leqslant x\leqslant na+b\\[2mm] 0, & (n-1)a+b\leqslant x\leqslant na-b\end{cases}$$

且 $a=4b$，ω 是常数

(1) 试画出此势能曲线，并求其平均值；

(2) 用近自由电子近似模型求出晶体的第一个及第二个带隙宽度。

3.5 设 1 价金属，具有简单立方结构，晶格常数 a 为 3.3Å，试求：

(1) 费米面的半径和费米能量；

(2) 费米球到布里渊区边界的最短距离。

3.6 试确定比费米能级高 $1k_BT$、$5k_BT$、$10k_BT$ 的能级被电子占据的概率。

3.7 限制在边长为 L 的正方形势阱中的 N 个二维自由电子，电子能量为 $E(k_x,k_y)=\dfrac{\hbar^2}{2m}(k_x^2+k_y^2)$，试求在能量为 $E\sim E+\mathrm{d}E$ 的状态数及绝对零度时的费米能。

3.8 设 N 个电子组成简并电子气，体积为 V，证明在 $T=0\mathrm{K}$ 时每个电子的平均能量为 $\overline{U}=\dfrac{3}{5}E_F^0$。

3.9 若将银看成具有球形费米面的单价金属，计算以下各量：

(1) 费米能量和费米温度；

(2) 费米球半径；

(3) 费米速度；

(4) 在室温及低温时电子的平均自由程。（提示：平均自由程 $l=v_F\tau(E_F^0)$）

（注：银的密度 $=10.5\mathrm{g\cdot cm^{-3}}$；原子量 $=107.87$；电阻率 $=1.61\times10^{-6}\Omega\cdot\mathrm{cm}$@295K；电阻率 $=0.038\times10^{-6}\Omega\cdot\mathrm{cm}$@20K）

3.10 铜的质量密度为 $\rho_m=8.95\times10^3\mathrm{kg\cdot m^{-3}}$，每个铜原子贡献一个自由电子，室温下电阻率 $\rho=1.55\times10^{-8}\Omega\cdot\mathrm{m}$。试用自由电子模型计算：

(1) 传导电子浓度；

(2) 弛豫时间 τ；

(3) 费米能量 E_F；

(4) 费米速度 v_F；

(5) 费米面上电子的平均自由程 l。

第4章

固体的电特性

4.1 外场中电子运动状态的变化

本节讲述晶体中电子在外场作用下的运动规律。所谓外场,包括电场(静电场、交变场)、磁场(静磁场、交变场)和杂质离子引入的局部势场。由于通常外加的场总是比晶体内的周期势场弱得多,因而可以采用微扰理论,在周期势场本征态的基础上,解含外场的能量本征值方程:

$$\left[-\frac{\hbar^2}{2m}\nabla^2 + U(\mathbf{r}) + V \right]\psi = E\psi \tag{4-1}$$

式中,V 为外场。在外场较弱、恒定的条件下,不考虑电子在不同能带间的跃迁、电子的衍射、干涉及碰撞等,可以把晶体中电子在外场中的运动当作准经典粒子来处理。

4.1.1 波包和电子速度

粒子的运动状态可以由描述该粒子本征态的波函数叠加而成的一个波包来表示,该波包空间分布在 $\mathbf{r}_0$ 附近的 Δr 范围内,动量取值为 $\hbar \mathbf{k}_0$ 附近 $\hbar \Delta \mathbf{k}$ 范围内。即该粒子的坐标与动量都只有近似的数值,其精确度由测不准原理所限制,Δr 与 Δk 满足测不准关系 $\Delta r \cdot \Delta k \geqslant \frac{1}{2}$ 或者 $\Delta r \cdot \Delta p \geqslant \frac{\hbar}{2} (\mathbf{p} = \hbar \mathbf{k})$。分别定义波包中心 $\mathbf{r}_0$ 为该粒子的位置,动量中心 $\hbar \mathbf{k}_0$ 称为该粒子的动量。

在晶体中,组成波包的本征态是布洛赫函数。由于波包中含有能量不同的本征态,因此,描述波包时必须用含时间项的布洛赫函数。与 $\mathbf{k}_0$ 相邻近的各 $\mathbf{k}'$ 状态的波函数:

$$\psi_{\mathbf{k}'}(\mathbf{r}, t) = \mathrm{e}^{\mathrm{i}\left[\mathbf{k}' \cdot \mathbf{r} - \frac{E(\mathbf{k}')}{\hbar}t \right]} u_{\mathbf{k}'}(\mathbf{r}) \tag{4-2}$$

为了简单起见,我们先考虑 $\psi_{\mathbf{k}'}(\mathbf{r}, t)$ 只是 x 的函数的情况。把各 $\mathbf{k}'$ 状态叠加起来就可以组成与量子态 $\mathbf{k}_0$ 相对应的波包:

$$\psi(x, t) = \int_{-\Delta k_x/2}^{\Delta k_x/2} \mathrm{d}k_x \int_{-\Delta k_y/2}^{\Delta k_y/2} \mathrm{d}k_y \int_{-\Delta k_z/2}^{\Delta k_z/2} \psi_{\mathbf{k}_0 + \Delta \mathbf{k}}(x, t)\,\mathrm{d}k_z \tag{4-3}$$

$$\mathbf{k}' = \mathbf{k}_0 + \Delta \mathbf{k}$$

要得到稳定的波包,三个方向上的 Δk 都必须很小,即

$$\Delta k \ll \frac{2\pi}{a} \tag{4-4}$$

因为不同的 k 意味着不同的群速度,要把电子看成准经典粒子要避免电子波函数的空间弥散,稳定的波包需要限制 k 的取值范围。注意,这里不能理解成具有很多不同 k 值的电子,而是一个电子以不同的概率处在不同的 k 态上,如图 4.1 所示。从另一个角度来看,式(4-4)等价为

$$\frac{2\pi}{\Delta k} \gg a$$

即当波包尺度 $2\pi/\Delta k$ 远远大于原胞时,电子可以视为准经典粒子。注意波包尺度表示的不是电子的体积,而是电子的空间位置范围;这里对电子空间位置范围没有限定,是为了保证对 k 取值范围的限定,以获得稳定的波包。

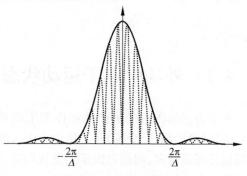

图 4.1　电子的波包

只考虑一维的情况,波包的群速度定义为

$$v(k_0) = \left[\frac{d\omega}{dk}\right]_{k_0} = \frac{1}{\hbar}\left[\frac{dE(k)}{dk}\right]_{k_0} \tag{4-5}$$

同时,一维情况下电子的平均速度:

$$\bar{v} = \frac{1}{m}p = \frac{\hbar k}{m} = \frac{\hbar}{m}\frac{m}{\hbar^2}\frac{dE}{dk} = \frac{1}{\hbar}\frac{dE}{dk} \tag{4-6}$$

对比式(4-5)和式(4-6)可知波包的群速度就等于电子的平均速度。

三维的情况下,电子平均速度在 x、y、z 方向上分量:

$$\bar{v}_x = \frac{1}{\hbar}\frac{\partial E_x}{\partial k_x}$$

$$\bar{v}_y = \frac{1}{\hbar}\frac{\partial E_y}{\partial k_y} \tag{4-7}$$

$$\bar{v}_z = \frac{1}{\hbar}\frac{\partial E_z}{\partial k_z}$$

可以写成

$$\bar{\boldsymbol{v}}_k = \frac{1}{\hbar}\nabla_k E(\boldsymbol{k}) \tag{4-8}$$

不难看出,电子的平均速度是由晶体内部电子的 $E\text{-}k$ 关系决定的,$E\text{-}k$ 关系不同,电子的平均速度也不相同。自由电子有 $E(k) = \dfrac{\hbar^2 k^2}{2m}$,所以有

$$\bar{\boldsymbol{v}} = \frac{\hbar \boldsymbol{k}}{m} \tag{4-9}$$

即电子的平均速度正比于 $\boldsymbol{k}$,且方向与 $\boldsymbol{k}$ 相同。在晶体中情况就很不一样了。以一维晶体

为例,图 4.2 给出能带结构和平均速度的关系。在能带底和能带顶,$E(k)$ 取极值,有 $\dfrac{\mathrm{d}E}{\mathrm{d}k}=0$,因此在能带底和能带顶,电子速度 $v=0$;而能带中 $\dfrac{\mathrm{d}^2E}{\mathrm{d}k^2}=0$ 的点,电子速度的数值则达到极大,这种情况与自由电子的速度总是随能量的增加而单调上升是完全不同的。这是在周期势场的作用下,电子的动能和势能周期性转换的结果。

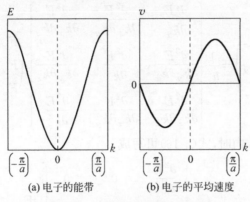

(a) 电子的能带   (b) 电子的平均速度

图 4.2 电子的能带和平均速度

由式(4-8)可知,电子速度的方向为 k 空间中能量梯度的方向,即垂直于等能面。因此,电子的运动方向取决于等能面的形状。一般情况下,k 空间中的等能面并不是球面,因此 v 的方向一般并不是 k 的方向。只有当等能面为球面,或在某些特殊方向上,v 才与 k 的方向相同。一旦电子的运动状态(E-k 关系)确定了,电子的平均速度就确定了,不被任何晶格散射所阻碍。实际上周期晶格的作用已经考虑在 E-k 关系中了,所以才有偏离了自由电子抛物线的 E-k 关系。只有晶格对周期性的偏离才会引起电子"散射"。

4.1.2　加速度、有效质量、准动量

电子在晶体中的运动是有加速度的。假设外力 $\boldsymbol{F}$ 作用于晶体电子,外力做功使电子获得能量:

$$\mathrm{d}E = \boldsymbol{F} \cdot \boldsymbol{v}_k \mathrm{d}t = \boldsymbol{F} \cdot \frac{1}{\hbar}\nabla_k E(\boldsymbol{k})\mathrm{d}t \tag{4-10}$$

另一方面,考虑由于外力 $\boldsymbol{F}$ 的作用,使 k 发生变化,由 E-k 关系可知能量的变化为

$$\mathrm{d}E = \nabla_k E(\boldsymbol{k})\mathrm{d}\boldsymbol{k} \tag{4-11}$$

式(4-10)应该与式(4-11)相等,故有

$$\hbar\frac{\mathrm{d}\boldsymbol{k}}{\mathrm{d}t} = \boldsymbol{F} \tag{4-12}$$

式(4-12)称为加速度定理。由加速度的定义可得

$$\frac{\mathrm{d}v_a}{\mathrm{d}t} = \frac{\mathrm{d}}{\mathrm{d}t}\left(\frac{1}{\hbar}\frac{\partial E(\boldsymbol{k})}{\partial k_\alpha}\right) = \frac{1}{\hbar}\sum_\beta \frac{\mathrm{d}k_\beta}{\partial t}\frac{\partial}{\partial k_\beta}\left(\frac{\partial E(\boldsymbol{k})}{\partial k_\alpha}\right) = \frac{1}{\hbar^2}\sum_\beta \boldsymbol{F}_\beta \cdot \frac{\partial^2}{\partial k_\beta \partial k_\alpha}E(\boldsymbol{k}), \quad \alpha,\beta = x,y,z \tag{4-13}$$

设有效质量:

$$\frac{1}{m_{\alpha\beta}^{*}} = \frac{1}{\hbar^2} \frac{\partial^2 E}{\partial k_\alpha k_\beta} \tag{4-14}$$

根据牛顿第二定律,有

$$\frac{\mathrm{d}\boldsymbol{v}}{\mathrm{d}t} = \frac{1}{m}\boldsymbol{F} \tag{4-15}$$

将有效质量定义式(4-14)代入式(4-15):

$$\begin{pmatrix} \dot{v}_x \\ \dot{v}_y \\ \dot{v}_z \end{pmatrix} = \frac{1}{\hbar^2} \begin{pmatrix} \dfrac{\partial^2 E}{\partial k_x^2} & \dfrac{\partial^2 E}{\partial k_x \partial k_y} & \dfrac{\partial^2 E}{\partial k_x \partial k_z} \\ \dfrac{\partial^2 E}{\partial k_y \partial k_x} & \dfrac{\partial^2 E}{\partial k_y^2} & \dfrac{\partial^2 E}{\partial k_y \partial k_z} \\ \dfrac{\partial^2 E}{\partial k_z \partial k_x} & \dfrac{\partial^2 E}{\partial k_z \partial k_y} & \dfrac{\partial^2 E}{\partial k_z^2} \end{pmatrix} \begin{pmatrix} F_x \\ F_y \\ F_z \end{pmatrix} \tag{4-16}$$

选取 k_x、k_y、k_z 为主轴方向时,式(4-16)可写成

$$\begin{pmatrix} \dot{v}_x \\ \dot{v}_y \\ \dot{v}_z \end{pmatrix} = \frac{1}{\hbar^2} \begin{pmatrix} \dfrac{\partial^2 E}{\partial k_x^2} & 0 & 0 \\ 0 & \dfrac{\partial^2 E}{\partial k_y^2} & 0 \\ 0 & 0 & \dfrac{\partial^2 E}{\partial k_z^2} \end{pmatrix} \begin{pmatrix} F_x \\ F_y \\ F_z \end{pmatrix} \tag{4-17}$$

这里,式(4-14)定义的粒子的有效质量 m^* 是一个非常重要的概念,它与经典"粒子的质量"m 的概念相比较,有以下两点不同:

(1) 粒子的质量是标量,而有效质量是张量,对于晶体电子来说,加速度和外力的方向可以是不一致的;

(2) 粒子的质量是常数,而有效质量则是根据运动状态变化的,且有正有负。如图4.2(a)所示,能带底的有效质量大于0,能带顶的有效质量则小于0。

有效质量 m^* 中实际包含了周期势场的作用。晶体中所表现出来的电子有效质量,原因在于电子波在晶体中传播受到晶格的布拉格反射,电子通过布拉格反射与晶格交换动量。正有效质量状态出现在能带底附近,这时电子从外场获得的动量大于交给晶格的动量,加速度为正;负有效质量状态出现在能带顶附近,这时由电子交给晶格的动量大于外界给电子的动量,所以加速度为负。

下面看一下电子的准动量。式(4-12)中给出 $\hbar\dfrac{\mathrm{d}\boldsymbol{k}}{\mathrm{d}t} = \boldsymbol{F}$ 的关系,这时的 $\hbar\boldsymbol{k}$ 具有动量的性质,但已经不是普通意义下的电子动量,称作准动量或晶体动量。自由电子波函数是具有确定波矢 $\boldsymbol{k}$ 的平面波,故有确定的动量;而晶体中电子的波函数是布洛赫波,布洛赫波不对应确定的动量。自由电子动量的变化完全是外力作用的结果,而晶体中的电子除了外场作用力外,晶格的作用也会使其动量发生变化。

4.1.3　恒定电场作用下电子的运动

假定晶体中的电子受到沿 x 轴正向恒定电场力 $\boldsymbol{F}$ 的作用,根据式(4-12)$\boldsymbol{F}=\dfrac{\mathrm{d}}{\mathrm{d}t}(\hbar\boldsymbol{k})$可知,电子是在 $\boldsymbol{k}$ 空间做匀速运动,电子波函数的波矢 $\boldsymbol{k}$ 的变化速度是恒定的(注意电子在 $\boldsymbol{k}$ 空间做匀速运动,不是电子的速度不变,而是 $\boldsymbol{k}$ 的变化速度不变)。

由于同一个能带中 $\boldsymbol{k}$ 空间的平移对称性,电子在 $\boldsymbol{k}$ 空间的匀速运动可以理解成电子在 $\boldsymbol{k}$ 空间"循环"运动。以一维的情况为例,电子从 $k=\dfrac{\pi}{a}$ 点的移出等效于从 $k=-\dfrac{\pi}{a}$ 点的移入,电子的本征能量呈周期性变化。图 4.3 给出了电子在一个 $\left[-\dfrac{\pi}{a},\dfrac{\pi}{a}\right]$ 的周期中,随时间加速、减速、反方向加速、减速、加速的过程。具体来说,考虑初始状态从 $k=0$ 开始,此时电子速度为零;在能带底有 $\dfrac{\mathrm{d}^2E}{\mathrm{d}k^2}>0$,即电子有效质量 m^* 是正的,在外力 $\boldsymbol{F}$ 作用下电子沿 x 轴正向被加速;到达 $k=\dfrac{\pi}{2a}$ 点时速度最大,这时 $\dfrac{\mathrm{d}^2E}{\mathrm{d}k^2}=0,m^*\rightarrow\infty$,加速度为零;之后 $\dfrac{\mathrm{d}^2E}{\mathrm{d}k^2}<0$,即有效质量 $m^*<0$,加速度是负的,电子被减速,到达 $k=\dfrac{\pi}{a}$ 点时速度减为零;之后仍继续被减速——电子向反方向(x 轴负向)运动,这时仍有 $m^*<0$,所以是被沿 x 轴负向加速;到达 $k=-\dfrac{\pi}{2a}$ 点时反向速度达到最大;过了这一点 $\dfrac{\mathrm{d}^2E}{\mathrm{d}k^2}$ 由小于零变为大于零,意味着加速度变为沿 x 轴正向了,与速度方向相反,所以是反向减速,回到 $k=0$ 的点时速度减为零;然后在沿 x 轴正向加速度的作用下正向加速,重复上述过程。

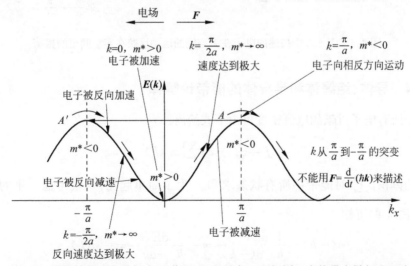

图 4.3　在沿轴的正向电场力 $\boldsymbol{F}$ 作用下,电子在 $\boldsymbol{k}$ 空间同一个能带内做匀速运动

这一过程反映在实空间里电子的振荡运动,如图 4.4 所示。图 4.4(a)中画出某一个能带中的能级 $k=0$ 时在实空间的分布,能带底对应 $k=0$ 的位置,能带顶对应 $k=\pm\dfrac{\pi}{a}$;在

图 4.4(b)所示外电场的作用下,能级沿实空间 x 方向发生倾斜,如图 4.4(c)所示;对应外场力作用下电子状态在 k 空间变化的分析,考虑初始状态在 $k=0$ 的电子实空间处于 A 点处,在外电场力作用下,该电子将沿着 x 轴正向运动,途经 $k=\dfrac{\pi}{2a}$ 的 B 点,到达能带顶所对应的 C 点时,电子反向减速速度降为零,之后继续受到反向加速度,电子沿着 x 轴负向运动,按原路返回 A 点时再次被折回,这个过程不断重复。遗憾的是这种电子的振荡现象很难观察到,原因是电子的运动过程不断受到声子、杂质和缺陷的散射,平均自由运动时间 τ 的典型时间为 10^{-13} s。所以一般情况下,电子来不及完成一个周期振荡运动就被散射破坏掉了。

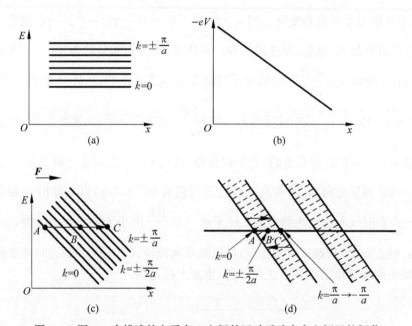

图 4.4   图 4.3 中描述的电子在 k 空间的运动反映在实空间里的振荡

4.1.4   导体、绝缘体和半导体的能带论解释

能带中所有电子贡献的电流密度可由下式给出:

$$j=\frac{1}{V}(-e)\sum_k v(k) \tag{4-18}$$

V 为晶体的体积,$\sum\limits_k$ 对能带中所有状态求和。为了简单起见,这里考虑一维的情况。由式(4-5)和式(4-6)可知

$$v(-k)=\frac{1}{\hbar}\frac{\mathrm{d}E(-k)}{\mathrm{d}(-k)}=-\frac{1}{\hbar}\frac{\mathrm{d}E(k)}{\mathrm{d}k}=-v(k) \tag{4-19}$$

我们先看满带(即能带中的电子状态被电子填满)的状态。如图 4.5(a)所示,由于:

$$E(k)=E(-k) \tag{4-20}$$

在一定温度下,电子占据 k 态的概率同占据 $-k$ 态的概率一样,由式(4-19)可知,这两个态上的电子速度方向相反大小相等。这样满带中的 k 态和 $-k$ 态电子流正好成对抵消,因此

晶体中总电流为零。在有外电场时,所有电子状态(电子波函数的波矢 $\boldsymbol{k}$)都在外加电场力的作用下,按照

$$\frac{\mathrm{d}\boldsymbol{k}}{\mathrm{d}t} = \frac{1}{\hbar}\boldsymbol{F} = \frac{1}{\hbar}(-e\boldsymbol{E}) \tag{4-21}$$

的规律变化,即 k 轴上各点均以相同的速度移动,所以外加电场力没有改变填充各 k 态的情况。由于布里渊区边界 A 和 A' 实际代表同一状态,所以从 A 点出去的电子等效为从 A' 点移进来,整个能带仍保持均匀填充的情况。与前面分析的没有外加电场时的情况一样,对于一个波矢为 k 的状态,总能找到波矢为 $-k$ 的状态。这样一来,有电场存在时,仍然是 k 态和 $-k$ 态的电子流成对抵消,总电流为零,即满带电子不导电。

部分填充能带的情况下,无外电场时,电子 $\boldsymbol{k}$ 空间分布对 $k=0$ 点呈对称分布,也是 k 态和 $-k$ 态的电子流成对抵消,所以净电流为 0,如图 4.5(b) 所示。在有外加电场时,部分填充电子能带中,整个电子 $\boldsymbol{k}$ 空间分布向一方移动,对零点呈不对称分布。这时,只有部分电子流成对抵消,所以存在有净电流(图 4.5(c)),即部分填充能带导电。

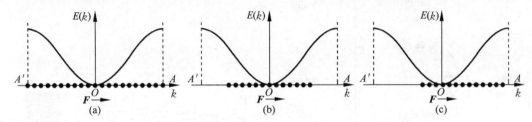

图 4.5 填满电子的能带不导电,部分填充能带导电

图 4.6 给出导体、半导体、绝缘体的能带结构模型。可以看到,导体(图 4.6(a))除去完全填满的一系列能带,还有仅被电子部分填充的能带。正是由于这些部分填充能带的存在,使得导体具有很好的导电特性。图 4.6(b) 和图 4.6(c) 是非导体,可以看到,它们的电子恰好填满外层的能带,再高的能带全空。由于满带不导电,空带也不导电,所以具有这类能带结构的晶体都不具有导电特性。其中图 4.6(b) 所示的能带结构的禁带宽度比较小,最高的满带的电子容易被激发到上面的空带,从而使两个能带皆变成部分填充能带,从而产生一定的导电性。这类晶体称为半导体。

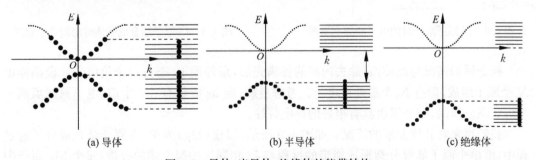

图 4.6 导体、半导体、绝缘体的能带结构

下面我们分析导体能带中电子的填充情况。以最简单的金属锂(Li)为例,考虑由单个 Li 原子形成的一维线性原子列:

Li → Li-Li → Li-Li-Li → Li-Li-Li-Li → ⋯

Li 原子有 3 个电子,两个分布在 1s 能级上,一个分布在 2s 能级上。图 4.7 给出 Li 原子结合成晶体的过程。根据第 2 章中的分析,两个 Li 原子结合时,独立 Li 原子的 2s 能级分裂成 σ 和 σ^* 两个能级(成键态和反键态),在原来 2s 能级的 2 个电子都填充到能量较低的成键态能级 σ 上;三个 Li 原子结合时,原子的 2s 轨道分裂成三个能级,σ^*、σ'' 和 σ,这时在原来 2s 能级上的 3 个电子中,有 2 个填充到能量最低的 σ 能级,有一个填充到能量较低的 σ'' 能级上。可以看到,随着链长的增加,原来 2s 电子能级分裂的数目也在增加,能级数目一般与原子数目相等。1g Li 原子大约含有 10^{23} 个原子,2s 能级分裂成 10^{23} 个能级,构成 s 能带,如图 4.8 中所示。s 能带中的 10^{23} 个能级被 10^{23} 个电子以"成对电子占据一个能级"的方式有序地占据,则意味有一半能级是没有电子的空状态——能带处于半满状态。根据前面的分析可知,具有半满能带的 Li 具有很好的导电特性。

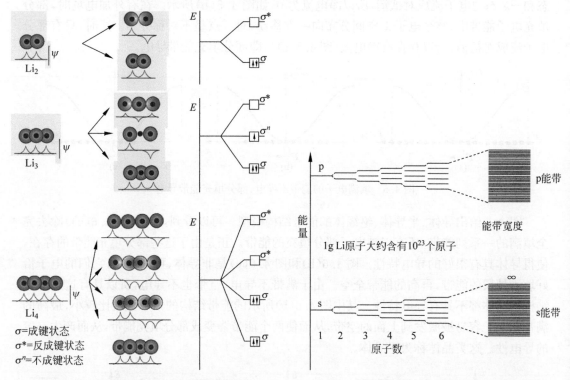

σ=成键状态
σ^*=反键状态
σ''=不成键状态

图 4.7　Li 原子结合时的电子轨道示意图　　　　图 4.8　Li 原子结合成晶体时的能带示意图

　　碱金属的情况与此类似,除去内部的各满壳层,最外面 ns 态有一个价电子。设晶体由 N 个原子组成,即有 N 个最外层电子。考虑自旋,则 ns 能带有 $2N$ 个态,电子只能填满一半的状态。所以,碱金属也具有很好的导电特性。

　　我们再来看 II 族元素的情况。如图 4.9 所示,以镁(Mg)为例,在原子结合成分子的过程中,由单个原子能级分裂形成能带的过程与 Li 相同。按照上述的分析,每个 Mg 原子中有两个电子($3s^2$),应该占满了处于价电子层的 3s 能带,但是能级扩展成能带时在能量空间是有一个分布的,这个分布使得两个相邻 3s 和 3p 能带发生了重叠,可以看成一个能带,在 3s-3p 能带中电子是部分填满的,所以 II 族元素也具有导电特性的金属。

　　2.3.2 节中讲到 IV 族元素 C 产生杂化轨道的现象。即在 C 原子结合形成金刚石分子

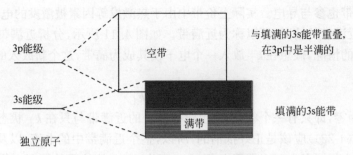

图 4.9　Mg 原子结合成晶体时的能带示意图

时,分子轨道能级是由原子的 $2s$、$2p_x$、$2p_y$、$2p_z$ 轨道的线性组合组成。考虑 1mol 金刚石结构晶体,每个原子能级分裂成 10^{23} 个能级,形成 4 个能带,这 4 个能带分成两组,如图 4.10 所示。能量较低的一组为成键态能带,包含 2×10^{23} 个能级,能量较高的一组为反键态能带,也有 2×10^{23} 个能级。由于每个原子提供 4 个价电子刚好能够填充成键态能带,构成满带,而高能量的反键态能带是全空的。根据前面分析的满带电子不导电,金刚石是典型的绝缘体。

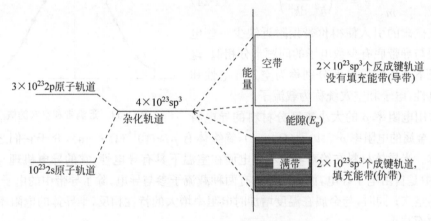

图 4.10　C 原子结合成晶体时的能带示意图

　　那么半导体的情况是怎么样的呢?如图 4.6(b)所示,半导体能带中电子的填充情况在绝对零度时和绝缘体的情况十分类似——最外层的能带是被全部填满的,所不同的是半导体的禁带宽度比较小。我们通常是在室温下研究问题,只要温度高于绝对零度,意味着电子会有热运动的能量,这个能量就会使半导体中一部分满带中的电子被热激发到更外层的能带上去。这时原来是空带的能带中有了被激发的电子,成为部分填充的能带,称为导带;而原来是满带的能带中的一些电子被激发后,也成为不完全填充的能带,称为价带。这时半导体中最外层能带(导带)和次外层能带(价带)都具有导电的特性。典型的半导体有Ⅳ族的硅(Si)、锗(Ge),还有Ⅲ-Ⅴ族的化合物磷化铟(InP)、砷化镓(GaAs)等。一般而言,半导体的禁带宽度小于 2eV,但这个定义并不是这么严格,大于 2eV 的半导体称为宽禁带半导体,例如产生蓝光的氮化镓(GaN)、氧化锌(ZnO)等材料。半导体的导电性很大程度上受杂质能级以及热激发(温度)的影响。

　　与金属材料不同,金属中参与导电的只是最外层的未满能带,而半导体中除了最外层导带外,次外层价带也参与导电。实际上价带中由于热激发等因素被激发的电子是比较少的,基本上还是接近满带的情况,所以称为近满带。如图 4.11 所示,分析近满带上只有一个状态 k_1 没有电子的情况,假想在 k_1 放入一个电子使其成为满带,这个新放入的电子产生的电流为

$$I(k_1) = -ev(k_1) \tag{4-22}$$

由于满带电流为零,即只有一个状态 k_1 上没有电子的近满带与只在 k_1 状态放入一个电子产生的电流(式(4-22))应该是正好抵消的,所以,整个近满带中的电流,以及电流在外场作用下的变化,完全如同存在一个带正电荷 e、速度为 $v(k)$ 的粒子的情况一样。这个虚拟的粒子称为"空穴"。由于空穴带有正电,受外电场力后产生的加速度与电子在相同外电场力作用下产生的加速度大小相等,方向相反:

$$a = -\left(\frac{1}{\hbar^2}\frac{\mathrm{d}^2 E}{\mathrm{d}k^2}\right)F \tag{4-23}$$

所以,空穴的有效质量可以用电子的有效质量(即 $E\text{-}k$ 关系的二阶导数)来描述,只是符号相反:

$$\frac{1}{m^*_{空穴}} = -\left(\frac{1}{\hbar^2}\frac{\mathrm{d}^2 E}{\mathrm{d}k^2}\right) \tag{4-24}$$

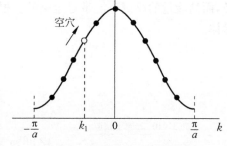

图 4.11　近满带和空穴的概念

空穴概念的引入使得价带顶附近缺少一些电子的问题与导带底有少数电子的问题十分相似,这两种情况下产生的导电性分别称为空穴导电性和电子导电性,电子和空穴统称为载流子。

通常用电阻率 ρ 的大小来区分材料的导电特性。一般金属的电阻率 $\rho < 10^{-6}(\Omega \cdot \mathrm{cm})$,绝缘体有 $\rho > 10^{14}(\Omega \cdot \mathrm{cm})$,介于它们之间的就是半导体。半导体材料在绝对零度不导电而在室温下具有导电性,它的导电机理与金属不同,金属中是自由电子导电,而半导体中有两种载流子参与导电,除了导带中的电子外,还有价带中的空穴;同时,与金属在温度增加时电阻率增大的特性相反,半导体的电阻率 ρ 随着温度增加而减小。

4.2　金属中电子输运过程

3.3 节中给出电子基态填充时 k 空间费米球,以及相应费米能量和费米温度的概念。一般情况下,金属的熔点均低于费米温度 T_F,因此在熔点以下,$T \ll T_F$(即 $k_B T \ll E_F$)总是满足的,被激发到费米能级 E_F 以上的电子很少。所以我们将金属自由电子气称为强简并的费米气体。这里提到的简并性是指金属自由电子气与理想气体的差异,即前者遵从费米-狄拉克统计分布规律,与量子力学中状态的简并性是不同的概念。

对于金属而言,只有费米面附近的一小部分电子可以被激发到高能态,而离费米面较远的电子则仍保持基态填充($T = 0$)的状态,如图 3.21 所示,我们称这部分电子被"冷冻"下来。虽然金属中有大量的自由电子,但是决定金属许多性质的并不是其全部的自由电子,而只是在费米面附近的那一小部分。正因为这样,对金属费米面的研究就显得尤为重要。

金属的许多重要性质,如电导、热导、热电效应、电流磁效应等都与自由电子的输运过程

有关。因此研究自由电子的输运特性是研究金属物性的重要组成部分。

在不考虑外场时,电子在各本征态上的分布遵从费米-狄拉克统计:

$$f = f(E) \tag{4-25}$$

$$E = E(\boldsymbol{k}) \tag{4-26}$$

在有外场(如电场、磁场或温度梯度场)存在时,电子的平衡分布被破坏。类似于气体运动论,我们可以用分布函数 $f(E(\boldsymbol{k}),t)$ 或 $f(\boldsymbol{k},t)$ 来描述电子的态分布随时间的变化。首先考虑外场为零时的平衡态,在 t 时刻单位体积中状态处在 $\boldsymbol{k} \sim \boldsymbol{k}+\mathrm{d}\boldsymbol{k}$ 范围内的电子数为

$$\mathrm{d}n = f_0[E(\boldsymbol{k}),t]\frac{2V}{(2\pi)^3}\mathrm{d}\boldsymbol{k}\,\frac{1}{V} = f_0[E(\boldsymbol{k}),t]\frac{2}{(2\pi)^3}\mathrm{d}\boldsymbol{k} \tag{4-27}$$

这里,$\dfrac{V}{(2\pi)^3}$ 是 $\boldsymbol{k}$ 空间的点阵密度。因为 $E(k)=E(-k)$,所以分布函数 f_0 对于 k、$-k$ 是对称的,电流 $-ev(k)$ 和 $-ev(-k)$ 大小相等、方向相反而抵消。所以外场为零时,总电流为零。

当外场不为零时,在外场作用下形成的稳定电流遵循欧姆定律:

$$\boldsymbol{j} = \sigma\boldsymbol{E} \tag{4-28}$$

式中,$\boldsymbol{E}$ 为一恒定外电场,系数 σ 为电导率。

稳定的电流表示电子达到新的定态统计分布,这种定态分布可以用一个与外场为零平衡态时相似的分布函数 $f(\boldsymbol{k},t)$ 来描述。与式(4-27)类似,外电场作用下新定态分布时单位体积中状态处在 $\boldsymbol{k} \sim \boldsymbol{k}+\mathrm{d}\boldsymbol{k}$ 范围内的电子数可以表示为

$$\mathrm{d}n = 2f(\boldsymbol{k},t)\mathrm{d}\boldsymbol{k}/(2\pi)^3 \tag{4-29}$$

总电流密度:

$$\boldsymbol{j} = -2e\int f(\boldsymbol{k},t)v(\boldsymbol{k})\mathrm{d}\boldsymbol{k}/(2\pi)^3 \tag{4-30}$$

一旦确定了分布函数 $f(\boldsymbol{k},t)$,就可以直接计算电流密度。这种通过非平衡情况下的分布函数来研究输运过程的方法称为分布函数法。

由式(4-12)可知,在外电场 $\boldsymbol{E}$ 作用下,状态 $\boldsymbol{k}$ 随时间的变化:

$$\frac{\mathrm{d}\boldsymbol{k}}{\mathrm{d}t} = -\frac{e\boldsymbol{E}}{\hbar} \tag{4-31}$$

这时电子的态分布在 $\boldsymbol{k}$ 空间以上述速度移动,打破了平衡时对于 $k=0$ 点的对称分布,从而形成电流。如图 4.12 所示,在外电场力 $-\dfrac{e\boldsymbol{E}}{\hbar}$ 的作用下,$\boldsymbol{k}$ 的变化可以用费米球的偏心移动来描述。设外电场为 $\boldsymbol{E}$,电子受到的电场力为 $F=-e\boldsymbol{E}$,$\boldsymbol{k}$ 移动的距离则为

$$\Delta\boldsymbol{k} = \tau\left(-\frac{e\boldsymbol{E}}{\hbar}\right) \tag{4-32}$$

按照上述的分析可知,电子在恒定电场持续作用下将被持续加速,导致费米球越来越偏心,从而电流会持续增加。很明显这个推论与欧姆定律相矛盾,欧姆定律要求电子在恒定的电场作用下具有恒定的平均速度,产生恒定的电流。这就表明导体中一定存在抵消外电场加速的作用。

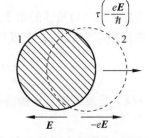

图 4.12 在外电场 $\boldsymbol{E}$ 作用下,
费米球产生移动

实际上,电子在电场作用下加速的同时,会因为碰撞失去定向速度。由于晶格振动等原因,电子不断地发生从一个状态 k 到另一个状态 k' 的跃迁,这种运动状态的突变与分子运动论中一个分子遭受碰撞由速度 v 变为另一速度 v' 的情况非常相似。电子态的这种变化称为散射。

在没有外电场时,散射使系统内的电子保持平衡分布,就如同气体分子由于碰撞保持麦氏分布一样。在有外电场作用时,费米球在外电场的作用下偏心程度不断增大,电子分布由平衡分布变成非平衡分布;而散射的效果抵消外电场加速,使费米球向后运动,偏心程度减小,由非平衡分布趋向平衡分布。两种作用综合的结果,使费米球保持了一定的偏心度,即电子具有一定的速度——电子分布达到了恒定的非平衡定态分布。

所以引起分布函数 f 随时间的变化的因素主要来自两方面。一是电子在外电场作用下的加速运动,这是属于破坏平衡的因素。由这个加速运动引起分布函数 f 的变化称为漂移变化,表示为

$$\left(\frac{\partial f(\boldsymbol{k},t)}{\partial t}\right)_{漂移} \tag{4-33}$$

另一个因素是由于电子的散射而引起分布函数的变化,它是建立或恢复平衡的因素,引起分布函数的变化称为碰撞变化:

$$\left(\frac{\partial f(\boldsymbol{k},t)}{\partial t}\right)_{碰撞} \tag{4-34}$$

当体系达到稳定时,有

$$\frac{\mathrm{d}f(\boldsymbol{k},t)}{\mathrm{d}t}=\left(\frac{\partial f(\boldsymbol{k},t)}{\partial t}\right)_{漂移}+\left(\frac{\partial f(\boldsymbol{k},t)}{\partial t}\right)_{碰撞}=0 \tag{4-35}$$

式(4-35)称为玻尔兹曼方程,这是一个关于分布函数 f 的微分方程,描述了在外电场作用下晶体中电子的输运过程。

把式(4-30)中的 $f(\boldsymbol{k},t)$ 看成是 k 空间中流体的密度,$\mathrm{d}k/\mathrm{d}t$ 便是流体各点的流速,根据流体力学的连续性原理可知:

$$\frac{\partial f(\boldsymbol{k},t)}{\partial t}=-\frac{\mathrm{d}\boldsymbol{k}}{\mathrm{d}t}\cdot\nabla_k f(\boldsymbol{k},t) \tag{4-36}$$

具体到定态导电问题,以一根均匀导线内的情形为例来分析,由式(4-31)可知,式(4-33)的漂移变化:

$$\left[\frac{\partial f(\boldsymbol{k},t)}{\partial t}\right]_{漂移}=\frac{e\boldsymbol{E}}{\hbar}\cdot\nabla_k f(\boldsymbol{k},t) \tag{4-37}$$

再来考虑式(4-34)描述的由于碰撞散射引起电子状态的变化,设 $\mathrm{d}t$ 时间内从其他状态跃迁到 k 态的概率为 b,从 k 态跃迁走的概率为 a,则分布函数 f 的变化率有

$$\left(\frac{\partial f(\boldsymbol{k},t)}{\partial t}\right)_{碰撞}=b-a=-\frac{f(\boldsymbol{k},t)-f_0(\boldsymbol{k},t)}{\tau(\boldsymbol{k})} \tag{4-38}$$

其中 $\tau(\boldsymbol{k})$ 是系统恢复平衡的弛豫时间。对于一个不平衡的系统:

$$f=f_0+(\Delta f)_0 \tag{4-39}$$

由式(4-38)可知,在碰撞散射作用下恢复平衡的过程:

$$\Delta f=(\Delta f)_0 \mathrm{e}^{-\frac{t}{\tau(k)}} \tag{4-40}$$

从上式可以求出弛豫时间 $\tau(\boldsymbol{k})$。

式(4-37)和式(4-38)代入式(4-35)的玻尔兹曼方程,可得

$$-\frac{e}{\hbar}\boldsymbol{E}\cdot\nabla_k f(\boldsymbol{k})=b-a \tag{4-41}$$

或:

$$-\frac{e}{\hbar}\boldsymbol{E}\cdot\nabla_k f(\boldsymbol{k})=-\frac{\Delta f}{\tau(\boldsymbol{k})} \tag{4-42}$$

上式称为简化玻尔兹曼方程。解该方程即可得到对于电场 $\boldsymbol{E}$ 下的定态分布函数 f。具体解法如下。

因为 f 是电场 $\boldsymbol{E}$ 的函数,可令

$$f=f_0+a_1E+a_2E^2+\cdots=f_0+f_1+f_2+\cdots=f_0+\Delta f \tag{4-43}$$

f_0 就是 $E=0$ 时的值,即平衡状态下的分布函数。将上式代入简化玻尔兹曼方程(4-42):

$$-\frac{e}{\hbar}\boldsymbol{E}\cdot\nabla_k f_0-\frac{e}{\hbar}\boldsymbol{E}\cdot\nabla_k(f_1)+\cdots=-\frac{f_1}{\tau}-\frac{f_2}{\tau}+\cdots \tag{4-44}$$

外电场 $\boldsymbol{E}$ 的同次幂相等,应有

$$f_1=\frac{e\tau}{\hbar}\boldsymbol{E}\cdot\nabla_k f_0=\frac{e\tau}{\hbar}\boldsymbol{E}\cdot\left[\nabla_k E\left(\frac{\partial f_0}{\partial E}\right)\right]=e\tau\boldsymbol{E}\cdot\boldsymbol{v}(\boldsymbol{k})\left(\frac{\partial f_0}{\partial E}\right) \tag{4-45}$$

这里考虑到 f_0 只是 $E(\boldsymbol{k})$ 的函数,所以有

$$\nabla_k f_0=\nabla_k E\left(\frac{\partial f_0}{\partial E}\right) \tag{4-46}$$

同时用到式(4-8): $\bar{\boldsymbol{v}}_k=\frac{1}{\hbar}\nabla_k E(\boldsymbol{k})$

根据欧姆定律,电流与电场成正比,分布函数只需要考虑一次幂 $f=f_0+f_1$,所以电流密度可以表示为

$$\boldsymbol{j}=-e\int 2f\boldsymbol{v}(\boldsymbol{k})\mathrm{d}\boldsymbol{k}/(2\pi)^3=-e\int 2f_0\boldsymbol{v}(\boldsymbol{k})\mathrm{d}\boldsymbol{k}/(2\pi)^3-e\int 2f_1\boldsymbol{v}(\boldsymbol{k})\mathrm{d}\boldsymbol{k}/(2\pi)^3 \tag{4-47}$$

上式的第一项是平衡分布时的电流为0,所以:

$$\boldsymbol{j}=-e\int 2f\boldsymbol{v}(\boldsymbol{k})\mathrm{d}\boldsymbol{k}/(2\pi)^3=-e\int 2f_1\boldsymbol{v}(\boldsymbol{k})\mathrm{d}\boldsymbol{k}/(2\pi)^3$$

$$=-2e^2\int\tau(\boldsymbol{k})\boldsymbol{v}(\boldsymbol{k})[\boldsymbol{v}(\boldsymbol{k})\cdot\boldsymbol{E}]\frac{\partial f_0}{\partial E}\mathrm{d}\boldsymbol{k}/(2\pi)^3 \tag{4-48}$$

由式(4-48)可得欧姆定律的一般形式,用分量表示:

$$j_\alpha=\sum_\beta\sigma_{\alpha\beta}E_\beta \quad \alpha,\beta=x,y,z \tag{4-49}$$

其中电导率:

$$\sigma_{\alpha\beta}=-2e^2\int\tau(\boldsymbol{k})v_\alpha(\boldsymbol{k})v_\beta(\boldsymbol{k})\left(\frac{\partial f_0}{\partial E}\right)\mathrm{d}\boldsymbol{k}/(2\pi)^3 \tag{4-50}$$

积分中的 $\frac{\partial f_0}{\partial E}$ 表明,由于分布函数的变化主要在费米能级 E_F 附近,所以电导率取决于费米面附近情况。

考虑各向同性,并且带电粒子具有单一有效质量 m^* 的情况下,式(4-50)给出的 $\sigma_{\alpha\beta}$ 可

以有比较简单的形式。由式(4-9)可知

$$v_\alpha = \frac{\hbar k_\alpha}{m^*} \tag{4-51}$$

各向同性意味着 $\tau(\boldsymbol{k})$ 与 $\boldsymbol{k}$ 的方向无关,所以:

$$\sigma_{\alpha\beta} = -2e^2 \int \tau(\boldsymbol{k}) \, v_\alpha(\boldsymbol{k}) v_\beta(\boldsymbol{k}) \left(\frac{\partial f_0}{\partial E}\right) \mathrm{d}\boldsymbol{k}/(2\pi)^3$$

$$= \begin{cases} 0, & \alpha \neq \beta \\ \sigma_0, & \alpha = \beta \end{cases} \tag{4-52}$$

$$\sigma_0 = \frac{1}{3}(\sigma_{11} + \sigma_{22} + \sigma_{33})$$

$$= \frac{-2e^2}{3} \int \frac{\hbar^2}{m^{*2}} (k_x^2 + k_y^2 + k_z^2) \tau(k) \left(\frac{\partial f_0}{\partial E}\right) \mathrm{d}k/(2\pi)^3$$

$$= \frac{2e^2}{3} \int \frac{\hbar^2 k^2}{m^{*2}} \tau(k) \left(-\frac{\partial f_0}{\partial E}\right) \mathrm{d}k/(2\pi)^3 \tag{4-53}$$

采用极坐标积分,且利用 $E = \frac{\hbar^2 k^2}{2m^*}$ 将上式的积分变量改为 E,则有

$$\sigma_0 = \frac{8\pi e^2}{3} \int \frac{\hbar^2 k^4}{m^{*2}} \tau(k) \left(-\frac{\partial f_0}{\partial E}\right) \mathrm{d}k/(2\pi)^3$$

$$= \frac{e^2}{3\pi^2 m^*} \int [k^3 \tau(k)] \left(-\frac{\partial f_0}{\partial E}\right) \mathrm{d}E \tag{4-54}$$

根据 3.3 节中的讨论,$-\dfrac{\partial f_0}{\partial E}$ 具有类似 δ 函数的性质,有

$$\int [k^3 \tau(k)] \left(-\frac{\partial f_0}{\partial E}\right) \mathrm{d}E = k_F^3 \tau(E_F) \tag{4-55}$$

其中,k_F 为 $E = E_F$ 时的 k 值。所以有

$$\sigma_0 = \frac{e^2 k_F^3}{3\pi^2 m^*} \tau(E_F) \tag{4-56}$$

由式(3-24)可知,体积为 V 的金属中,状态密度为 $\dfrac{2V}{(2\pi)^3}$,在 $\boldsymbol{k}$ 空间等能面 $E = E_F$ 内的体积

为 $\dfrac{4\pi k_F^3}{3}$,所以等能面 $E = E_F$ 内电子数 N 为

$$N = \frac{2V}{(2\pi)^3} \frac{4\pi k_F^3}{3} = 2V \frac{k_F^3}{6\pi^2} \tag{4-57}$$

所以,金属中电子的密度为

$$n = \frac{N}{V} = \frac{k_F^3}{3\pi^2} \tag{4-58}$$

上式代入式(4-56)有

$$\sigma_0 = \frac{ne^2 \tau(E_F)}{m^*} = ne \frac{e\tau(E_F)}{m^*} = ne\mu \tag{4-59}$$

其中,$\mu = \dfrac{e\tau(E_F)}{m^*}$称为电子的迁移率。

4.3 半导体中载流子的输运过程

与金属材料不同,半导体的费米能级是在禁带里。如图 4.13 所示,图中横坐标是费米分布函数,最外层是导带,次外层是价带。从电子的分布概率看,当 $E = E_F$ 时,$f(E_F) = 0.5$,代表填充概率为 1/2 的能态。对于导带的电子来说,由于导带的能级距离费米能级的差 $(E - E_F)$ 大于几个 $k_B T$,$e^{(E-E_F)/k_B T} \gg 1$,所以有

$$f(E) = \frac{1}{e^{(E-E_F)/k_B T} + 1} \approx e^{-(E-E_F)/k_B T} \ll 1 \tag{4-60}$$

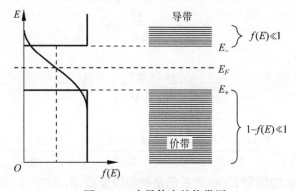

图 4.13 半导体中的能带图

式(4.60)表明,电子填充到导带的概率很低,导带中空的状态很多,电子在填充时受泡利不相容原理的限制不大,费米-狄拉克分布可以用经典的玻尔兹曼分布近似。如图 4.14 所示,$f(E)$ 在远离费米能级时非常接近玻尔兹曼分布。即与金属的强简并情况不同,半导体导带中的电子可以用经典的玻尔兹曼分布代替量子的费米-狄拉克分布。

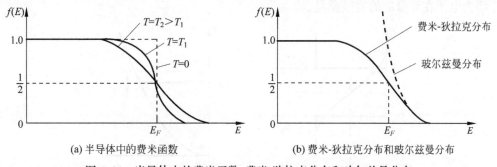

(a) 半导体中的费米函数   (b) 费米-狄拉克分布和玻尔兹曼分布

图 4.14 半导体中的费米函数,费米-狄拉克分布和玻尔兹曼分布

对于价带中的空穴也是类似的情况。价带中能级被空穴占据的几率就是不为电子所占据的概率,即为

$$1-f(E)=1-\frac{1}{\mathrm{e}^{(E-E_F)/k_BT}+1}=\frac{\mathrm{e}^{(E-E_F)/k_BT}}{\mathrm{e}^{(E-E_F)/k_BT}+1}=\frac{1}{1+\mathrm{e}^{(E_F-E)/k_BT}}\approx\mathrm{e}^{-(E_F-E)/k_BT}\ll 1$$

(4-61)

空穴所占状态的能量 E 越低,表示空穴的能量越高。空穴的占有概率随空穴能量的升高近似按照玻尔兹曼的指数规律迅速减小。

4.3.1　载流子浓度

分析导带中电子的分布(填充)情况。从式(3-144)得知,能量为 $E\sim E+\mathrm{d}E$ 的电子数:
$$\mathrm{d}N=f(E)N(E)\mathrm{d}E$$

是由费米分布函数 $f(E)$ 和能态密度 $N(E)$ 同时决定的。设导带底 $k_0=\dfrac{\pi n}{a}$,导带底的能量 $E(k_0)=E_-$,导带底附近 $k=k_0+\Delta k$ 处的能量 E 可以表示为

$$E=E_-+\frac{\hbar^2}{2m_-^*}\Delta k^2 \tag{4-62}$$

由式(3-93)可知,这里:

$$\frac{\hbar^2}{2m_-^*}=\frac{\hbar^2}{2m_0}\left(\frac{2T_n}{|V_n|}+1\right) \tag{4-63}$$

所以有

$$E-E_-=\frac{\hbar^2(k_x-k_{0x})^2}{2m_{-x}^*}+\frac{\hbar^2(k_y-k_{0y})^2}{2m_{-y}^*}+\frac{\hbar^2(k_z-k_{0z})^2}{2m_{-z}^*} \tag{4-64}$$

如图 4.15 所示,导带底的能带 $E(k)$ 关系仍是抛物线分布,由式(3-31)可知导带底附近的能态密度可以表示为

$$N_-(E)=\frac{V}{2\pi^2}\left(\frac{2m_-^*}{\hbar^2}\right)^{3/2}\sqrt{E-E_-}$$

$$=\frac{4\pi(2m_-^*)^{3/2}}{h^3}\sqrt{E-E_-} \tag{4-65}$$

m_-^* 即为电子在导带底的有效质量。

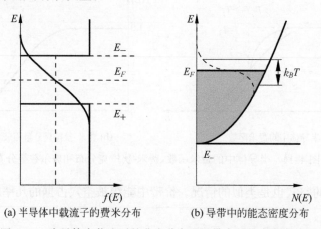

(a) 半导体中载流子的费米分布　　　　(b) 导带中的能态密度分布

图 4.15　半导体中载流子的费米分布和导带中的能态密度分布

空穴可以看成有效质量为 m_+^* 的带正电荷的粒子,同理它的能态密度可以用下式表示:

$$N_+(E) = \frac{4\pi(2m_+^*)^{3/2}}{h^3}\sqrt{E_+ - E} \tag{4-66}$$

E_+ 为价带顶能级。因为越高的电子能级对于空穴来说则是能量越低(即越高能级处电子越不容易填入,越容易形成空穴),所以价带顶能级 E_+ 是最低的空穴能级,价带中的空穴能级随着电子能级的降低相应增加,空穴的态密度也随之增加。

由于导带中电子和价带中空穴的分布概率随能量 $E - E_-$ 和 $E_+ - E$ 按玻尔兹曼规律迅速减少,电子和空穴主要集中在导带底或价带顶附近几个 $k_B T$ 的能量范围内。这里通过能态密度计算电子和空穴的浓度。

电子的浓度:

$$n = \int_{E_-}^{\infty} f(E) N_-(E)\mathrm{d}E$$

$$= \frac{4\pi(2m_-^*)^{3/2}}{h^3}\int_{E_-}^{\infty} \mathrm{e}^{-(E-E_F)/k_B T}\sqrt{(E-E_-)}\,\mathrm{d}E$$

$$= \frac{4\pi(2m_-^*)^{3/2}}{h^3}\mathrm{e}^{-(E_- - E_F)/k_B T}\int_{E_-}^{\infty} \mathrm{e}^{-(E-E_-)/k_B T}\sqrt{(E-E_-)}\,\mathrm{d}E$$

$$= \frac{4\pi(2m_-^* k_B T)^{3/2}}{h^3}\mathrm{e}^{-(E_- - E_F)/k_B T}\int_0^{\infty} \xi^{1/2}\mathrm{e}^{-\xi}\,\mathrm{d}\xi$$

$$= \frac{2(2\pi m_-^* k_B T)^{3/2}}{h^3}\mathrm{e}^{-(E_- - E_F)/k_B T} = N_- \mathrm{e}^{-(E_- - E_F)/k_B T} \tag{4-67}$$

上式中令:

$$\xi = \frac{E - E_-}{k_B T} \tag{4-68}$$

这里,引入电子有效能级密度:

$$N_- = \frac{2(2\pi m_-^* k_B T)^{3/2}}{h^3} \tag{4-69}$$

于是,导带中电子的浓度可以写成:

$$n = N_- \mathrm{e}^{-(E_- - E_F)/k_B T} \tag{4-70}$$

这表明在计算导带电子浓度时,采用电子有效能级密度可以等效地用导带底一个能级 E_- 代替整个导带,导带的电子数就如同在导带底 E_- 处集中了 N_- 个能态所含有的电子数。

同样可以求出空穴的浓度:

$$p = \int_{-\infty}^{E_+} (1-f(E)) N_+(E)\mathrm{d}E$$

$$= \frac{4\pi(2m_+^*)^{3/2}}{h^3}\int_{-\infty}^{E_+} \mathrm{e}^{-(E_F - E)/k_B T}\sqrt{(E_+ - E)}\,\mathrm{d}E$$

$$= N_+ \mathrm{e}^{-(E_F - E_+)/k_B T} \tag{4-71}$$

定义空穴有效能级密度:

$$N_+ = \frac{2(2\pi m_+^* k_B T)^{3/2}}{h^3} \tag{4-72}$$

则有

$$p = N_+ \, \mathrm{e}^{-(E_F - E_+)/(k_B T)} \tag{4-73}$$

上式同样表明,在计算价带空穴数时,采用空穴有效能级密度可以等效地用价带顶能级 E_+ 代替整个价带,价带的空穴数就如同在价带顶能级 E_+ 处集中了 N_+ 个能态所含有的空穴数。

由式(4-70)和式(4-73)可以看出,费米能级 E_F 联系着电子、空穴的浓度,E_F 升高,则电子浓度增高、空穴浓度降低;E_F 降低则反之。有

$$np = N_- N_+ \exp\left(-\frac{E_- - E_+}{k_B T}\right) = N_- N_+ \exp\left(-\frac{E_g}{k_B T}\right) \tag{4-74}$$

这里 E_g 为禁带宽度:

$$E_g = E_- - E_+ \tag{4-75}$$

由式(4-74)可知,虽然费米能级 E_F 联系着半导体中电子、空穴各自的浓度,但两种载流子浓度的乘积是一个仅与半导体材料的禁带宽度 E_g 及温度有关的量,而与半导体的费米能级 E_F 无关。在一定温度下,材料的带隙不变,两种载流子浓度的乘积将是一个常数。这就意味着导带中的电子越多,价带中的空穴就越少;反之亦然。

4.3.2　本征激发

要具体求得半导体中载流子电子和空穴的浓度,需要确定费米能级 E_F。E_F 不仅与半导体的晶体结构有关,还与杂质原子有关。

我们将无杂质及缺陷的半导体称为本征半导体,这时半导体的 E_F 和载流子浓度完全取决于半导体本身的性质。在高纯半导体材料中,当温度较高时电子受热激发,从价带跃迁到导带,价带产生空穴,导带产生电子,热激发产生的电子数目等于空穴数目:

$$n_i = n = p = (N_- N_+)^{1/2} \mathrm{e}^{-E_g/(2k_B T)} \tag{4-76}$$

这种电子和空穴统称为本征载流子浓度 n_i。本征载流子浓度 n_i 与温度有关,温度越高,数目越大;同时,也与带隙宽度有关。根据载流子浓度与温度的关系式(4-76),反过来也可以求得带隙 E_g。

用 n_i 替代式(4-70)和式(4-73)中的 n 和 p,则可以求出本征状态下的费米能级:

$$
\begin{aligned}
E_{Fi} &= E_- - k_B T \ln(N_- / n_i) \\
&= E_+ + k_B T \ln(N_+ / n_i) \\
&= \frac{1}{2}(E_- + E_+) + \frac{1}{2} k_B T \ln(N_+ / N_-) \\
&= \frac{1}{2}(E_- + E_+) + \frac{3}{4} k_B T \ln(m_+^* / m_-^*)
\end{aligned} \tag{4-77}
$$

在一般情况下,由于 $k_B T$ 较小,且 m_h^* 和 m_e^* 相差不大,所以,本征半导体的费米能级 E_{Fi} 近似地在带隙的中间,即

$$E_{Fi} \approx \frac{1}{2}(E_- + E_+) \tag{4-78}$$

4.3.3 杂质能级与杂质激发

实际半导体中电子的运动状态,除了与能带对应的共有化运动状态以外,还存在一定数目的束缚状态。它们是由杂质或缺陷(空位、间隙原子、位错)引起的。这些杂质或缺陷使半导体中严格的周期性势场受到破坏,从而有可能产生能量在带隙中的有确定能级的局域化电子态,称为束缚态,这些确定的能级称为杂质能级,电子可以被杂质或缺陷束缚在杂质能级上。这种杂质能级只能处在带隙之中,因为能量处在能带中的电子态,不需要其他能量就可以转入共有化运动状态,因此能带中不可能存在稳定的束缚态。杂质能级对于半导体的性质具有非常重要的作用。

杂质分为两种:施主杂质和受主杂质。施主杂质在能隙中提供带有电子的杂质能级,例如在 Si 或 Ge 中加入少量的五价元素 P、As 或 Sb,或在 GaAs 中用Ⅵ族元素(S、Se、Te)替代 As;在能隙中提供空能级的杂质称为受主杂质,例如在 Si 或 Ge 中掺入少量的三价元素 B、Al、In,或在 GaAs 中用Ⅱ族元素(Zn、Be、Mg)替代 Ga。

如图 4.16 所示,施主杂质的束缚能级一般位于能隙中靠近导带的位置,距离导带底 E_- 的能差 E_i 很小,通常只有百分之几电子伏特。电子由施主能级激发到导带远比价带激发容易,电子很容易摆脱施主杂质的束缚而跃迁到导带运动,即只要给施主杂质能级上的电子以 E_i 大小的能量,就可以将它激发到导带中。这里 E_i 称为束缚能,也称为电离能。含有施主杂质的半导体称为 N 型半导体。N 型半导体的导电几乎完全依靠施主杂质能级热激发到导带的电子,电子的浓度大于空穴的浓度,电子为多数载流子(简称多子),空穴为少数载流子(简称少子)。

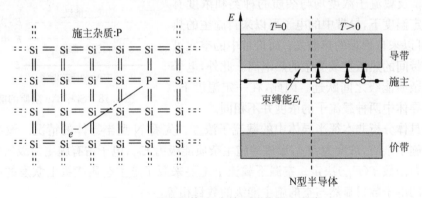

图 4.16 在半导体 Si 中掺入五价的 P 元素

掺入受主杂质的情况则与此不同。图 4.17 给出了受主杂质能级的示意图。受主杂质的空的束缚能级也位于能隙中,但是靠近价带,束缚能级距离价带顶 E_+ 的能差 E_i 也是只有百分之几电子伏特,电子由价带激发到受主能级比其激发到导带容易得多,电子很容易跃迁到受主能级,这个过程称为"空穴电离",即产生一个在满带中自由运动的空穴。电子从价带激发到受主能级所需要的能量 E_i 也称为束缚能,或电离能。含有受主杂质的半导体称为 P 型半导体。P 型半导体的导电主要依靠价带中激发的空穴完成,空穴的浓度大于电子的浓度,空穴为多子,电子为少子。

上述替位杂质所形成的杂质能级靠近导带或价带,又称为浅能级杂质。这类杂质的能

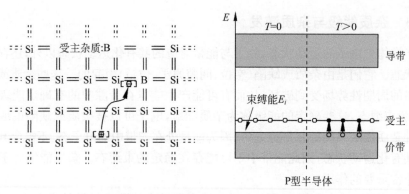

图 4.17　在半导体 Si 中掺入三价的 B 元素

级对电子或空穴的束缚能(电离能)很小,电子很容易从施主能级跃迁到导带或者由价带跃迁到受主能级,载流子将以杂质跃迁产生为主。杂质或缺陷形成施主或受主能级的过程以及它们束缚电子的机制是很复杂的,不同材料、不同杂质产生束缚态的具体原因可能不相同。

还有一些杂质可以在远离导带底形成施主杂质能级或者远离价带顶形成受主杂质能级,这类杂质称为深能级杂质。深能级杂质往往能够形成多重的杂质能级。如图 4.18 所示,Au 在 Si 中形成的施主杂质能级靠近价带,而同时还形成了靠近导带的受主杂质能级。深能级杂质作为复合中心,可以有效降低载流子的寿命,提高材料电阻率。

掺入杂质的半导体称为非本征半导体,这时的费米能级 E_F 及载流子浓度均与杂质的种类和浓度有关。在一定温度下,导带中的电子可以来自施主的热电离,也可以来自价带的热激发;而价带中的空穴可以产生于带间的热激发或受主的热电离。此外,电子还可以在杂质能级之间跃迁。因此,在一定温度下,非本征半导体中两种载流子的浓度并不相同。

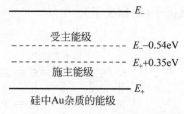

图 4.18　Si 中 Au 杂质的能级

下面具体分析非本征半导体中的载流子浓度。先看 N 型半导体的情况。设半导体中只含一种施主杂质,浓度为 N_D,形成的施主杂质能级为 E_D,电子占有施主能级的概率依然由费米分布函数 $f(E_D)$ 决定。室温下载流子主要来源于施主杂质能级上激发的电子。这时导带中的电子数目显然与空的施主能级的数目相等:

$$n = N_D \left[1 - f(E_D) \right] = N_D \left[\frac{\mathrm{e}^{(E_D - E_F)/k_B T}}{\mathrm{e}^{(E_D - E_F)/k_B T} + 1} \right] = N_D \frac{1}{1 + \mathrm{e}^{-(E_D - E_F)/k_B T}} \tag{4-79}$$

由式(4-70)可知,n 与 E_F 的关系:

$$\mathrm{e}^{\frac{E_F}{k_B T}} = \frac{n}{N_-} \mathrm{e}^{\frac{E_-}{k_B T}} \tag{4-80}$$

代入式(4-79),得

$$n = N_D \frac{1}{1 + \dfrac{n}{N_-} \mathrm{e}^{(E_- - E_D)/k_B T}} \tag{4-81}$$

$$\frac{1}{N_-}e^{E_i/k_BT}n^2+n-N_D=0 \tag{4-82}$$

解方程(4-82),考虑 n 是正数,只能取正号的根,则有

$$n=\frac{-b+[b^2-4ac]^{1/2}}{2a}=\frac{-1+\left[1+4\left(\dfrac{N_D}{N_-}\right)e^{E_i/k_BT}\right]^{1/2}}{2\left(\dfrac{1}{N_-}\right)e^{E_i/k_BT}} \tag{4-83}$$

当温度 T 很低时,只有少量的施主电离激发电子。这时

$$4\left(\frac{N_D}{N_-}\right)e^{E_i/k_BT}\gg 1 \tag{4-84}$$

所以

$$n\approx\frac{\left[4\left(\dfrac{N_D}{N_-}\right)e^{E_i/k_BT}\right]^{1/2}}{2\left(\dfrac{1}{N_-}\right)e^{E_i/k_BT}}=(N_-N_D)^{1/2}e^{-E_i/2k_BT} \tag{4-85}$$

一般室温下热激发到导带的电子浓度符合上式,按指数关系随温度升高而增加。当温度足够高,施主上的电子几乎全部激发到导带时,则有

$$n=\frac{-1+\left[1+2\left(\dfrac{N_D}{N_-}\right)e^{E_i/k_BT}+\cdots\right]}{\dfrac{2}{N_-}e^{E_i/k_BT}}\approx N_D \tag{4-86}$$

在非本征半导体中,式(4-74)和式(4-76)的关系仍然是成立的,所以少数载流子空穴的浓度:

$$p=\frac{n_i^2}{n} \tag{4-87}$$

由式(4-70)可以写出费米能级的表达式:

$$E_F=E_--k_BT\ln(N_-/n)$$
$$=E_{Fi}+k_BT\ln(n/n_i) \tag{4-88}$$

其中 E_{Fi} 就是本征半导体的费米能级:

$$E_{Fi}=E_--k_BT\ln(N_-/n_i) \tag{4-89}$$

式(4-88)表明,N 型半导体中的费米能级的位置取决于施主杂质的浓度,施主杂质的浓度越高,费米能级越靠近导带。

P 型半导体中载流子浓度的分析与此类似。假设受主杂质能级 E_A,电离能为 E_i,杂质浓度 N_A,则空穴的浓度:

$$p=\frac{-1+\left[1+4\left(\dfrac{N_A}{N_+}\right)e^{E_i/k_BT}\right]^{1/2}}{2\left(\dfrac{1}{N_+}\right)e^{E_i/k_BT}} \tag{4-90}$$

在低温下有

$$p=(N_AN_+)^{1/2}e^{-E_i/2k_BT} \tag{4-91}$$

随着温度的升高,价带激发的电子几乎占满受主能级时,价带中空穴的浓度为

$$p = N_A \qquad (4\text{-}92)$$

作为少数载流子电子的浓度:

$$n = \frac{n_i^2}{p} \qquad (4\text{-}93)$$

类似 N 型半导体式(4-88)的推导,P 型半导体中的费米能级有

$$E_F = E_+ + k_B T \ln(N_+ / n)$$
$$= E_{Fi} - k_B T \ln(p / n_i) \qquad (4\text{-}94)$$

可以看出,P 型半导体中的费米能级的位置取决于受主杂质的浓度。受主杂质的浓度越高,费米能级越靠近价带。

图 4.19 是本征半导体 Ge、Si 及掺杂浓度较低的 N 型半导体 Ge、Si 中载流子浓度随温度的变化。可以看出,本征半导体中载流子浓度 n_i 在低温时为零,温度升高到一定程度时,价带中的电子被热激发到导带(本征激发),n_i 始逐步增加,而且随着温度的升高而急剧加大。N 型半导体中,由于杂质能级的束缚能(电离能)很小,所以在很低的温度下束缚能级上的电子就被热激发跃迁到导带(施主激发),载流子浓度 n_i 开始随温度的升高而增加;当施主能级上所有的电子都被热激发到导带后,如果还没有达到价带电子被热激发的温度,则 n_i 基本上等于施主杂质的浓度,不随温度变化,这对应图中曲线出现的"平台"部分;当温度升高到足以使得价带的电子被热激发到导带时,载流子浓度 n_i 再次随着温度的升高而增大,逐步趋向本征激发的载流子浓度 n_i。从图中还可看出,由于 Ge 的禁带宽度比 Si 小,所以发生本征激发和施主激发的温度都比较低。

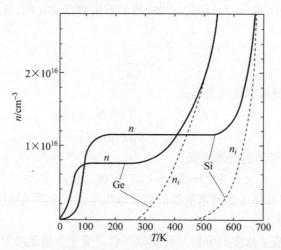

图 4.19　本征半导体 Ge、Si 及掺杂浓度较低 N 型半导体 Ge、Si 中载流子浓度随温度的变化

图 4.20 给出了 N 型及 P 型半导体中费米能级的位置随杂质浓度的变化曲线。可以看出,随着杂质浓度的降低,N 型及 P 型半导体中的费米能级均趋向禁带中央,即本征半导体的费米能级;当温度升高时,也会看到同样的趋势。

如果杂质浓度与半导体原子浓度相比小得多,施主电子或受主空穴之间不存在相互作用,杂质在半导体中引入分离的杂质能级,这时称为非简并半导体。当杂质浓度增加,杂质原子之间相互作用加强,分离的杂质能级也会分裂为能带而展宽,杂质浓度增加到与有效状

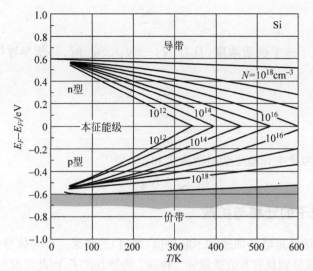

图 4.20　N 型及 P 型半导体中费米能级的位置随杂质浓度的变化曲线

态密度相比拟的情况时,则成为简并半导体。以施主杂质为例,这时的费米能级将进入导带,称为 n 型简并。这时,玻尔兹曼分布近似将不适用,必须使用费米-狄拉克分布。

补偿半导体(compensate semiconductor)是掺杂半导体中的一种,即在半导体中既掺有施主杂质、又掺有受主杂质,如图 4.21 所示。由于补偿半导体中掺有两种杂质,会产生杂质的补偿作用,能够参加导电的多数载流子,是由那些未被补偿的杂质来提供及时的。所以补偿半导体中的有效载流子浓度不能用式(4-85)～式(4-87)和式(4-91)～式(4-93)来计算,即使掺杂浓度很高的补偿半导体也可能电阻率很高(电导率很低)。

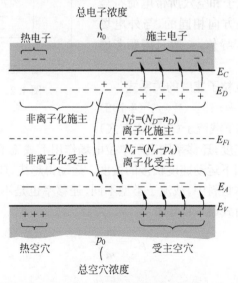

图 4.21　补偿半导体示意图

当施主杂质大于受主杂质浓度,且有 $N_D - N_A \gg n_i$ 时,补偿半导体中的载流子浓度为

$$n = N_D - N_A \tag{4-95}$$

$$p = \frac{n_i^2}{n} \tag{4-96}$$

当受主杂质大于施主杂质浓度，且有 $N_A - N_D \gg n_i$ 时，补偿半导体中的载流子浓度则为

$$p = N_A - N_D \tag{4-97}$$

$$n = \frac{n_i^2}{p} \tag{4-98}$$

总的杂质浓度为受主和施主杂质浓度之和：

$$N_{\text{doping}} = N_A + N_D \tag{4-99}$$

4.3.4　载流子的迁移与扩散

载流子的迁移运动是电场加速和不断碰撞（散射）的结果。半导体导带底的电子与价带顶的空穴都可以看成分别具有有效质量 m_-^* 和 m_+^* 的带电粒子，因此可以直接应用式(4-59)来讨论在外电场作用下所产生的电导。这时的电导率为

$$\sigma = ne\mu_- + pe\mu_+ \tag{4-100}$$

这里 μ_-、μ_+ 分别是电子迁移率和空穴迁移率，所以有

$$j = ne(\mu_- E) + pe(\mu_+ E) \tag{4-101}$$

即半导体材料在外电场作用下产生的电流由电子迁移电流（电子电流）和空穴迁移电流（空穴电流）构成。如图 4.22 所示，电子和空穴在外电场作用下的迁移方向相反，前者与外电场相反，后者与外电场相同；由于电子和空穴所带电荷符号相反，所以形成的电流是方向相同的，与外电场的方向一致。对于掺杂半导体，一般只需要考虑多子导电即可。

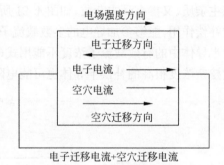

图 4.22　电子迁移电流和空穴迁移电流

对比电流密度与带电粒子速度的关系式：

$$j = ne\bar{v}_- + ne\bar{v}_+ \tag{4-102}$$

可知 μE 表示在电场作用下载流子（电子或空穴）沿电场方向迁移的平均速度，迁移率则表示单位电场作用下载流子的平均迁移速度，即迁移率是载流子在外电场作用下运动速度快慢的量度。运动得越快，迁移率越大；运动得慢，则迁移率小。同一种半导体材料中，载流子类型不同，迁移率也是不同的，一般是电子的迁移率高于空穴的迁移率。由式(4-59)可知

$$\mu_- = \frac{e\tau_{cn}}{m_-^*} \tag{4-103}$$

$$\mu_+ = \frac{e\tau_{cp}}{m_+^*} \tag{4-104}$$

即迁移率的大小不仅取决于有效质量（能带结构），而且还与电子或空穴在加速过程中发生的碰撞（散射）过程有关，体现在式(4-103)和式(4-104)中的弛豫时间 τ_{cn} 和 τ_{cp}。散射的原因是周期性势场的破坏，附加势场使得电子发生从 k 状态到 k' 状态的跃迁。散射的机制有

两种:一种是电离杂质引起的散射,即杂质电离成离子的周围形成库仑势场,使得载流子的运动方向发生偏转;另一种是由于晶格振动引起的散射。不同的温度下主导的散射机制不同。在低温下,杂质的散射是主要的,随着温度升高载流子热运动的速度增大,电离杂质的散射作用相应减弱,从而使迁移率增大。理论计算表明,由杂质散射引起的迁移率与温度的关系可表示为

$$\mu \propto T^{3/2} \tag{4-105}$$

在较高温度下,晶格的散射是主要的。温度升高,声子的散射增大,因而迁移率随温度的升高而下降。理论计算表明,对于简单能带,由晶格振动所引起的迁移率与温度的关系为

$$\mu \propto T^{-3/2} \tag{4-106}$$

在实际问题中,迁移率的大小是相当重要的。Si、Ge、GaAs 在室温下的迁移率分别为

Si: $\quad \mu_- 1350\mathrm{cm}^2/(\mathrm{V}\cdot\mathrm{s})$, $\quad \mu_+ 480\mathrm{cm}^2/(\mathrm{V}\cdot\mathrm{s})$

Ge: $\quad \mu_- 3900\mathrm{cm}^2/(\mathrm{V}\cdot\mathrm{s})$, $\quad \mu_+ 1900\mathrm{cm}^2/(\mathrm{V}\cdot\mathrm{s})$

GaAs: $\quad \mu_- 8500\mathrm{cm}^2/(\mathrm{V}\cdot\mathrm{s})$, $\quad \mu_+ 400\mathrm{cm}^2/(\mathrm{V}\cdot\mathrm{s})$

有些金属化合物半导体(如 InSb 等),由于其电子的有效质量仅为电子质量的 1/100 左右,因此其迁移率可高达 $10^5\,\mathrm{cm}^2/(\mathrm{V}\cdot\mathrm{s})$ 的数量级。

半导体的电导率 σ 除了与迁移率有关外,还与载流子的浓度有关。载流子的浓度随温度的升高以指数形式增加(饱和区除外)。而式(4-105)、式(4-106)所示迁移率随温度是幂函数变化的。由于指数形式的变化总是比幂函数的变化快,因此除饱和区外,半导体的电导率主要以指数形式随温度的升高而迅速增大,表现出很强的热敏性。这与金属的电导率有明显不同。因为金属中传导电子的浓度与温度无关,温度升高时,传导电子的迁移率因与晶格散射更加频繁而减小,所以金属的电导率温度系数为负,温度升高,电导率下降。

在金属导体和一般半导体的导电过程中,载流子都可以依靠外电场的作用而形成电流(称为迁移电流)。但是与金属材料不同的是,半导体中的载流子还可以形成另一种形式的电流,称为扩散电流。扩散电流的产生是由于半导体中载流子浓度的不均匀分布而造成的扩散运动,如图 4.23 所示。

扩散运动是微观粒子热运动的结果,遵从的规律是

$$\text{扩散流密度} = -D\frac{\mathrm{d}N}{\mathrm{d}x} \tag{4-107}$$

这里,扩散流密度是单位时间内由于扩散运动通过单位横截面积的载流子数目,$\dfrac{\mathrm{d}N}{\mathrm{d}x}$ 是载流子浓度变化的梯度,D 是扩散系数,负号则表明扩散运动总是从浓度高的地方流向浓度低的地方。由于

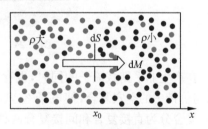

图 4.23 载流子浓度的不均匀分布
而造成的扩散运动

$$\text{扩散流密度} \times \text{载流子的电荷} = \text{扩散电流密度}$$

所以考虑扩散电流后的电流密度表达式为

$$J = en\mu_n E_x + ep\mu_p E_x + eD_n\frac{\mathrm{d}n}{\mathrm{d}x} - eD_p\frac{\mathrm{d}p}{\mathrm{d}x} \tag{4-108}$$

三维的情况下表示为

$$J_{3D} = en\mu_n E + ep\mu_p E + eD_n\nabla n - eD_p\nabla p \qquad (4\text{-}109)$$

式中,前两项是迁移电流,后两项就是扩散电流。

4.3.5　非平衡载流子

在外界的作用下,半导体中的电子浓度 n 和空穴浓度 p 有可能偏离平衡值。例如在半导体的本征光吸收过程中,高能光子入射,价带的电子受光激发,从价带跃迁进入导带,产生电子-空穴对;通过外界电子-空穴对的注入(后面介绍的 PN 结),也可以造成额外的多余电子-空穴对,如图 4.24 所示。这里用

$$\Delta n = n - n_0 \qquad (4\text{-}110)$$

$$\Delta p = p - p_0 \qquad (4\text{-}111)$$

表示超出平衡时载流子浓度 n_0、p_0 的多余载流子,称为非平衡载流子。通常情况下,由于电中性要求,有

$$\Delta n = \Delta p \qquad (4\text{-}112)$$

对于半导体而言,导带近似为空带,价带近似为满带,热激发概率基本上不受载流子浓度的影响,与 n、p 无关,只与温度有关;而通过入射光子激发载流子的概率则与温度无明显的关系,与光子能量、禁带宽度、能带结构有关。

非平衡载流子在数目上对多子和少子的影响显然是不同的。多子的数量一般都很大,非平衡载流子不会对它有显著影响。但对少子来说,数量的变化将非常明显。因此在讨论非平衡载流子时,常常最关心的是非平衡的少数载流子。

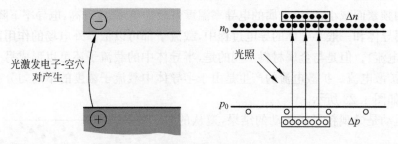

图 4.24　非平衡载流子的产生过程

在产生非平衡载流子的同时,也存在着载流子的复合过程,即导带中的电子落回到价带,与价带中的空穴复合,使电子-空穴对湮灭,这是从非平衡状态恢复到热平衡的自发过程。复合分为直接复合和间接复合两种。

直接复合是指电子从导带直接跃迁回价带的过程。其复合率 R 与电子和空穴的浓度成正比:

$$R = \alpha_r np \approx \alpha_r n_i^2 \qquad (4\text{-}113)$$

式中,复合系数 α_r 与电子空穴运动速度以及温度有关,与载流子浓度无关。直接复合过程中,伴随着电子-空穴对的复合有光子辐射的过程称为辐射复合,没有光子辐射的则是非辐射复合。俄歇复合是典型的非辐射复合。电子-空穴对在俄歇复合的过程中,把能量交给其他电子或空穴产生另一次跃迁,不产生光子辐射,如图 4.25 所示。带隙越小,俄歇复合概率越高。

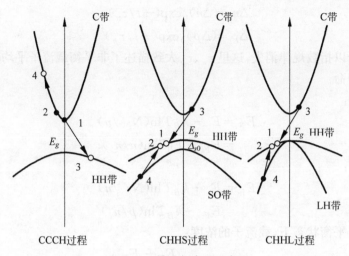

图 4.25 俄歇复合的示意图

间接复合是指通过杂质能级发生的电子-空穴对的复合,如图 4.26 所示。表面的杂质和缺陷都可能形成禁带中的复合中心。一般情况下,间接复合与杂质浓度和非平衡载流子浓度均成正比;具有深杂质能级的掺杂半导体中,间接复合过程更强。

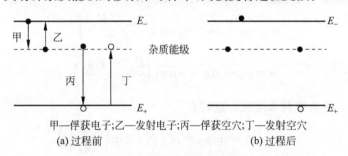

甲—俘获电子;乙—发射电子;丙—俘获空穴;丁—发射空穴
(a) 过程前　　　　　　　　　　(b) 过程后

图 4.26 间接复合示意图

热平衡实际上是电子-空穴对不断产生与复合的一个动态平衡,即电子与空穴产生的速率与复合的速率是相等的,有

$$G_{n0} \equiv G_{p0} = R_{n0} \equiv R_{p0} \tag{4-114}$$

式中,G_{n0}、G_{p0}、R_{n0}、R_{p0} 分别为热平衡时电子的产生率、空穴的产生率、电子的复合率、空穴的复合率。

当有非平衡载流子存在时,式(4-114)所示的动态热平衡状态被破坏了。这时复合的概率将大于产生的概率,净复合率为

净复合率 = 复合率 − 产生率

非平衡载流子 Δn、Δp 的复合速率与非平衡载流子密度成比例:

$$\frac{\mathrm{d}\Delta n}{\mathrm{d}t} = -\frac{\Delta n}{\tau_n} \tag{4-115}$$

$$\frac{\mathrm{d}\Delta p}{\mathrm{d}t} = -\frac{\Delta p}{\tau_p} \tag{4-116}$$

上面两式的解为

$$\Delta n = (\Delta n)_0 \exp(-t/\tau_n) \tag{4-117}$$

$$\Delta p = (\Delta p)_0 \exp(-t/\tau_p) \tag{4-118}$$

即非平衡载流子以指数规律消失,这里 τ_n、τ_p 大致描述了非平衡载流子平均存在时间,称为非平衡载流子寿命。

由式(4-89):

$$E_F = E_- - k_B T \ln(N_-/n)$$
$$= E_{Fi} + k_B T \ln(n/n_i)$$

与式(4-94):

$$E_F = E_+ + k_B T \ln(N_+/n)$$
$$= E_{Fi} - k_B T \ln(p/n_i)$$

可以推导出在热平衡状态下,载流子的浓度:

$$n_0 = n_i \exp\left(\frac{E_F - E_{Fi}}{k_B T}\right)$$

$$p_0 = n_i \exp\left(\frac{E_{Fi} - E_F}{k_B T}\right) \tag{4-119}$$

有非平衡载流子的条件下,载流子的浓度可以表示成

$$n = n_0 + \Delta n = n_i \exp\left(\frac{E_{Fn} - E_{Fi}}{k_B T}\right)$$

$$p = p_0 + \Delta p = n_i \exp\left(\frac{E_{Fi} - E_{Fp}}{k_B T}\right) \tag{4-120}$$

这里,E_{Fn} 与 E_{Fp} 称为准费米能级。这时有

$$np > n_i^2 = n_0 p_0 = N_- N_+ \exp\left(-\frac{E_g}{k_B T}\right) \tag{4-121}$$

4.4　霍尔效应

半导体材料中多子的类型及浓度可以通过霍尔效应来测量。霍尔效应是物理学家霍尔(A. H. Hall,1855—1938,美国)于 1879 年在研究金属的导电机制时发现的一种磁电效应。当电流垂直于外磁场通过导体时,在导体垂直于磁场和电流方向的两个端面之间会出现电势差,这一现象便是霍尔效应,这个电势差称为霍尔电势差。

霍尔效应是电场和磁场对运动的电荷同时施加力的作用而产生的。如图 4.27 所示,电流沿 x 方向通过一个尺度为 $L \times W \times d$ 的半导体样片,当有 z 方向的磁场 B_z 时,载流子受到磁场的洛伦兹偏转力

$$\boldsymbol{F} = e\boldsymbol{v} \times \boldsymbol{B} \tag{4-122}$$

$\boldsymbol{v}$ 为载流子的运动速度。可以看出,当电流方向确定后,由于载流子空穴和电子所带电荷符号相反,所以其运动方向是相反的,即空穴与电流同向,电子与电流反向。由式(4-122)可知,空穴和电子所受的洛伦兹偏转力是同向的,即都是沿 $-y$ 方向。于是在半导体材料的一端会造成电荷的积累。如图 4.28 所示,如果导电的载流子是空穴,则积累正电荷,产生沿

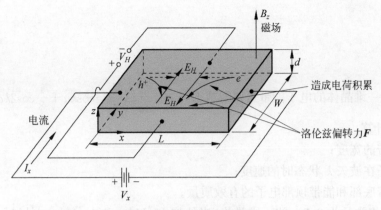

图 4.27 霍尔效应示意图-1

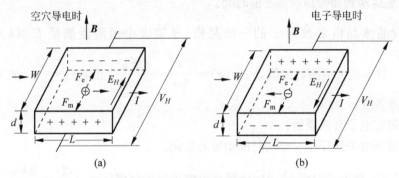

图 4.28 霍尔效应示意图-2

$+y$ 方向的电场;如果导电的载流子是电子,则积累负电荷,产生的电场沿 $-y$ 方向。当这个横向电场对载流子产生的电场力恰好抵消磁场的洛伦兹偏转力时,载流子受力平衡,达到稳定状态。这时稳定的横向电场称为霍尔电场 E_H,即

$$eE_{Hy} = ev_x B_z \tag{4-123}$$

由此可以得到霍尔电压:

$$V_H = E_{Hy} W \tag{4-124}$$

霍尔电场的方向可用以判断半导体中导电载流子(多子)的类型,其数值则可用以计算该载流子浓度。多子导电时,由 $j_x = nev_x$ 或 $j_x = pev_x$ 可知

$$v_x = \frac{j}{ne} = \frac{j}{pe} \tag{4-125}$$

代入式(4-123),有

$$E_{Hy} = \frac{1}{pe}j_x B_z = -\frac{1}{ne}j_x B_z \tag{4-126}$$

这里定义霍尔系数:

$$R = \frac{1}{pe} = -\frac{1}{ne} \tag{4-127}$$

通过 j_x、B_z、E_H 的测定可以得到霍尔系数,从而测得载流子的浓度 n,p,并且根据其符号可以判断出载流子是电子还是空穴。

由于金属中的导电电子浓度非常大,所以霍尔系数非常小,霍尔效应不明显。

习题

4.1 设一维晶体的电子能带可以写成 $E(k) = \frac{\hbar^2}{ma^2}\left(\frac{7}{8} - \cos ka + \frac{1}{8}\cos 2ka\right)$，式中 a 为晶格常数。计算：

(1) 能带的宽度；

(2) 电子在波矢 k 状态时的速度；

(3) 能带底部和能带顶部电子的有效质量。

4.2 晶格常数为 2.5Å 的一维晶格，当外加 10^2V/m 和 10^7V/m 电场时，试分别估算电子自能带底运动到能带顶所需的时间。

4.3 设晶体晶格常数为 a 的一维晶格，导带极小值附近能量 $E_C(k) = \frac{\hbar^2 k^2}{3m} + \frac{\hbar^2(k-k_1)^2}{m}$，价带极大值附近的能量 $E_V(k) = \frac{\hbar^2 k_1^2}{6m} - \frac{3\hbar^2 k^2}{m}$，其中 $k_1 = \frac{\pi}{a}$。试求：

(1) 禁带宽度；

(2) 导带底电子有效质量；

(3) 价带顶电子跃迁至导带底时准动量的变化。

4.4 证明：热力学温度 0K 时，金属自由电子气的压强 $p = -\frac{dU}{dV} = \frac{2}{3}\frac{U_0}{V}$，其中 U_0 为电子气的总能量，V 为金属体积。

4.5 某一 N 型半导体电子浓度为 $1\times 10^{15}\text{cm}^{-3}$，电子迁移率为 $1000\text{cm}^2/(\text{V}\cdot\text{s})$，求其电阻率。

4.6 已知 $T = 300\text{K}$ 时硅的电子浓度 n 为 $5\times 10^4\text{cm}^{-3}$，求空穴的浓度 p，并判断是何种类型半导体；计算费米能级相对于本征费米能级的位置。

4.7 金属银在室温下的电阻率为 $1.6\times 10^{-8}\Omega\cdot\text{m}$，每个原子的有效传导电子数目为 0.9，费米能为 5.5eV。试计算处于 100V/cm 电场下电子的平均迁移速率。已知银的密度是 $1.05\times 10^4\text{kg/m}^3$，银的原子量为 107.87。

4.8 硅材料中施主杂质为 $1.5\times 10^{17}\text{cm}^{-3}$，受主杂质浓度为 $2\times 10^{17}\text{cm}^{-3}$，计算其常温下的电导率(Si 的参数请见图 4.29)。

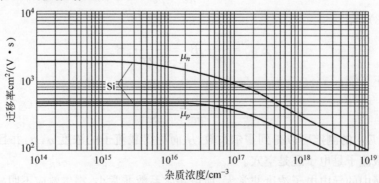

图 4.29　题 4.8 图

4.9　设 N 型硅的施主浓度分别为 $1.5 \times 10^{14} \mathrm{cm}^{-3}$ 和 $10^{12} \mathrm{cm}^{-3}$，试计算 500K 时电子和空穴浓度 n_0 和 p_0，并对结果进行讨论（已知 500K 时硅的本征载流子浓度 $n_i = 3.5 \times 10^{14} \mathrm{cm}^{-3}$）。

提示：当杂质浓度与本征载流子浓度相差不多时，n_i 不能忽略。请用式子：$n = \dfrac{N_D}{2} + \sqrt{\left(\dfrac{N_D}{2}\right)^2 + n_i^2}$ 计算多子的载流子浓度，下题同。

4.10　设计一种特殊的半导体材料，要求为 N 型，施主掺杂浓度为 $N_D = 1 \times 10^{15} \mathrm{cm}^{-3}$，假设完全电离且 $N_A = 0$；有效状态密度为 $N_- = N_+ = 1.5 \times 10^{19} \mathrm{cm}^{-3}$ 且与温度无关，用该材料制作的器件电子浓度在 $T = 400\mathrm{K}$ 时，要求不大于 $1.01 \times 10^{15} \mathrm{cm}^{-3}$，请问禁带宽度有何要求？

4.11　推导热平衡状态下载流子的浓度：

$$n_0 = n_i \exp\left(\frac{E_F - E_{Fi}}{kT}\right)$$

$$p_0 = n_i \exp\left(\frac{E_{Fi} - E_F}{kT}\right)$$

其中，n_i 为本征载流子浓度，E_{Fi} 为本征费米能级。

4.12　在银材料的霍尔效应实验中，银箔的厚度为 $0.05\mu\mathrm{m}$，磁场为 $1.25\mathrm{T}$，在其垂直方向上有 $28\mathrm{mA}$ 的电流通过时，产生的横向电势差为 $59\mu\mathrm{V}$。试计算霍尔系数的数值。

第5章

固体间接触的电特性

不同的固体物质有着不同的电特性,第4章详细介绍了金属、半导体中的电子输运过程。不同固体物质的接触界面附近有着与单一固体材料所不同的电子运动规律,固体间接触的电特性是构成各种电子器件的重要基础。

5.1 功函数与接触电势

我们知道,金属内部的自由电子与气体分子相似,做无规则的热运动,其速率有一定的分布。在金属表面存在着阻碍电子逃脱出去的作用力,电子要逸出金属表面需克服阻力,所做的功称为逸出功。在室温下,只有极少量电子的动能超过逸出功,从金属表面逸出的电子微乎其微。随着温度升高到一定程度,动能超过逸出功的电子数目会急剧增多,大量电子由金属中逸出,这一现象称为热电子发射。由于这一现象是爱迪生于1883年发现的,又称为爱迪生效应。将发射热电子的金属丝作为阴极,另一金属板作为阳极,其间加电压后,热电子在电场作用下从阴极到达阳极,可以形成电流。金属热电子发射的电流随温度按指数规律 $e^{-\frac{W}{k_B T}}$ 变化,这里 W 称为功函数。

图5.1分别给出经典电子论和量子理论模型。自由电子处在势阱中,势阱深度 χ 是电子真空能级到势阱底部的能量差,称为电子亲和能,即无穷远处真空中一静止电子与势阱底电子之间的能量差,这是由材料本身性质决定的,表示了势阱底一个电子离开金属必须做的功。经典电子论与量子理论的不同之处在于前者按照经典的玻尔兹曼统计分布,后者则考虑泡利不相容原理,按照费米-狄拉克统计分布,这时势阱底对应导带底的能级,势阱中的电子为导带电子,且给出功函数 W 与电子亲和能及费米能级有如下关系:

$$W = \chi - E_F \tag{5-1}$$

设势阱中速度为 $\boldsymbol{v} \sim \boldsymbol{v} + \mathrm{d}\boldsymbol{v}$ 的电子密度为 $\mathrm{d}n$,这里 $\mathrm{d}\boldsymbol{v} = \mathrm{d}v_x \mathrm{d}v_y \mathrm{d}v_z$。由式(3-25)可知,考虑电子自旋,在 $\boldsymbol{k} + \mathrm{d}\boldsymbol{k}$ 中的量子态密度为 $\frac{2V}{(2\pi)^3}$,这里 $\mathrm{d}\boldsymbol{k} = \mathrm{d}k_x \mathrm{d}k_y \mathrm{d}k_z$。利用 $\boldsymbol{v} = \frac{\hbar \boldsymbol{k}}{m}$,可有

$$\mathrm{d}v_x \mathrm{d}v_y \mathrm{d}v_z = \frac{\hbar^3}{m^3} \mathrm{d}k_x \mathrm{d}k_y \mathrm{d}k_z \tag{5-2}$$

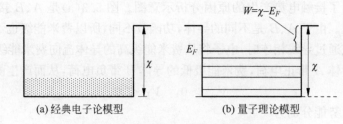

(a) 经典电子论模型   (b) 量子理论模型

图 5.1 经典电子论和量子理论模型

则单位体积中，$v \sim v + \mathrm{d}v$ 的量子态数目为

$$\frac{2}{(2\pi)^3}\frac{m^3}{\hbar^3}\mathrm{d}v_x\mathrm{d}v_y\mathrm{d}v_z = 2\left(\frac{m}{2\pi\hbar}\right)^3\mathrm{d}v_x\mathrm{d}v_y\mathrm{d}v_z \tag{5-3}$$

再乘上费米分布函数 $f(E)$，可得 $v \sim v + \mathrm{d}v$ 的电子密度：

$$\mathrm{d}n = 2\left(\frac{m}{2\pi\hbar}\right)^3\frac{1}{\mathrm{e}^{\left(\frac{1}{2}mv^2 - E_F\right)/k_BT} + 1}\mathrm{d}v \tag{5-4}$$

上式用到 $E = \frac{1}{2}mv^2$。由于热发射电子的能量 $\frac{1}{2}mv^2$ 必须高于势阱的高度，即亲和能 χ，$\frac{1}{2}mv^2 - E_F$ 实际上远大于 k_BT，有 $\left(\frac{1}{2}mv^2 - E_F\right) \gg k_BT$，所以可以将上式分母中的"1"略去：

$$\mathrm{d}n = 2\left(\frac{m}{2\pi\hbar}\right)^3\mathrm{e}^{\frac{E_F}{k_BT}}\mathrm{e}^{-\frac{mv^2}{2k_BT}}\mathrm{d}v \tag{5-5}$$

选择 x 方向为垂直于发射面的方向，要求电子在 x 方向动能大于势垒，对 y、z 方向电子的动能无限制，式(5-5)积分可得

$$j = 2\left(\frac{m}{2\pi\hbar}\right)^3\mathrm{e}^{\frac{E_F}{k_BT}}\int_{-\infty}^{+\infty}\mathrm{e}^{-\frac{mv_y^2}{2k_BT}}\mathrm{d}v_y\int_{-\infty}^{+\infty}\mathrm{e}^{-\frac{mv_z^2}{2k_BT}}\mathrm{d}v_z\int_{\frac{1}{2}mv_x^2 > \chi}\mathrm{d}v_x(-ev_x)\mathrm{e}^{-\frac{mv_x^2}{2k_BT}}$$

$$= -e\frac{4\pi m(k_BT)^2}{(2\pi\hbar)^3}\mathrm{e}^{-(\chi - E_F)/k_BT} \tag{5-6}$$

从上式可以看出，发射电流与温度成指数关系，电子是从费米面发射的。

不同导体 A 和 B 直接接触或通过导线连接时，会带电并产生不同电势的现象，所产生的电势 V_A 和 V_B，称为接触电势，如图 5.2 所示。

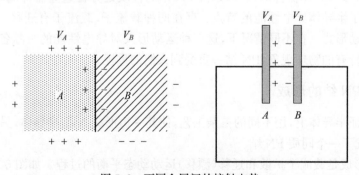

图 5.2 不同金属间的接触电势

　　图 5.3 给出了接触电势产生的原因分析示意图。图 5.3(a)是 A、B 接触前的状况,真空能级设为零点。由于 A、B 是不同的导体,功函数不同,所以费米能级也不相同。当 A、B 通过直接接触或通过导线相连时,电子将从费米能级高的导体流向费米能级低的导体,使得费米能级高的导体 A 带正电荷,费米能级低的导体 B 带负电荷,从而产生静电势:

$$V_A > 0, \quad V_B < 0 \tag{5-7}$$

相应的附加静电势能分别为

$$-eV_A < 0, \quad -eV_B > 0 \tag{5-8}$$

这时能级图发生变化,A、B 的费米能级逐步接近,达到平衡时,费米能级变为相等,电子不再流动。从图 5.3(b)中可以看出,这时的附加静电势能:

$$e(V_A - V_B) = W_B - W_A \tag{5-9}$$

即 A、B 依靠产生接触电势(附加静电势能差)补偿原来它们之间费米能级的差,从而使电子达到统计平衡。

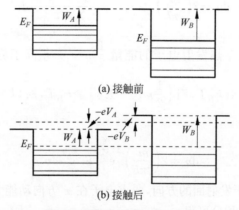

(a) 接触前

(b) 接触后

图 5.3　接触电势产生的原因

5.2　PN 结

　　半导体与不同材料接触时的情况与金属之间的接触不同,在其接触界面处会形成各种形式的"结"。例如不同掺杂类型的同种材料构成同质结,不同半导体构成异质结,半导体与金属构成肖特基结等,不同的"结"结构在各种微电子、光电子器件中扮演非常重要的角色。

　　PN 结是许多半导体器件的核心,掌握 PN 结的性质是分析这些器件的基础。PN 结的性质集中反映了半导体导电性能的特点:存在两种载流子,载流子有迁移、扩散和产生-复合三种基本运动形式。在不同情况下,这三种运动形式对导电性能的贡献各不相同。因此作为半导体所特有的物理现象,PN 结一直受到人们的重视。

5.2.1　PN 结的形成

　　在一块本征半导体上,用不同的掺杂工艺,使其一边形成 N 型半导体,另一边形成 P 型半导体,就构成了一个同质 PN 结。

　　PN 结的形成是载流子扩散和迁移(漂移)运动动态平衡的过程。如图 5.4 所示 PN 结,

P型半导体中空穴浓度远大于电子浓度,费米能级比较接近价带;而N型半导体中的电子浓度远大于空穴浓度,费米能级比较接近导带;费米能级之间存在着的能级差体现的是P型、N型两个部分空穴和电子两种载流子浓度之差。于是电子将从浓度高(E_F高)的N区流向P区(扩散运动),N区由于缺少了电子,原本电中性的N区在界面附近将出现离子的正电荷积累;从N区扩散过来的电子与P区的多子空穴复合,又使得原本电中性的P区在界面附近由于耗尽了空穴而产生离子负电荷的积累,如图5.5所示。由于电子空穴的耗尽留下杂质离子积累的正负电荷在界面附近形成了一个由N区指向P区的内建电场(自建场),在这个自建场的作用下,P区的少子电子会向N区迁移;达到稳态时,载流子的扩散和迁移运动动态平衡,P区、N区两边费米能级拉平,如图5.6所示。

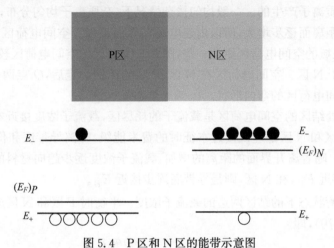

图5.4 P区和N区的能带示意图

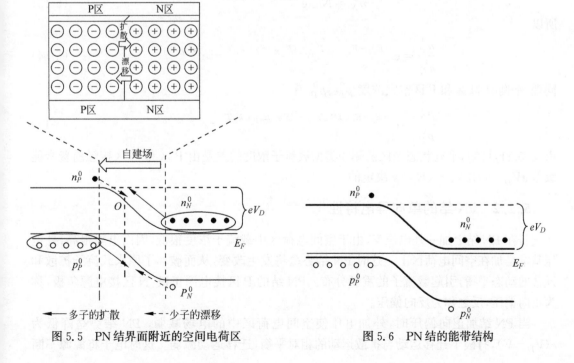

图5.5 PN结界面附近的空间电荷区   图5.6 PN结的能带结构

这时在 P 区 N 区的接触界面处形成了一个能带过渡区。在此区域内,电子和空穴基本复合耗尽,杂质离子形成一个空间电荷区,也称为耗尽区,其宽度约为 $10^{-6}\,\mathrm{m}$(即 μm)的数量级,在这个区域内将不存在可移动的电子和空穴。此区域的电场对 N 区的电子和 P 区的空穴同时形成一个高为 eV_D 的势垒,称为平衡 PN 结势垒。不难看出这个势垒等于 P 区、N 区的费米能级差:

$$eV_D = (E_F)_N - (E_F)_P \tag{5-10}$$

同时也是 P 区、N 区导带底、价带顶的能级差:

$$eV_D = E_{-P} - E_{-N} = E_{+P} - E_{+N} \tag{5-11}$$

由于在耗尽区内载流子浓度远远小于杂质离子电荷浓度,可以忽略载流子的影响,认为内建电场是由杂质离子产生的。一般均匀掺杂情况下,杂质离子均匀分布,而载流子浓度随着离开接触面的距离而逐步增大,所以内建电场在界面最强。空间电荷区宽度与掺杂浓度成反比,低掺杂区域的空间电荷区更宽一些,图 5.5 中 P 区的空间电荷区较 N 区要窄,表明 P 区掺杂浓度高于 N 区。空间电荷区在 N 区、P 区的比例确定后,O 点两侧可用两段抛物线画出能带在空间电荷区的弯曲形状。

注意到界面处结区的空间电荷区是载流子的耗尽区,载流子浓度接近本征载流子浓度,费米能级对于 P 区和 N 区都应该接近本征时的费米能级,即离导带底和价带顶都比较远,靠近禁带的中央;随着离开界面的距离的增加,载流子浓度逐步趋向材料的掺杂浓度,在 P 区,价带底逐步接近 E_F,在 N 区,则是导带底逐步接近 E_F。

分析一下平衡状态下的结区两边的载流子浓度。平衡时 P 区和 N 区电子浓度 n_P^0、n_N^0 应该均满足式(4-70),即

$$n_P^0 = N_- \, \mathrm{e}^{-(E_{-P} - E_F)/k_B T} \tag{5-12}$$

$$n_N^0 = N_- \, \mathrm{e}^{-(E_{-N} - E_F)/k_B T} \tag{5-13}$$

所以

$$\frac{n_P^0}{n_N^0} = \mathrm{e}^{-(E_{-P} - E_F)/k_B T} \big/ \mathrm{e}^{-(E_{-N} - E_F)/k_B T} = \mathrm{e}^{-eV_D/k_B T} \tag{5-14}$$

同理,平衡时 N 区和 P 区空穴浓度 p_N^0、p_P^0 有

$$\frac{p_N^0}{p_P^0} = \mathrm{e}^{-(E_F - E_{+N})/k_B T} \big/ \mathrm{e}^{-(E_F - E_{+P})/k_B T} = \mathrm{e}^{-eV_D/k_B T} \tag{5-15}$$

由式(5-11)可知,平衡状态结区两侧同类型载流子浓度的差是由 P 区和 N 区接触前费米能级差 $eV_D = (E_F)_N - (E_F)_P$ 决定的。

5.2.2 PN 结的单向导电特性

若在 PN 结上加一外电压 V,由于空间电荷区中载流子浓度很低,因而电阻很高,外电压基本是加在空间电荷区上。这时 PN 结势垒将发生改变,从而破坏了原来载流子扩散和迁移的动态平衡,引起载流子的重新分布。PN 结的 P 区接电源正极,N 区接电源负极,称为正向偏压,反之称为反向偏压。

当 PN 结加正向偏压时,外加电压使空间电荷区中的电场减弱,PN 结势垒降低为 $e(V_D - V)$,打破了迁移运动与扩散运动的相对平衡,迁移运动减弱。这时电子将源源不断

地从 N 区扩散到 P 区,空穴则源源不断地从 P 区扩散到 N 区。此种现象称为 PN 结正向注入,如图 5.7(a)所示。

在外加正向电压作用下扩散过来的载流子属于非平衡载流子。由于是正向注入,PN 结势垒边界上 P 区的少数载流子电子的浓度从原来的 n_P^0 增加到 n_P,N 区中少数载流子空穴的浓度从 p_N^0 增加到 p_N,根据式(5-14)可知,这时有

$$n_P = n_N^0 e^{-e(V_D - V)/k_B T} = n_P^0 e^{eV/k_B T} \tag{5-16}$$

由

$$n_P - n_P^0 = n_P^0 (e^{eV/k_B T} - 1) \tag{5-17}$$

可知,外加正向电压使 P 区的少数载流子电子的浓度增加了($e^{eV/k_B T} - 1$)倍。

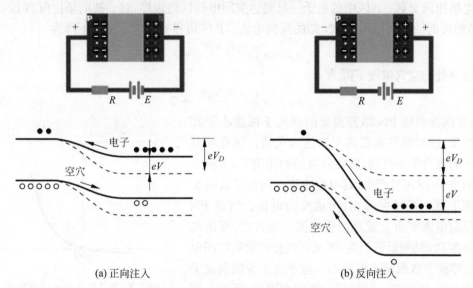

(a) 正向注入 　　　　　　　　　　　　　(b) 反向注入

图 5.7　PN 结的正向注入和反向注入

同理,外加正向电压时,N 区中少数载流子空穴的浓度也是增加了($e^{eV/k_B T} - 1$)倍:

$$p_N - p_N^0 = p_N^0 (e^{eV/k_B T} - 1) \tag{5-18}$$

这些由于正向注入产生的非平衡载流子(少子)边扩散边复合向体内运动,从而形成扩散电流。与一维稳定扩散相同,由式(4-107)得到注入 P 区电子的扩散流密度为

$$电子扩散流密度 = n_P^0 (e^{eV/k_B T} - 1) \frac{D_n}{L_n} \tag{5-19}$$

式中,D_n、L_n 为电子的扩散系数和扩散长度。所以正向注入时的电子电流密度

$$j_n = e \frac{D_n}{L_n} n_P^0 (e^{eV/k_B T} - 1) \tag{5-20}$$

同理可以得出正向注入时的空穴电流密度

$$j_p = e \frac{D_p}{L_p} p_N^0 (e^{eV/k_B T} - 1) \tag{5-21}$$

式中,D_p、L_p 为空穴的扩散系数和扩散长度。式(5-20)和式(5-21)相加得到正向注入时的总电流

$$j = j_n + j_p = j_s(\mathrm{e}^{\frac{eV}{k_B T}} - 1) \tag{5-22}$$

其中：

$$j_s = e\left(\frac{D_n}{L_n}n_P^0 + \frac{D_p}{L_p}p_N^0\right) \tag{5-23}$$

可以看出，在正向偏压下通过 PN 结的电流与少数载流子的浓度成正比，且随正向偏压的增大而迅速增大。

当 PN 结外加反向偏压时，外加电场使空间电荷区的电场增强，从而使 PN 结势垒增大，由原来的 eV_D 变为 $e(V_D+V)$，如图 5.7(b)所示。这时内建电场增大，载流子的迁移运动超过了扩散运动。在反向偏压的作用下，N 区中的空穴一旦到达空间电荷区的边界，就会被电场拉向 P 区；P 区中的电子一旦到达空间电荷区的边界，就会被电场拉向 N 区，这种 PN 结的反向抽取作用构成 PN 结的反向电流。P 区边界处的电子浓度下降为

$$n_P = n_P^0 \mathrm{e}^{-eV_r/k_B T} \to 0 \tag{5-24}$$

N 区边界处的空穴浓度下降为

$$p_N = p_N^0 \mathrm{e}^{-eV_r/k_B T} \to 0 \tag{5-25}$$

显然，反向抽取使 PN 结界面处的载流子浓度小于其平衡浓度，这时非平衡载流子浓度为负值。这意味着载流子的复合率为负值，即在外电场的作用下，实际上有新的电子-空穴对产生，其中扩散到空间电荷区的少数载流子被电场拉向对面，形成反向电流。所以 PN 结的反向电流实质上就是产生电流。换言之，反向电流是由在 PN 结附近所产生，而又有机会扩散到空间电荷区边界的少数载流子形成的。通常由于少数载流子的浓度很低，因而在一定的反向电压范围内，反向电流一般都很小。图 5.8 给出了 PN 结的单向导电特性。

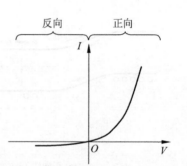

图 5.8　PN 结的单向导电特性

如果有外界作用，使得到达反向 PN 结空间电荷区边界的少数载流子浓度很高，这些载流子同样可以被空间电荷区的电场拉向对面，形成大的反向电流。如 NPN 晶体管正向发射结把电子注入 P 区，由于基区的宽度远远小于扩散长度，注入基区的电子还来不及复合就扩散到反向集电结的边界，被反向集电结的抽取作用拉向集电区，出现集电结反向大电流状态，这就是晶体管电流放大作用的物理基础。

反向电压不能无限制增加，超过一定门限后，反向电流会快速增加。这个现象称为 PN 结"反向击穿"，对应的门限电压为击穿电压。PN 结的击穿机理有两种，齐纳击穿和雪崩击穿。齐纳击穿是指重掺杂的 PN 结发生隧穿，价带电子跃迁到导带；雪崩击穿则是由于空间电荷区电子能量过大，与耗尽区原子碰撞产生新的电子-空穴对造成的。

5.3　异质结

两种不同的半导体材料所组成的界面区称为异质结，例如在 GaAs 衬底上外延生长 AlGaAs，在 InP 衬底上外延生长 InGaAsP 等。与半导体同质结的区别在于异质结是由两

种带隙宽度不同的半导体材料组成,它具有许多普通同质 PN 结所没有的特性,常被用来改良半导体器件的性能。

异质结有同型异质结和异型异质结,这里用大写字母表示材料带隙更宽的材料。例如:nN 型表示两种带隙不一样的 N 型半导体构成的异质结,而 pN 型则表示由掺杂类型不一样的两种半导体构成的异质结,N 型半导体材料的带隙更宽。

图 5.9 给出了 pN 型异质结的能带结构图。图 5.9(a)是形成异质结之前两种半导体材料的能带结构。可以看到,两种材料的电子亲和能 χ_1 和 χ_2 不同,即电子真空能级到这两种半导体导带底的能量差不同,这是由材料本身的性质决定的。电子亲和能的不同决定了两种材料导带底能级不同,导带底能级差等于材料亲和能之差:

$$\Delta E_C = \chi_1 - \chi_2 \tag{5-26}$$

显然,价带顶能级差则是带隙宽度差与导带底能级差之和:

$$\Delta E_V = (\chi_1 + E_{g1}) - (\chi_2 + E_{g2}) = E_{g1} - E_{g2} + \Delta E_C \tag{5-27}$$

图中的费米能级 E_{F1} 和 E_{F2} 是由两种半导体中掺杂浓度决定的,到电子真空能级的差 ϕ 就是 5.1 节中讲到的功函数 W。

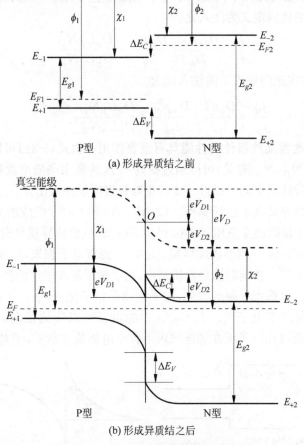

(a) 形成异质结之前

(b) 形成异质结之后

图 5.9　pN 型异质结的能带结构图

两种材料组合成异质结时,由于界面两边载流子浓度不同,电子从 N 区流向 P 区,空穴从 P 区流向 N 区,形成空间电荷区的 PN 结势垒,内建电场将费米能级拉平,形成共同的费米能级 E_F,如图 5.9(b) 所示。异质结区内建电场:

$$eV_D = E_{F2} - E_{F1} \tag{5-28}$$

由于内建电场的存在,异质结两侧的真空能级发生变化,变化量等于内建电场 eV_D。构成异质结的材料的亲和能 χ_1 和 χ_2 是常量,即异质结两侧真空能级到导带底的能量差不变,所以,导带底 E_C 随着真空能级的变化发生弯曲,同时材料的带隙亦为常量,所以价带顶 E_V 也同样发生弯曲。异质结两侧能带发生的弯曲量 eV_{D1} 和 eV_{D2} 取决于 O 点的位置,有

$$eV_D = eV_{D1} + eV_{D2} \tag{5-29}$$

与前面讲述的同质 PN 结相类似,O 点的位置由异质结两侧掺杂浓度计算出的空间电荷区比例确定的,能带的弯曲同样可以用两段抛物线描述。这里要注意,导带底的能带在界面出现间断,P 区导带出现峡谷,N 区导带出现尖峰,峰谷差等于导带底能级差。与同质 PN 结的分析相同,界面处结区的空间电荷区是载流子的耗尽区,载流子浓度接近本征载流子浓度,费米能级距离导带底和价带顶都比较远;随着离开界面的距离的增加,载流子浓度逐步趋向材料的掺杂浓度,P 区价带顶与 N 区导带底逐步接近 E_F。

式(5-22)给出了正向注入下同质结中电子电流和空穴电流形成的总电流。总电流中电子电流与空穴电流的比例定义为注入比:

$$\frac{j_n}{j_p} = \frac{D_n n_P^0}{L_n} \bigg/ \frac{D_p p_N^0}{L_p} = \frac{D_n L_p N_D}{D_p L_n N_A} \tag{5-30}$$

容易推导出,异质结在正向注入下的注入比为

$$\frac{j_n}{j_p} = \frac{D_n n_P^0}{L_n} \bigg/ \frac{D_p p_N^0}{L_p} = \frac{D_n L_p N_D}{D_p L_n N_A} e^{\frac{E_{gN} - E_{gP}}{k_B T}} \tag{5-31}$$

提高注入比对改善某些器件的性能具有重要作用。由式(5-31)可以看出,同质结中的注入比与掺杂浓度 N_D、N_A 有关,可以通过提高 N 区的施主杂质浓度提高注入比,而异质结中由于两种材料带隙的不同可以进一步以指数量级增加注入比。

有些异质结可以提高电子的迁移率。以 AlGaAs 和 GaAs 组成的异质结为例,如果在宽禁带的 AlGaAs 中掺以施主杂质,GaAs 材料不掺杂,在形成异质结时,电子将从 AlGaAs 转移到 GaAs,在 AlGaAs 一侧形成耗尽层,GaAs 一侧有电子积累,构成一种空间调制掺杂异质结,如图 5.10 所示。在调制掺杂异质结中,电子被限制在很窄的势阱中,真实空间的尺度只有 10nm 左右。在垂直界面的方向,电子运动是量子化的,平行界面的方向,电子运动是自由的,属于一种二维电子气。在 GaAs 中的电子可以形成很高的电子浓度,而由于 GaAs 是不掺杂的,所以在电子所在的区域内不含有电离施主杂质,于是实现了一种电子与

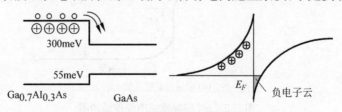

图 5.10　调制掺杂异质结

电离施主在空间上的分离,电子受电离杂质散射概率减弱,可以很大程度上提高电子的迁移率。

5.4　金属-半导体结

金属和半导体接触的界面也可以形成"结",1938 年,物理学家肖特基(Walter Schottly,1886—1976,德国)发展了一套理论,以解释金属-半导体结。金属和半导体表面轻触形成了最早的半导体器件——肖特基二极管,如图 5.11 所示。

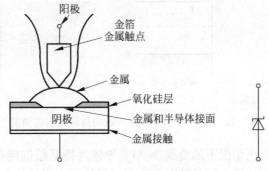

图 5.11　肖特基二极管

肖特基二极管不容易制作,且可靠性差。但是肖特基提出的分析金属-半导体结的理论,成为分析金属与半导体接触特性的重要基础。实际的 IC 电路有成百万、上亿个导线和有源器件的接触点,肖特基的关于分析金属-半导体结的理论对这些接触点的设计起到非常重要的作用。金属-半导体有三种不同的接触形式:

- 肖特基势垒(Schottky Barrier)(与 PN 结相似)
- 欧姆接触(Ohmic Contact)(与电阻相似)
- MOS 接触(Metal-Oxide-Semiconductor)

1. 肖特基势垒-肖特基结

不同材料的功函数不同,一般来讲金属的功函数大于半导体的功函数。表 5.1 给出几种典型的金属和半导体的功函数。

表 5.1　几种典型的金属和半导体的功函数

金属	Al	4.28
	Au	5.10
	Pt	5.56
半导体	Si	4.01
	Ge	4.13
	AsGa	4.07

图 5.12 给出了金属-N 型半导体接触时的能带图。图 5.12(a)的 ϕ_m、ϕ_s 分别是金属和半导体的功函数,半导体是 N 型掺杂,所以费米能级靠近导带底,高于金属的费米能级。图 5.12(b)是接触后的能带图。热平衡下,N 型半导体中的电子流向能量更低的金属,带正电荷的施主离子留下,形成一个空间电荷区(耗尽区),在金属一侧的肖特基势垒:

$$\phi_{B0} = (\phi_m - \chi) \tag{5-32}$$

该势垒阻止金属里的电子向半导体运动,而半导体一侧也形成势垒:

$$V_{bi} = (\phi_{B0} - \phi_n) \tag{5-33}$$

这个势垒则是阻止半导体中导带电子向金属运动。

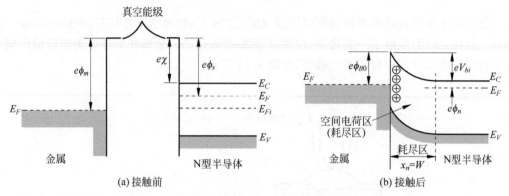

图 5.12   金属-N 型半导体形成的肖特基结的情况

图 5.13 给出外加偏压情况下的金属-N 型半导体肖特基结的能带结构。图 5.13(a)中是金属接负电压,半导体接正电压的情况。这时半导体到金属的势垒高度增加,金属的功函数 ϕ_{B0} 不变,电子从金属流向半导体需要越过势垒 ϕ_{B0};图 5.13(b)中是金属接正电压,半导体接负电压的情况。这时半导体到金属的势垒高度减小,电子很容易从半导体流向金属。

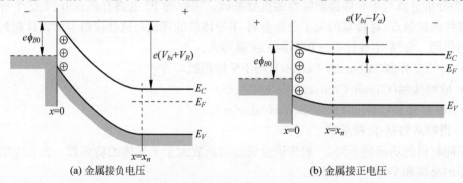

图 5.13   外加偏压情况下的金属-N 型半导体肖特基结

2. 欧姆接触

欧姆接触是指金属与半导体接触时,其接触面的电阻值远小于半导体本身的电阻,不产生明显的附加阻抗,而且不会使半导体内部的平衡载流子浓度发生显著的改变。

仍然以金属-N 型半导体接触为例。当金属的功函数小于半导体材料的功函数情况下(图 5.14),为了达到热平衡,电子从金属流向半导体,使得半导体更加趋向 N 型,在界面有电子电荷聚集。考虑外加偏压的情况,当金属加正压时,电子从半导体流向金属,半导体导带能量高于金属费米能级,不存在电子的势垒;当半导体加正压时,电子从金属流向半导体,存在一个小势垒 ϕ_n,对于重掺杂的 N 型,ϕ_n 很小,电子也很容易流向半导体,如图 5.15 所示。这两种情况下的接触电阻都很低,电流与电压成正比。

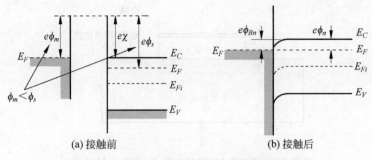

(a) 接触前　　　　　　(b) 接触后

图 5.14　金属-N 型半导体形成欧姆接触的情况

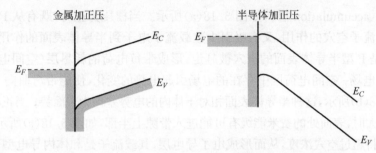

图 5.15　外加偏压时，金属-N 型半导体形成欧姆接触的情况

　　再来分析金属与 P 型半导体欧姆接触的情况。如图 5.16 所示，金属要与 P 型半导体形成欧姆接触，要求金属的功函数大于半导体材料的功函数。P 型半导体中有许多空穴，电子很容易从金属流向半导体，相当于空穴从半导体流向金属。同时，由于功函数的差，电子也容易从半导体流向金属，从而形成很好的欧姆接触。

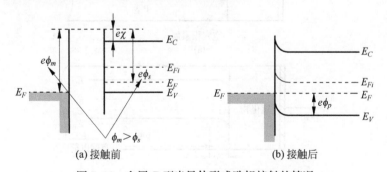

(a) 接触前　　　　　　(b) 接触后

图 5.16　金属-P 型半导体形成欧姆接触的情况

5.5　金属-绝缘体-半导体系统

　　图 5.17 所示金属-绝缘体-半导体系统称为 MIS（Metal-Insulator-Semiconductor）或 MOS（Metal-Oxide-Semiconductor），例如，硅-SiO_2-铝（铜）。更常用的情况下由具有高导电率的多晶硅替代金属作为导电层，虽然没有金属了，但仍沿用 MOS 一词。

　　MIS 或 MOS 结构的核心点在于形成半导体表面的"反型层"。以 P 型半导体衬底为例，当栅极加以负电压时，半导体内部的空穴将被吸引到半导体表面，使表面形成带正电荷

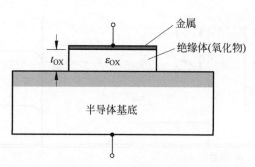

图 5.17 MIS 或 MOS 的金属-绝缘体-半导体系统

的空穴积累层(accumulation 层),如图 5.18(a)所示。当栅压为正时,既有从 P 型半导体表面排斥多数载流子空穴的作用,又有吸引少数载流子电子到半导体表面的作用。当正栅压较小时,主要是 P 型半导体表面的空穴被赶走,形成带负电荷的耗尽层(空间电荷区),可屏蔽栅压引起的电场;空间电荷区中存在的电场引起电势的变化,使能带弯曲向下,形成空穴势垒,如图 5.18(b)所示,这种半导体表面相对于体内的电势差称为表面势;当正栅压较大,表面势增强足够大时,表面处的费米能级有可能进入带隙上半部,如图 5.18(c)所示。这时在表面的电子浓度将超过空穴浓度,从而形成电子导电层,其载流子是和体内导电型号相反的,故称其为反型层。反型层中的电子实际上被限在表面附近能量最低的一个狭窄沟道区域,因此反型层有时也称为沟道。P 型半导体的表面反型层是由电子构成的,所以也称为 N 沟道。

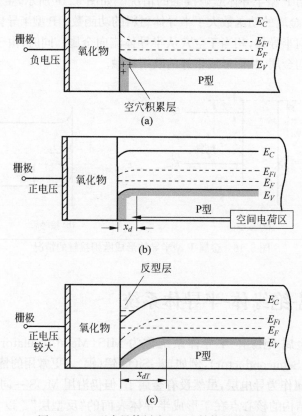

图 5.18 P 型半导体衬底 MOS 结构的能带图

图 5.19(a)给出了 N 型 MOS 场效应管的结构示意图。源区和漏区之间相当于两个背靠背的 PN 结,即便加电压,也只有很小的反向饱和电流;当栅极加以正偏压,超过阈值形成反型层(N 沟道)后,再在源极和漏极间加以电压,则会有较明显的电流产生。即通过控制栅极电压,可以控制源、漏之间的通断。注意,MOS 场效应管虽然有两个 PN 结,但仍是单极型器件,因为沟道中参加导电的主要是多数载流子电子,相比有电子和空穴两种载流子导电的双极型器件来说,更容易控制,热稳定性好,抗辐射能力强。根据多子的类型,可以分为 NMOS 和 PMOS。

图 5.19(b)是 CMOS(Complementary Metal Oxide Semiconductor)管的结构示意图,即在同个衬底上同时制作 P 沟道 MOS 晶体管和 N 沟道 MOS 晶体管。在集成电路中,用 P 沟道 MOS 管作为负载器件,N 沟道 MOS 管作为驱动器件。在制作中,必须将一种 MOS 晶体管制作在衬底上,而将另一种 MOS 晶体管制作在比衬底浓度高的“阱”中。CMOS 集成电路工艺根据阱的导电类型可以分为 P 阱工艺、N 阱工艺和双阱工艺。

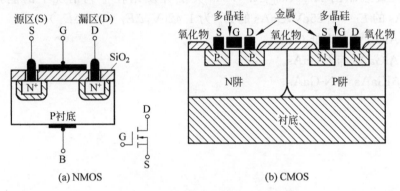

图 5.19　NMOS 和 CMOS 场效应管

习题

5.1　硅 PN 结中的 N 区施主杂质浓度 $1 \times 10^{17} \, \text{cm}^{-3}$,P 区的受主杂质浓度为 $1 \times 10^{16} \, \text{cm}^{-3}$,试估算室温下 PN 结的内建电势差。

5.2　硅 PN 结的掺杂曲线如图 5.20 所示,在室温零偏条件如下:

(1) 计算内建电势差 V_D;

(2) 画出平衡状态能带图。

提示:掺杂浓度不同的界面都可以形成结,本题有一个 PN 结,还有一个 NN 结,应该分别写出两个结的内建电势差。内建电势差由费米能级差决定。

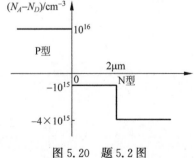

图 5.20　题 5.2 图

5.3　A、B 两种半导体材料形成理想异质结,A 为 P-Ge,B 为 N-GaAs,它们的基本常数为

$$E_{gA} = 0.67 \text{eV}, \quad E_{gB} = 1.43 \text{eV},$$

$$\chi_A = 4.13\text{eV}, \quad \chi_B = 4.06\text{eV}$$

$$\delta_A = (E_C - E_F)_A = 0.53\text{eV}$$

$$\delta_B = (E_C - E_F)_B = 0.1\text{eV}$$

求：(1) 此异质结构界面处的导带不连续量 ΔE_C、价带的不连续量 ΔE_V、接触电势差 V_D 分别为多少？

(2) 画出异质结的能带简图(画出带边变化趋势，标明 ΔE_C、ΔE_V、V_D)。

5.4 考虑 $T=300\text{K}$ 时的硅 PN 结二极管，参数如下：$N_D = 10^{18}\text{cm}^{-3}$，$N_A = 10^{16}\text{cm}^{-3}$；$D_n = 25\text{cm}^2/\text{s}$，$D_p = 25\text{cm}^2/\text{s}$；$\tau_{n0} = \tau_{p0} = 1\mu\text{s}$，横截面积 $A = 10^{-4}\text{cm}^2$，确定以下偏压下的理想二极管电流：

(1) 正偏 0.5V；

(2) 反偏 0.5V。

5.5 大致绘制出 $Al_{0.3}Ga_{0.7}As$-GaAs 突变异质结在下列情况下的能带图(假定 $Al_{0.3}Ga_{0.7}As$ 的 $E_g = 1.85\text{eV}$，GaAs 的 E_g 为 1.42eV，$\Delta E_C = 2/3\Delta E_g$)

(1) N-AlGaAs 与本征 GaAs。

(2) N-AlGaAs 与 P-GaAs。

(3) P-AlGaAs 与 N-GaAs。

第6章

固体的磁特性

磁性是物质的基本属性,不同物质的磁特性各不相同。物质放在不均匀的磁场中会受到磁力的作用。在相同的不均匀磁场中,不同物质所受到的磁力的作用不同,我们可以用单位质量的物质所受到的磁力方向和强度来确定物质磁性的强弱。磁性是一种极为普遍的现象,小至原子、原子核和电子,乃至更深的物质层次,大至地球、月亮和太阳等天体,都具有磁性。固体磁性涉及十分广泛的领域,磁性材料有着广泛的技术应用。

人类对磁的认识,可以追溯到公元前 6-7 世纪。中国古代的《管子》中记载了"山上有磁石者,山下有金铜";《吕氏春秋》中有对磁石吸铁特性的生动描述:"慈招铁,或引之也",将其喻为慈爱的父母对子女的吸引一样,所以称之为"磁"(慈)。由于自然界有天然的磁石,人们在注意到磁现象的同时很快将其应用在于实际生活中。战国时期就已经利用天然磁石来制作"司南之勺"——指南勺,东晋的《古今注》中也谈到"指南鱼"。1600 年,吉尔伯特(William Gilbert,1544—1603,英国)的著作《论磁、磁体和地球作为一个巨大的磁体》标志着人类对电磁现象系统研究的开始。在这部著作中,吉尔伯特总结了前人对磁的研究,周密地讨论了地磁的性质,记载了大量实验,使磁学变成了科学。到了 18 世纪,奥斯特(Hans C. Oersted,1777—1851,丹麦)发现了电流产生磁场的现象,19 世纪,法拉第(Michael Faraday,1791—1867,英国)发现了电磁感应现象,即在磁场中以某种方式运动的导体可以产生电流;法拉第提出了电力线和磁力线的概念,证实了电现象和磁现象的统一性。之后,1895 年居里(Pierre Curie,1859—1906,法国)提出了居里定律,1896 年塞曼(Pieter Zeeman,1865—1943,荷兰)发现了光谱在磁场中的分裂现象,并由此获得 1902 年的诺贝尔物理学奖。

进入 20 世纪之后,磁学逐步发展完善。1905 年,朗之万(Paul Langevin,1872—1946,法国)根据统计力学发展了顺磁性和抗磁性理论,提出顺磁性是由分子/原子固有磁矩按外磁场方向排列引起的,这一论点解释了居里定律,同时朗之万还提出抗磁性是由分子/原子的环形电流在外磁场中的响应造成的;1907 年,外斯(Pierre Weiss,1865—1940,法国)提出了分子场和磁畴的假说,以解释铁磁性,后来的研究证明,这个假设与固体中的电子自旋轨道相关;1921 年,斯特恩(Otto Stern,1888—1969,美国)和盖拉赫(Walther Gerlach,1889—1979,德国)完成了证明原子在磁场中取向量子化的著名实验,证实了原子自旋角动量的量子化,即为普朗克常量ℏ;古德斯密特(Samuel Goudsmit,1902—1978,荷兰)和乌伦贝克(George E. Uhlenbeck,1900—1988,荷兰)则在 1925 年发现了电子自旋角动量为 $\frac{\hbar}{2}$；
1928 年海森堡(Werner Heisenberg,1901—1976,德国)提出用量子力学解释分子场起源的海森堡模型,解释了铁磁体的外斯场；朗道(Lev D. Landau,1908—1968,俄罗斯)在 1930 年提出关于在强磁场中自由电子的朗道能级理论,并在 1935 年和栗弗席兹(Evgeny M. Lifshitz,1915—1985,俄罗斯)一起预言了磁畴的结构；1946 年布洛赫(Felix Bloch,1905—1983,瑞士)和普赛尔(Edward M. Purcell,1912—1997,美国)发明了核磁共振方法,以研究固体、液体、气体中的核子磁矩；1948 年奈尔(Louis E. F. Néel,1904—2000,法国)建立了亚铁磁性/反铁磁性理论,推动了铁磁性材料的研究。

在磁学领域有诸多成果获得了诺贝尔物理学奖,包括海森堡模型(1932 年获诺贝尔物理学奖)、亚铁磁理论(1970 年获诺贝尔物理学奖),此外,发现原子自旋量子数(即普朗克常数)的斯特恩获得 1945 年诺贝尔物理学奖,发明核磁共振方法的布洛赫和普赛尔获得 1952 年诺贝尔物理学奖。

物质的磁性是一个非常复杂的现象。在研究的过程中有不少理论、假设,形成磁学下的各个分支,其中包括磁学的一个重要分支,即研究基本粒子与电子自旋和原子自旋相互作用的自旋电子学。

本章内容扼要介绍固体磁特性的基本知识。

6.1 原子的磁性

固体是由大量原子组成的,固体的磁性本质上是由其构成原子的磁性决定的。原子又是由电子和原子核组成的,原子核的磁矩比电子磁矩小三个数量级,在考虑固体宏观磁性时可以忽略不计,故原子的磁性主要来自电子磁矩的贡献。

一个原子中往往包含多个电子,我们先来分析单个电子的情况。根据式(2-7)可知,描述单个电子在原子核库仑势场中运动的薛定谔方程中,哈密顿算符为

$$\hat{H}_i^{(0)} = \frac{\hat{p}_i^2}{2m} + V(r_i) \tag{6-1}$$

其中:

$$V(r_i) = \frac{e^2}{4\pi\varepsilon_0 r_i} \tag{6-2}$$

式中,r_i 为电子到原子核中心的距离,近似认为是原子半径。

多个电子的情况时,哈密顿算符可以写成

$$\hat{H} = \sum_i \hat{H}_i^{(0)} + \sum_{i<j} \frac{e^2}{4\pi\varepsilon_0 r_{ij}} + \sum_i \hat{H}_i^{SO} \tag{6-3}$$

式中第一项即为式(6-1)、式(6-2)描述的单电子哈密顿量,下角标 i 标示不同的电子；第二项表示电子之间的库仑相互作用,r_{ij} 表示第 i 个电子到第 j 个电子之间的距离；第三项称为自旋-轨道耦合项,来自原子核与电子相对运动所产生的磁场与电子自旋磁矩的相互作用,这种作用称为自旋-轨道相互作用。式(6-3)的哈密顿算符决定了原子的本征态以及对应的能量本征值(原子中电子的运动状态,即能级)。

在外磁场作用下,式(6-3)的哈密顿算符发生变化,即原子的能量本征值发生变化。设

变化量为 ΔE，定义 ΔE 对于外磁场的导数为原子的磁矩 μ_α：

$$\mu_\alpha = -\frac{\partial(\Delta E)}{\partial B_\alpha} \quad \alpha = x, y, z \tag{6-4}$$

磁矩也称为磁偶极矩，是描述载流线圈或微观粒子磁性的物理量。电子的磁矩包括由轨道磁矩和自旋磁矩构成的固有磁矩，以及在外磁场中产生的感生磁矩。

6.1.1 固有磁矩

固有磁矩包括轨道磁矩和自旋磁矩。

1. 轨道磁矩

轨道磁矩即为电子轨道运动产生的磁矩 μ_L。

首先不考虑电子的自旋，式(6-3)可以写成

$$\hat{H} = \sum_i \frac{1}{2m}\hat{p}_i^2 + V(r_1, r_2, \cdots) \tag{6-5}$$

式中第二项表示原子内部的势能函数，外部磁场只是改变动量 p。设外加恒定磁场 $\boldsymbol{B}_0$ 沿 z 方向，$\boldsymbol{B}_0 = (0, 0, B_0)$，则 p 的变化为 $p + eA$，其中，$\boldsymbol{A}$ 为朗道磁势矢(磁场的矢量势)。由下式定义：

$$\nabla \times \boldsymbol{A} = \boldsymbol{B}_0$$

故：

$$\boldsymbol{A} = \frac{1}{2}(-B_0 y, B_0 x, 0) \tag{6-6}$$

代入式(6-5)，可以得到在外加磁场时的哈密顿算符：

$$\hat{H} = \sum_i \frac{1}{2m}[\hat{p}_i + eA(r_i)]^2 + V(r_1, r_2, \cdots)$$

$$= \sum_i \frac{1}{2m}[\hat{p}_i^2 + 2eA(r_i)\hat{p}_i + e^2A^2(r_i)] + V(r_1, r_2, \cdots)$$

$$= \left[\sum_i \frac{1}{2m}\hat{p}_i^2 + V(r_1, r_2, \cdots)\right] + \frac{eB_0}{2m}\sum_i (x_i\hat{p}_{yi} - y_i\hat{p}_{xi}) + \frac{e^2B_0^2}{8m}\sum_i (x_i^2 + y_i^2) \tag{6-7}$$

式中的第二项中的 $\sum_i (x_i\hat{p}_{yi} - y_i\hat{p}_{xi})$ 是原子总的电子轨道角动量 $\boldsymbol{L}$ 在 z 方向分量 L_z 的算符，记为 $\hat{L}_z$。我们知道，轨道角动量 $\boldsymbol{L}$ 的本征值为 $\hbar$ 的整数倍：

$$\hat{L}\psi = L\psi = l\hbar\psi \tag{6-8}$$

l 是轨道角动量量子数。轨道角动量在 z 方向分量 L_z 的本征值也是 $\hbar$ 的整数倍，即

$$\hat{L}_z\psi = L_z\psi = M_L\hbar\psi \tag{6-9}$$

式中，M_L 是轨道角动量在 z 方向分量的量子数，也称为磁量子数，不同的 M_L 表示角动量空间量子化的不同取向，在 z 方向上的投影分量不同；显然有

$$|M_L| \leqslant |l| \tag{6-10}$$

即对于轨道角动量量子数 l 的本征态，其磁量子数 M_L 有 $(2l+1)$ 个取值：

$$M_L = l, l-1, \cdots, 0, \cdots, -l \tag{6-11}$$

在没有外加磁场时，能量本征值与角动量的空间取向无关，即不同磁量子数 M_L 对应的本

征态具有同样的能量,轨道角动量量子数 l 的本征态是 $(2l+1)$ 重简并的。

对比式(6-5)和式(6-7)可知,外加恒定磁场 $\boldsymbol{B}_0$ 引起哈密顿量的变化为

$$\Delta \hat{H} = \frac{eB_0}{2m}\hat{L}_z + \frac{e^2 B_0^2}{8m}\sum_i (x_i^2 + y_i^2) \tag{6-12}$$

即哈密顿量的变化量与原子在磁场方向(z 方向)上的角动量分量相关。对于轨道角动量量子数为 l,磁量子数为 M_L 的态,能量本征值的变化为

$$\begin{aligned}\Delta E &= \langle \psi_{l,M_L} \mid \Delta \hat{H} \mid \psi_{l,M_L} \rangle \\ &= \frac{eB_0}{2m}M_L\,\hbar + \frac{e^2 B_0^2}{8m}\sum_i \overline{(x_i^2 + y_i^2)}\end{aligned} \tag{6-13}$$

可以看到,在外磁场下不同磁量子数 M_L 的态具有不同的能量变化,$(2l+1)$ 重能量简并态发生分裂,这个分裂称为塞曼分裂;式(6-13)中的第一项称为取向能。

根据式(6-4)可得原子在 z 方向上的磁矩为

$$\mu_z = -\frac{\partial(\Delta E)}{\partial B_z} = -\frac{e}{2m}M_L\,\hbar - \frac{e^2 B_0}{4m}\sum_i \overline{(x_i^2 + y_i^2)} \tag{6-14}$$

式中第一项即称为轨道磁矩,与外加磁场无关,即为原子的固有磁矩,对于确定的轨道角动量量子数 l,任意方向上的磁量子数 M_L 的取值范围都是一样的,故写成

$$\mu_L = -\frac{e}{2m}M_L\,\hbar \tag{6-15}$$

或

$$\boldsymbol{\mu}_L = -\frac{e}{2m}\boldsymbol{L} \tag{6-16}$$

轨道磁矩与轨道角动量的比值 $-\dfrac{e}{2m}$ 称为电子轨道运动的磁旋比。这里的负号表明了磁矩的方向与轨道角动量分量的方向相反。

定义玻尔磁子:

$$\mu_B = \frac{e\,\hbar}{2m} = 9.27 \times 10^{-24} J/T \tag{6-17}$$

相当于轨道角动量分量为一个量子单位 $\hbar(M_L = 1)$ 时的磁矩。用玻尔磁子表示轨道磁矩则有

$$\mu_L = -M_L\mu_B \tag{6-18}$$

式中的负号也是表明轨道磁矩的方向与轨道角动量分量的方向相反。

2. 自旋磁矩

电子的自旋运动也同样会产生磁矩,只是这时的磁旋比是轨道运动的 2 倍,即自旋磁矩 $\boldsymbol{\mu}_S$ 为:

$$\boldsymbol{\mu}_S = -\frac{e}{m}\boldsymbol{S} \tag{6-19}$$

式中,$\boldsymbol{S}$ 为总的自旋角动量,其本征值 S 也是 $\hbar$ 的整数倍:

$$S = s\,\hbar \tag{6-20}$$

式中,s 为自旋量子数,自旋磁矩也可用玻尔磁子 μ_B 表示:

$$\mu_S = -2s\mu_B \tag{6-21}$$

考虑自旋磁矩与外磁场的作用,式(6-12)所示哈密顿量的变化量需加上一项:

$$\Delta \hat{H} = \frac{eB_0}{2m}\hat{L}_z + \frac{eB_0}{m}\hat{S}_z + \frac{e^2 B_0^2}{8m}\sum_i (x_i^2 + y_i^2)$$

$$= \frac{eB_0}{2m}(\hat{L}_z + 2\hat{S}_z) + \frac{e^2 B_0^2}{8m}\sum_i (x_i^2 + y_i^2) \tag{6-22}$$

相应地,式(6-13)和式(6-14)变为

$$\Delta E = \frac{eB_0}{2m}(L_z + 2S_z) + \frac{e^2 B_0^2}{8m}\sum_i \overline{(x_i^2 + y_i^2)} \tag{6-23}$$

$$\mu_z = -\frac{\partial(\Delta E)}{\partial B_z} = -\frac{e}{2m}(L_z + 2S_z) - \frac{e^2 B_0}{4m}\sum_i \overline{(x_i^2 + y_i^2)} \tag{6-24}$$

式(6-23)中的第一项亦称为取向能,由此得到式(6-24)的第一项只与轨道角动量和自旋角动量相关,与外加磁场无关,是原子的固有磁矩(包括轨道和自旋):

$$(\mu_J)_z = -\frac{e}{2m}(L_z + 2S_z) \tag{6-25}$$

3. 固有磁矩的经典解释

原子的磁性也可以从经典物理的角度理解。电子绕原子核作圆轨道运转和本身的自旋运动都会产生"电磁涡旋"从而形成磁性,如图 6.1 所示。

我们知道,平面载流线圈的磁矩定义为

$$\boldsymbol{\mu} = IS\hat{n} \tag{6-26}$$

式中,I 为电流强度,S 为线圈面积,$\hat{n}$ 为与电流方向成右手螺旋关系的单位矢量。

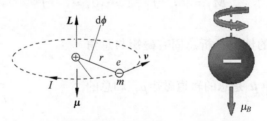

图 6.1 轨道磁矩和自旋磁矩经典物理的解释

电子轨道运动即电子绕原子核旋转,如同一个环形电流,产生的磁矩 $\mu_L =$ 环形电流 $\times$ 环形面积。环形电流是单位时间通过环形导线某截面的电荷量,这里可以用一个电子的电量 e 与电子轨道运动旋转一周的时间 T 的比值来表示:

$$I = -\frac{e}{T} \tag{6-27}$$

环形的面积可以表示成

$$S = \int_0^{2\pi} \frac{1}{2} rr\mathrm{d}\phi = \int_0^T \frac{1}{2}r^2 \frac{\mathrm{d}\phi}{\mathrm{d}t}\mathrm{d}t$$

$$= \int_0^T \frac{1}{2m}mrv\mathrm{d}t = \int_0^T \frac{1}{2m}L\,\mathrm{d}t = \frac{T}{2m}L \tag{6-28}$$

其中，L 为轨道角动量。代入式(6-26)，即可得式(6-16)所示的轨道磁矩：

$$\boldsymbol{\mu}_L = -\frac{e}{2m}\boldsymbol{L}$$

同理亦可推导出式(6-19)所示的自旋磁矩 $\boldsymbol{\mu}_S$。

4. 固有磁矩与总角动量的关系

原子中电子的总角动量 $\boldsymbol{J}$ 是所有电子轨道角动量和自旋角动量的合成。这里有两种合成方法。一种合成方法是先将各电子的轨道角动量和自旋角动量各自合成为总的轨道角动量和总的自旋角动量，再合成电子的总角动量，称为 L-S 耦合，即

$$\boldsymbol{J} = \sum_i \boldsymbol{L}_i + \sum_i \boldsymbol{S}_i = \boldsymbol{L} + \boldsymbol{S} \tag{6-29}$$

另一种合成方法是先将每一电子的轨道角动量和自旋角动量合成为一个电子的总角动量，再由各个电子的总角动量合成原子的总角动量，称为 J-J 耦合，可以写成

$$\boldsymbol{J} = \sum_i (\boldsymbol{L}_i + \boldsymbol{S}_i) \tag{6-30}$$

L-S 耦合适合于电子之间的轨道-轨道、自旋-自旋耦合较强的原子，一般对应原子序数不太大的原子；而 J-J 耦合则适用于同一电子的轨道-自旋耦合较强的原子，一般对应原子序数大于 80 的情况。

与前面分析轨道角动量的式(6-9)类似，总角动量在磁场方向分量的本征值为 $M_J \hbar$，M_J 是总角动量相应的磁量子数，不同的 M_J 表示总角动量空间量子化的不同取向，在磁场方向上的投影分量不同；对于量子数为 J 的总角动量，同样有

$$|M_J| \leqslant |J| \tag{6-31}$$

即

$$M_J = J, \quad J-1, \cdots, 0, \cdots, -J \tag{6-32}$$

共有 $2J+1$ 个取值。

这里就 L-S 耦合的情况分析总固有磁矩与总角动量的关系。

原子的总固有磁矩 $\boldsymbol{\mu}$ 是总的轨道磁矩 $\boldsymbol{\mu}_L$ 和总的自旋磁矩 $\boldsymbol{\mu}_S$ 之和：

$$\boldsymbol{\mu} = \boldsymbol{\mu}_L + \boldsymbol{\mu}_S \tag{6-33}$$

由于轨道运动和自旋运动的磁旋比不同，原子的总固有磁矩 $\boldsymbol{\mu}$ 与总角动量 $\boldsymbol{J}$ 之间存在夹角 θ，这使得 $\boldsymbol{\mu}$ 绕着 $\boldsymbol{J}$ 进动(图 6.2)；由于进动的频率通常很高，只有沿 $\boldsymbol{J}$ 的分量 $\boldsymbol{\mu}_J$ 可观测到。

根据余弦定理，图 6.2 中所示各个角动量之间有如下关系：

$$S^2 = J^2 + L^2 - 2JL\cos\phi_1 \tag{6-34}$$

$$L^2 = J^2 + S^2 - 2JS\cos\phi_2 \tag{6-35}$$

式中，J、L、S 为总角动量、总轨道角动量、总自旋角动量的本征值。

同时：

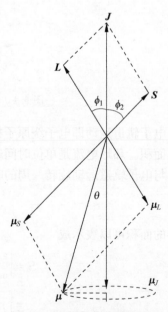

图 6.2 磁矩与角动量的关系

$$\mu_J = \mu_L \cos\phi_1 + \mu_S \cos\phi_2 \tag{6-36}$$

将式(6-16)和式(6-19)代入上式,有

$$\mu_J = -\frac{e}{2m}(L\cos\phi_1 + 2S\cos\phi_2) \tag{6-37}$$

由式(6-34)和式(6-35)导出 $\cos\phi_1$、$\cos\phi_2$ 的表达式代入式(6-37),可得

$$\mu_J = -\frac{e}{2m}\left(1 + \frac{J^2 + S^2 - L^2}{2J^2}\right)J \tag{6-38}$$

J^2、S^2、L^2 分别表示各个角动量平方算符的本征值。令

$$g_J = 1 + \frac{J^2 + S^2 - L^2}{2J^2} \tag{6-39}$$

由角动量平方算符的本征值可知

$$g_J = 1 + \frac{J(J+1) + s(s+1) - l(l+1)}{2J(J+1)} \tag{6-40}$$

则式(6-38)可写成

$$\boldsymbol{\mu}_J = -g_J \frac{e}{2m}\boldsymbol{J} \tag{6-41}$$

亦可写成

$$\boldsymbol{\mu}_J = -g_J \frac{e}{2m}M_J \hbar = -g_J M_J \boldsymbol{\mu}_B \tag{6-42}$$

g_J 称为朗道因子。由式(6-40)可以看出,当自旋轨道角动量 S 为 0 时,总角动量 J 等于总轨道角动量 L,所以 $g_J = 1$,这时固有磁矩完全由轨道运动产生的;而当轨道角动量 L 为 0 时,总角动量 J 等于总自旋角动量 S,故 $g_J = 2$,这时的固有磁矩则完全由电子的自旋运动产生的。实际 g_J 可以由实验精确测定,如果测得的 g_J 接近 1,表明原子固有磁矩主要是由轨道磁矩贡献的,如果测得的 g_J 接近 2,表明原子固有磁矩主要是由自旋磁矩贡献的。

6.1.2 感生磁矩

式(6-14)和式(6-24)中的最后一项为感生磁矩,它依赖于外加磁场 $\boldsymbol{B}_0$:

$$(\boldsymbol{\mu})_{z感生} = -\frac{e^2}{4m}\sum_i \overline{(x_i^2 + y_i^2)}(\boldsymbol{B}_0)_z \tag{6-43}$$

负号表明感生磁矩与磁场的方向相反。设原子半径为 r,对于球对称的电子云分布,有

$$\overline{x^2} = \overline{y^2} = \overline{z^2} = \frac{1}{3}\overline{r^2} \tag{6-44}$$

代入式(6-43),可得感生磁矩:

$$(\boldsymbol{\mu})_{z感生} = -\frac{e^2}{6m}\sum_i \overline{r_i^2}(\boldsymbol{B}_0)_z \tag{6-45}$$

式(6-45)描述的感生磁矩亦可通过经典力学推导出来。根据经典力学,一个做旋转运动的电子放在磁场中,有如在重力场中的旋转陀螺,将产生进动运动。产生进动的原因是外力矩使得角动量发生变化。如图 6.3 所示,设一个以角速度 ω 旋转的陀螺,角动量为 $\boldsymbol{L}$,重力场产生的力矩 $\boldsymbol{M}$ 为

$$\boldsymbol{M} = \boldsymbol{r} \times \boldsymbol{F} \tag{6-46}$$

力矩 M 使得角动量发生变化：

$$\mathrm{d}L = M\mathrm{d}t \tag{6-47}$$

于是产生了进动。

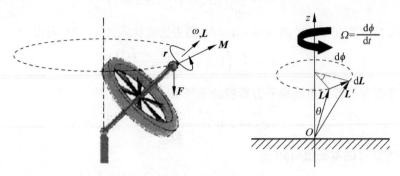

图 6.3   进动

外磁场对具有固有磁矩的原子产生磁力矩为

$$M = \mu_J \times B_0 \tag{6-48}$$

该磁力矩使得轨道角动量 L 发生变化，

$$\frac{\mathrm{d}L}{\mathrm{d}t} = \mu_J \times B_0 \tag{6-49}$$

L 的末端产生一个角速度为 Ω 的圆周运动，这个圆周运动称为拉莫(Joseph Larmor，1857—1942，爱尔兰)进动，如图 6.4 所示。从图 6.3 可知

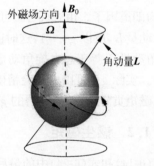

$$\frac{\mathrm{d}L}{\mathrm{d}t} = \frac{r\mathrm{d}\phi}{\mathrm{d}t} = r\Omega = J\Omega\sin\theta \tag{6-50}$$

即

$$\frac{\mathrm{d}L}{\mathrm{d}t} = \Omega \times L \tag{6-51}$$

式(6-49)与式(6-51)等号右边相等：

$$\mu_J \times B_0 = \Omega \times L \tag{6-52}$$

图 6.4   原子在外磁场中的拉莫进动

将固有磁矩的表达式(6-41)代入，可得拉莫进动的角频率：

$$\Omega = \frac{eB_0}{2m} \tag{6-53}$$

拉莫进动产生的感生电流：

$$i = -\frac{e\Omega}{2\pi} = -\frac{eB_0}{4\pi m} \tag{6-54}$$

设拉莫进动的半径即为 $\overline{r}^2 = \overline{(x_i^2 + y_i^2)}$，则感生电流的环绕面积为

$$S = \frac{2\pi}{3}\overline{r}^2 \tag{6-55}$$

由式(6-26)可知感生磁矩为

$$\mu_{感生} = -\frac{e^2\overline{r}^2}{6m}B_0 \tag{6-56}$$

对于多电子原子,则得到式(6-45)所示的感生磁矩:

$$\boldsymbol{\mu}_{感生} = -\frac{e^2}{6m}\sum_i \overline{r_i^2}\boldsymbol{B}_0$$

可见,拉莫进动是在电子轨道运动之上的附加运动。这个附加运动引起附加电流产生相应的磁矩即为感生磁矩,由于进动按右手螺旋绕 $\boldsymbol{B}_0$ 进行,而且电子具有负电荷,因而根据式(6-26)可知,产生的感生磁矩方向与外加磁场方向相反。

6.2 固体的磁性

孤立原子的磁矩决定于原子的结构。晶体中电子的共有化运动会使得组成晶体的各个原子的磁矩部分抵消,未被抵消掉的原子磁矩的排布方式决定了单位体积中晶体的总磁矩 $\boldsymbol{M}$:

$$\boldsymbol{M} = \lim_{\Delta V \to 0} \frac{\sum \boldsymbol{\mu}}{\Delta V} = N_0 \boldsymbol{\mu} \tag{6-57}$$

N_0 为固态物质中所包含的原子数,$\boldsymbol{\mu}$ 为每个原子的磁矩。如前所述,原子核比电子重 2000 倍左右,其运动速度仅为电子速度的几千分之一,故原子核的磁矩仅为电子的千分之几,可以忽略不计。

磁化是指使材料的磁矩在外磁场中发生变化的过程。物质的磁性是以磁化率来描写的,磁化率定义:

$$\chi = \boldsymbol{M}/\boldsymbol{H} = \mu_0 \boldsymbol{M}/\boldsymbol{B}_0 \tag{6-58}$$

式中,$\boldsymbol{M}$ 是在外磁场 $\boldsymbol{B}_0(\mu_0\boldsymbol{H})$ 作用下单位体积中的总磁矩,除了固有磁矩外,还包括感生磁矩。$\boldsymbol{M}$ 又会产生磁感应强度:

$$\boldsymbol{B} = \mu_0\boldsymbol{H} + \kappa\mu_0\boldsymbol{M} \tag{6-59}$$

外磁场 $\boldsymbol{H}$ 撤掉后材料中的磁感应强度 $\boldsymbol{B}$ 由 $\boldsymbol{M}$ 的状态决定。不同的固态材料在外磁场中磁化产生的 $\boldsymbol{M}$ 不同,外磁场撤掉后 $\boldsymbol{M}$ 的变化状况也不尽相同,据此可将物质的磁性分为抗磁性、顺磁性、铁磁性等不同的类别。具有微弱顺磁性或抗磁性的固体,是由饱和结构的原子实和载流子构成,称为一般的固体;具有铁磁性的材料则往往是由 d 壳层不满的过渡族元素或 f 壳层不满的稀土族元素构成的,它们的原子中有未被填满的电子壳层,其电子的自旋磁矩未被抵消,所以原子具有"永久磁矩"。这类物质也称为包含有"顺磁离子"的固体。

6.2.1 抗磁性与顺磁性

磁化率 χ 为正的物质称为顺磁物质,即外磁场使物质产生与之方向相同的磁感应强度;而磁化率 χ 为负的物质则称为抗磁物质,这时外磁场使物质产生与之方向相反的磁感应强度。

首先,所有物质都含有做轨道运动的电子,外磁场的作用使电子轨道改变,感生一个与外磁场方向相反的磁矩(感生磁矩),只要有外磁场存在,感生磁场就会存在,由量子理论和经典力学的拉莫进动模型推导出的式(6-43)可知,感生磁矩与外磁场方向相反,所以一切物质都含有抗磁性(图 6.5)。

另一方面,考虑到与周围环境(晶格或邻近的磁矩)之间存在着能量的交换,电子轨道角

动量绕着外磁场的拉莫进动会受到阻力,进动的
幅角会逐渐减小。当轨道磁矩的方向接近外加磁
场方向时,进动和轨道运动的方向相反,使得轨道
能量降低,即式(6-23)中第一项的取向能为负值;
反之,如果轨道磁矩方向与外磁场反向时,进动和
轨道运动的方向相同,则轨道动能增加,取向能为
正值。即磁矩的取向越接近外磁场,能量越低,如
图 6.6、图 6.7 所示,拉莫进动在失去能量幅角逐
渐减小的过程中,轨道磁矩趋向与外磁场相同的

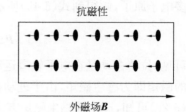

图 6.5　物质磁化的抗磁性是因为在外
磁场中产生了感生磁矩

方向排列,产生与外磁场方向相同的磁感应强度,即体现出物质的顺磁性。上面描述了固有
磁矩中电子轨道磁矩在外磁场中取向产生的顺磁性,对于含有自旋磁矩的固有磁矩,可做同
样的分析。

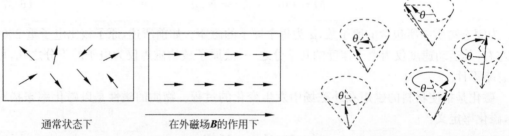

图 6.6　原子的固有磁矩在外磁场作用下,趋向外　　　图 6.7　固有磁矩绕着外磁场进动的幅角
　　　　磁场的方向,体现出物质顺磁性　　　　　　　　　　　会逐渐减小,最终趋近磁场方向

具体材料的磁性,要综合考虑感生磁矩产生的抗磁性和固有磁矩取向产生的顺磁性。

1. 抗磁性

显而易见,没有固有磁矩的材料不存在磁矩趋向于外磁场取向的现象,只体现出由于感
生磁矩产生的抗磁性。这些材料往往具有饱和电子结构的电子层被填满,各电子轨道角动
量和自旋角动量互相抵消,显示不出固有磁矩(固有磁矩为零),或表述成不存在永久磁矩。
例如具有惰性气体结构的离子晶体以及靠电子配对而成的共价晶体,都形成饱和电子结构,
金属的内层电子和半导体的基本电子结构(只有满带和空带,没有载流子和杂质缺陷)一般
也是饱和电子结构。抗磁性物质的抗磁性一般很微弱,磁化率一般约 10^{-5},为负值。

设单位体积有 N 个原子,每个原子有 Z 个电子,将式(6-45)给出的感生磁矩代入式(6-57)
和式(6-58),可得抗磁磁化率为

$$\chi = -\frac{\mu_0 e^2}{6m} N \sum_i^Z \bar{r}_i^2 \tag{6-60}$$

可以看到,抗磁磁化率随着原子中电子数(原子序数)的增加而增加。

2. 顺磁性

磁化率 χ 为正的物质称为顺磁性物质,外磁场使物体产生与其方向一致的磁感应强
度。顺磁性物质都是由具有固有磁矩的原子构成的。不论外加磁场是否存在,这类物质原
子内部都存在永久磁矩。但在无外加磁场时,由于顺磁性物质的原子做无规则的热振动,原

子的固有磁矩是无序排列的,宏观看来,没有磁性。

在有外加磁场时,固有磁矩将围绕外加磁场作进动,产生来自感生磁矩的抗磁性。如前面分析的那样,固有磁矩在外磁场作用下最终趋近磁场方向——平行于磁场方向排列,稳定时显示出顺磁性,磁化率 χ 为正值,磁化强度与外磁场方向一致。此时电子轨道角动量方向与磁场方向反平行,进动与轨道运动的方向相反,能量降低。

由于所有的物质都含有做轨道运动的电子,因而只要外加磁场存在,感生磁场就会存在,所以一切物质都是有抗磁性。也就是说,具有固有磁矩的物质也会有抗磁性,只是由于固有磁矩取向产生的顺磁性大于抗磁性,从而使抗磁性显示不出来。

固体的顺磁性服从居里提出的经验定律:

$$\chi = \frac{C}{T} \tag{6-61}$$

式中,C 为与材料相关的常数。随温度升高,磁化率减小,这是热运动影响磁矩按磁场方向排列的结果。假设原子间无互作用,没有外磁场时,热运动使得原子的磁矩取向混乱,宏观上不显示磁性。但当有外磁场作用时,各原子磁矩趋向磁场方向排列的概率大些,使得磁矩在磁场方向的平均值不为零,显示出宏观磁性;由于温度升高,使磁矩按磁场方向排列的概率变小,导致磁化率减小。

顺磁性物质的磁化率一般也不大,室温下约为 10^{-5},取正值。一般含有奇数个电子的原子或分子,电子未填满壳层的原子或离子,如过渡元素、稀土元素、镧系元素,还有铝铂等金属,都属于顺磁性物质,如图 6.8 所示。

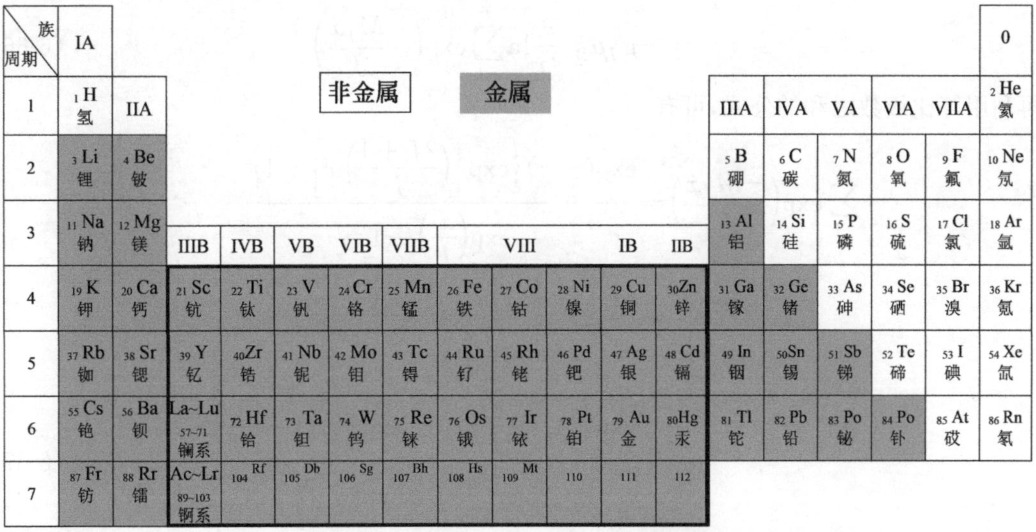

族 周期	IA																		0
1	₁H 氢	IIA			非金属		金属							IIIA	IVA	VA	VIA	VIIA	₂He 氦
2	₃Li 锂	₄Be 铍												₅B 硼	₆C 碳	₇N 氮	₈O 氧	₉F 氟	₁₀Ne 氖
3	₁₁Na 钠	₁₂Mg 镁	IIIB	IVB	VB	VIB	VIIB		VIII		IB	IIB		₁₃Al 铝	₁₄Si 硅	₁₅P 磷	₁₆S 硫	₁₇Cl 氯	₁₈Ar 氩
4	₁₉K 钾	₂₀Ca 钙	₂₁Sc 钪	₂₂Ti 钛	₂₃V 钒	₂₄Cr 铬	₂₅Mn 锰	₂₆Fe 铁	₂₇Co 钴	₂₈Ni 镍	₂₉Cu 铜	₃₀Zn 锌		₃₁Ga 镓	₃₂Ge 锗	₃₃As 砷	₃₄Se 硒	₃₅Br 溴	₃₆Kr 氪
5	₃₇Rb 铷	₃₈Sr 锶	₃₉Y 钇	₄₀Zr 锆	₄₁Nb 铌	₄₂Mo 钼	₄₃Tc 锝	₄₄Ru 钌	₄₅Rh 铑	₄₆Pd 钯	₄₇Ag 银	₄₈Cd 镉		₄₉In 铟	₅₀Sn 锡	₅₁Sb 锑	₅₂Te 碲	₅₃I 碘	₅₄Xe 氙
6	₅₅Cs 铯	₅₆Ba 钡	La~Lu ₅₇₋₇₁ 镧系	₇₂Hf 铪	₇₃Ta 钽	₇₄W 钨	₇₅Re 铼	₇₆Os 锇	₇₇Ir 铱	₇₈Pt 铂	₇₉Au 金	₈₀Hg 汞		₈₁Tl 铊	₈₂Pb 铅	₈₃Po 铋	₈₄Po 钋	₈₅At 砹	₈₆Rn 氡
7	₈₇Fr 钫	₈₈Rr 镭	Ac~Lr ₈₉₋₁₀₃ 锕系	₁₀₄Rf	₁₀₅Db	₁₀₆Sg	₁₀₇Bh	₁₀₈Hs	₁₀₉Mt	110	111	112							

图 6.8　红框中的元素构成顺磁性物质

为说明顺磁性的规律,朗之万首先提出了自由磁矩取向的统计理论,后来又产生了量子理论。按照经典理论,磁矩在磁场中可以任意取向,而按照量子理论,磁矩取向是量子化的,这是两者的主要区别。但在一般情况下,量子理论和经典理论得到相似的结果。

由式(6-42)可知

$$\boldsymbol{\mu}_J = -g_J M_J \boldsymbol{\mu}_B$$

$\boldsymbol{\mu}_J$ 的模为

$$\mu_J = g_J \sqrt{J(J+1)} \mu_B \tag{6-62}$$

磁矩 $\boldsymbol{\mu}_J$ 在磁场中的势能为

$$W = -\boldsymbol{\mu}_J \cdot \boldsymbol{H} = g_J M_J \mu_B \boldsymbol{H} \tag{6-63}$$

如式(6-32)所示，M_J 有 $2J+1$ 个取值，故势能 W 也是量子化的，有 $2J+1$ 个能量的取值。不同磁矩取向的统计平均就是对这 $2J+1$ 个能量的统计平均。这里采用玻尔兹曼统计，则平均磁矩：

$$\bar{\boldsymbol{\mu}}_J = \frac{\sum\limits_{-J}^{J} \boldsymbol{\mu}_J \exp\left(\frac{-W}{k_B T}\right)}{\sum\limits_{-J}^{J} \exp\left(\frac{-W}{k_B T}\right)} = \frac{\sum\limits_{-J}^{J} (-g_J M_J \boldsymbol{\mu}_B) \exp\left(\frac{-g_J M_J \mu_B \boldsymbol{H}}{k_B T}\right)}{\sum\limits_{-J}^{J} \exp\left(\frac{-g_J M_J \mu_B \boldsymbol{H}}{k_B T}\right)} \tag{6-64}$$

令

$$x = \frac{J g_J \boldsymbol{\mu}_B \boldsymbol{H}}{k_B T} \tag{6-65}$$

式(6-64)化简为

$$\bar{\boldsymbol{\mu}}_J = -g_J \boldsymbol{\mu}_B \frac{\sum\limits_{-J}^{J} M_J \exp\left(-\frac{M_J x}{J}\right)}{\sum\limits_{-J}^{J} \exp\left(-\frac{M_J x}{J}\right)}$$

$$= -g_J \boldsymbol{\mu}_B \frac{\partial}{\partial x} \ln \sum\limits_{-J}^{J} \exp\left(-\frac{M_J x}{J}\right) \tag{6-66}$$

再利用等比级数之和的公式，可有

$$\sum\limits_{-J}^{J} \exp\left(\frac{-M_J x}{J}\right) = \frac{\exp(-x)\left\{\exp\left[\left(\frac{2J+1}{J}\right)x\right] - 1\right\}}{\exp\left(\frac{x}{J}\right) - 1}$$

$$= \frac{\exp[(J+1)x] - \exp(-Jx)}{\exp\left(\frac{x}{J}\right) - 1}$$

$$= \frac{\exp\left[\left(1+\frac{1}{2J}\right)x\right] - \exp\left[-\left(1+\frac{1}{2J}\right)x\right]}{\exp\left(\frac{x}{2J}\right) - \exp\left(-\frac{x}{2J}\right)} \tag{6-67}$$

所以：

$$\ln \sum\limits_{-J}^{J} \exp\left(-\frac{M_J x}{J}\right) = \ln\left\{\exp\left[\left(\frac{2J+1}{2J}\right)x\right] - \exp\left[-\left(\frac{2J+1}{2J}\right)x\right]\right\} -$$

$$\ln\left[\exp\left(\frac{x}{2J}\right) - \exp\left(-\frac{x}{2J}\right)\right] \tag{6-68}$$

$$\frac{\partial}{\partial x} \ln \sum\limits_{-J}^{J} \exp\left(-\frac{M_J x}{J}\right) = \frac{2J+1}{2J} \coth\left[\frac{2J+1}{2J}x\right] - \frac{1}{2J}\coth\left(\frac{x}{2J}\right) = B_J(x) \tag{6-69}$$

$B_J(x)$ 称为布里渊函数,所以有

$$\bar{\boldsymbol{\mu}}_J = g_J \boldsymbol{\mu}_B J B_J(x) \tag{6-70}$$

对于磁场不太强或温度较高的情况,有 $x \ll 1$,利用 $\coth(x) = \dfrac{1}{x} + \dfrac{x}{3}$,可将 $B_J(x)$ 展开成幂

级数并保留最低项,得到

$$B_J(x) \approx \frac{1}{3}\left(1 + \frac{1}{2J}\right)^2 x - \frac{1}{3}\left(\frac{1}{2J}\right)^2 x \tag{6-71}$$

将式(6-71)代入式(6-70),得到

$$\begin{aligned}
\bar{\boldsymbol{\mu}}_J &= \frac{g_J \boldsymbol{\mu}_B J}{3}\left[\left(\frac{2J+1}{2J}\right)^2 - \left(\frac{1}{2J}\right)^2\right] x \\
&= g_J \frac{\boldsymbol{\mu}_B J}{3}\left[\frac{J+1}{J}\right] x \\
&= g_J J(J+1) \frac{g_J \mu_B^2 \boldsymbol{H}}{3 k_B T} \\
&= \frac{\mu_J^2 \boldsymbol{H}}{3 k_B T}
\end{aligned} \tag{6-72}$$

若单位体积有 N 个原子,则

$$\boldsymbol{M} = N\bar{\boldsymbol{\mu}}_J = \frac{N \mu_J^2 \boldsymbol{H}}{3 k_B T} \tag{6-73}$$

于是:

$$\chi = \frac{\mu_0 N \mu_J^2}{3 k_B T} \tag{6-74}$$

式(6-61)比较可知,居里定律中的 C 为

$$C = \frac{\mu_0 N \mu_J^2}{3 k_B} \tag{6-75}$$

　　金属中的传导电子具有顺磁性,但传导电子的顺磁性不服从居里定律,它的磁化率与温度无关。如图 6.9(a)所示,在没有外磁场时,两种自旋的电子能量分布对称,它们的电子数相等,因而总磁矩为零。在有外加磁场 B_0 的情况下,平行和反平行的自旋磁矩在磁场中具有不同的取向能,$-\mu_B B_0$ 和 $\mu_B B_0$,导致两种自旋能级图的移动,反平行的自旋能级升高,平行的自旋能级下降,为保持费米能级不变,电子填充情况变动,E_F 以上、虚线以下的电子的磁矩将反转方向,产生顺磁性贡献。这部分电子的数目可用图 6.9(b)中阴影的面积表示为

$$\frac{1}{2}N(E_F)\mu_B B_0 \tag{6-76}$$

这些电子每个沿磁场方向的磁矩由 $-\mu_B$ 变为 μ_B,所以总磁矩为

$$\frac{1}{2}N(E_F)(\mu_B B_0)2\mu_B \tag{6-77}$$

则磁化率:

$$\chi = \mu_0 N(E_F)\mu_B^2 \tag{6-78}$$

由于 E_F 基本不随温度变化,所以磁化率与温度无关。

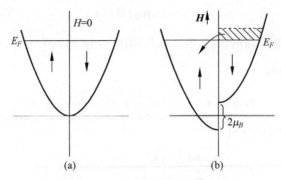

图 6.9 自由电子能量的塞曼分裂

6.2.2 铁磁性

所谓铁磁性,是指没有外磁场时仍具有自发磁化的现象。具有铁磁性的物质,称为磁性材料,代表性的主要有铁、钴、镍和以它们为基的合金。磁性材料的原子中往往有未被填满的电子壳层,其电子的自旋磁矩未被抵消,故原子具有"永久磁矩"; d 壳层不满的过渡族元素或 f 壳层不满的稀土族元素大都是磁性材料,这类物质也称为包含有"顺磁离子"的固体。铁磁性材料的磁化率很大,磁化过程中显示磁滞现象,铁磁物质中还包括反铁磁体和亚铁磁体。

关于铁磁性产生的原因,外斯提出以下两个假设(外斯理论):

(1)一块具有宏观尺度的铁磁样品。一般说来包含了许多自发磁化了的小区域,称为磁畴。每个磁畴大约有 10^{15} 个原子。这些磁畴的磁化方向各不相同,互相抵消,因此总的磁化强度为零。外场的作用是促使不同磁畴的磁化方向取得一致,从而使铁磁体表现出宏观磁化强度。

(2)在每一个磁畴里,存在一定的强相互作用,使元磁矩自发地平行排列起来,形成自发磁化。

理论和实验表明,磁性材料磁畴中的原子磁矩有三种最简单的有序排列:

(1)自旋彼此平行排列,如图 6.10 所示,体现铁磁体的特性;

(2)自旋反平行排列,两种自旋大小相等,正好抵消,总磁矩为零;如图 6.13 所示,体现反铁磁体的典型特征;

(3)自旋反平行排列,但两种磁矩大小不同,从而导致一定的自发磁化,如图 6.14 所示,体现亚铁磁体的典型特征。

下面分别介绍铁磁体、反铁磁体、亚铁磁体的主要特性。

1. 铁磁体

对诸如铁(Fe)、钴(Co)、镍(Ni)等物质,在室温下磁化率 χ 可达 10^{-3} 数量级,这类物质称为铁磁体。铁磁体即使在较弱的磁场内,也可得到极高的磁化强度,而且当外磁场移去后,仍可保留极强的磁性。其磁化率为正值。但当外场增大时,由于磁化强度迅速达到饱和,其磁化率会有所减小。

与顺磁性物质相比,铁磁体具有以下特征:

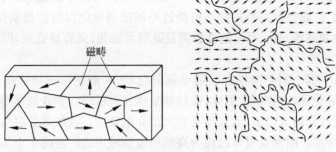

图 6.10 铁磁材料中包含了许多自发磁化了的小区域,称为磁畴

(1) 铁磁体非常容易被磁化,而且体现出很强的磁性。例如,在$(10/4\pi)A/m$ 的外加磁场下,铁硅的磁化强度高达 0.1T,而普通顺磁物质则只有 $10^{-9}T$ 的磁化强度。

(2) 铁磁体的磁化过程显示出磁滞现象。

所谓磁滞现象是指处在外磁场中,物质磁化强度的变化滞后于外磁场强度变化的现象。图 6.11 中所示的磁滞回线表述了铁磁物质的磁滞现象。图中横坐标为外加磁场 H,纵坐标为物质的磁感应强度 B。可以看到,在原处于磁中性状态的强磁物质中施加外磁场,随着外磁场强度 H 的逐渐增大,物质中的磁化强度 B 亦随之增大;当磁化强度增大到 B_s 以后,即使 H 继续增加,磁化强度也不再增加了,这种状态称为磁饱和,B_s 称为磁饱和强度。

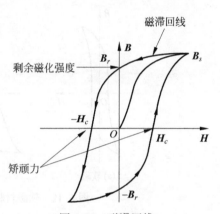

图 6.11 磁滞回线

当外磁场强度逐渐减小至零时,磁化强度却并不立即减为零,只随之减小至 B_r,B_r 称为剩余磁化强度;当磁场强度由零反向加大至$-H_c$ 时,磁化强度才由 B_r 减小至零,H_c 则称为矫顽力;矫顽力是磁性材料经过磁化以后再经过退磁使具剩余磁性(剩余磁通密度或剩余磁化强度)降低到零的磁场强度。

继续反向加大磁场强度,磁化强度可达到反向饱和值$-B_s$;同样,当减小反向磁场强度至零时,反向的磁化强度也仍然具有反向的剩余磁化强度,只有再加正向磁场至矫顽力 H_c 才可以消除磁化强度。以上过程中,B-H 平面上表示磁化状态的点的轨迹形成一个对原点对称的回线,称为磁滞回线。

(3) 存在一个铁磁转变温度,称为铁磁居里温度 T_c。铁磁物质的铁磁性只在铁磁居里温度 T_c 以下才表现出来,超过这一温度后,由于物质内部热骚动破坏电子自旋磁矩的平行取向,因而自发磁化区域解体,铁磁性消失。材料表现为强顺磁性,其磁化率与温度的关系服从居里-外斯定律:

$$\chi = \frac{C}{T - T_c} \tag{6-79}$$

与磁化过程相反,退磁是指加磁场(称为磁化场)使磁性材料磁化以后,再加同磁化场方向相反的磁场使其磁性降低的过程。

铁磁性材料根据退磁过程的特点,分为永磁材料和软磁材料,如图 6.12(a)、(b)所示。

永磁材料又称硬磁材料。这里所说的"软"和"硬"并不是指力学性能上的软硬,而是指磁学性能上的"软""硬"。磁性硬是指磁性材料经过外加磁场磁化以后能长期保留其强磁性,其特征是矫顽力(矫顽磁场)高;而软磁材料则是既容易磁化,又容易退磁,即矫顽力很低的磁性材料。

铁氧体(ferrite)是一种具有铁磁性的金属氧化物,一般是以三价铁离子作为主要正离子成分的若干种氧化物,有锌铬铁氧体、镍锌铁氧体、钡铁氧体、钢铁氧体等。铁氧体的电阻率比金属、合金磁性材料大得多,而且还有较高的介电性能。铁氧体的磁性能还表现在高频时具有较高的磁导率。因而铁氧体已成为高频弱电领域用途广泛的非金属磁性材料。

铁氧体矩磁材料是指具有矩形磁滞回线的铁氧体材料。它的特点是较小的外磁场作用就能使之磁化,并迅速达到饱和,去掉外磁场后,磁性仍然能保持与饱和时基本一样,它的磁滞回线呈矩形形状,故称为"矩磁"材料,如镁锰铁氧体、锂锰铁氧体等就是这样的矩磁材料,如图 6.12(c)所示。这种铁氧体材料在电子计算机的存储器磁芯等领域有着重要的应用。

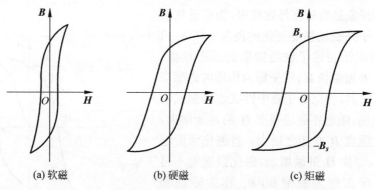

图 6.12 软磁材料、硬磁材料、矩磁材料的磁滞回线

2. 反铁磁体

在原子固有磁矩呈现有序排列的材料中,如果相邻原子的固有磁矩为反平行排列,则磁矩虽处于有序状态,但总的净磁矩在不受外场作用时仍为零。这种磁有序状态称为反铁磁性,如图 6.13(a)所示。实验观测结果证明,反铁磁体也具有磁畴结构,并且通过中子衍射证实了反铁磁体在微观结构上磁矩的反平行的排列。

在宏观磁性上,反铁磁体表现为弱顺磁性,磁化率 χ 较小,取正值。但是不同于一般的顺磁性,反铁磁体的磁化率是随着温度的升高而增大。像铁磁性一样,反铁磁性存在一个转变温度,称作奈尔温度 T_N。反铁磁性物质中磁矩的有序排列只有在奈尔温度 T_N 以下才能存在,当温度高于奈尔温度 T_N 时,物质从反铁磁性转变为正常的顺磁性。这时,磁化率随温度的变化服从居里-外斯定律,即随着温度的升高而降低。所以,反铁磁体的磁化率在奈尔温度点出现极大值,即 $T < T_N$ 时显示反铁磁性,$T > T_N$ 时显示顺磁性,服从下式规律:

$$\chi = \frac{C'}{T + T_N} \tag{6-80}$$

一些反铁磁体在强外场或低温下会转变为磁矩平行排列的铁磁体,显示出很高的磁化率。代表性的反铁磁材料有铬(Cr)、FeMn 等合金、NiO 等氧化物。

3. 亚铁磁体

亚铁磁性与反铁磁性具有相同的物理本质,只是亚铁磁体中反平行的固有磁矩大小不等,因而存在部分抵消不尽的固有磁矩,其宏观的磁性性质类似于铁磁体,如图 6.13(b)所示。温度高于某一数值 T_c(居里温度)时,亚铁磁体变为顺磁体。铁氧体大都是亚铁磁体。

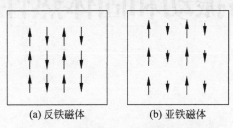

(a) 反铁磁体　　　　　(b) 亚铁磁体

图 6.13　反铁磁体与亚铁磁体示意图

习题

6.1　已知 Cu 的离子实的抗磁磁化率是 -2.0×10^{-6},Cu 的密度是 $8.93\mathrm{g/cm^3}$,原子量是 63.5,试计算 Cu 离子的平均半径。

6.2　设金属导带的态密度为 $N(E_F) = \dfrac{3N}{2E_F}$,试推导此时传导电子的顺磁化率为 $\chi = \dfrac{3C}{2T_F}$。其中 N 为单位体积中的原子数,C 为居里经验定律中的常数,T_F 为费米温度。

第7章

晶格振动和固体热性质

在分析固体特性时,常用到两个近似:静近似与绝热近似。我们知道,固体系统分为两个子系统——电子和原子核,电子运动速度比原子核快得多。静近似是假设晶格原子核在平衡位置不动,主要研究电子的运动。绝热近似则认为电子可以很快地适应原子核位置的变化,原子核的运动可以看作整个中性原子的运动。

在前面几章的讨论中,我们采用了静近似,即把晶体内的原子看成是处于自己平衡位置上固定不动的。在描述主要由电子决定的物质性质时,这种静止晶格的模型是成功的。然而,在解释物质的比热、热膨胀、电导、热导等性质时,静止晶格的观点就体现出它的局限性。如果采用静止晶格模型,晶体中原子严格按照其周期性排布,固定不动,则电子在晶体中运动无散射阻尼机制,我们将得出电导率"无限大"的推论;同时由于绝缘体中所有电子都处于填满的能带中,难以参与输运过程,我们也将得出绝缘体是"绝热体"的推论。显然这些推论都是不符合物理现实的。

经典理论认为,只有在绝对温度零度时原子才是静止的。而量子理论告诉我们,物质原子在趋于绝对零度时存在所谓的零点振动,只要原子不具有无限大的质量,或没有无限大的力限制原子运动,静止晶格模型都只是一种近似。换言之,绝对零度永远无法达到,只可无限逼近。

本章将考虑晶格振动替代静止晶格模型,着重研究晶格振动对于固体特性,特别是热特性的影响。这里采用"绝热近似",即认为电子可以迅速跟上原子核位置的变化,原子核在运动过程中保持电中性。

7.1 一维原子链的晶格振动

7.1.1 晶格振动的简谐近似

原子是通过之间的相互作用力而联系在一起,晶格上原子的振动不是彼此独立的。原子之间的相互作用力一般可以近似看成一种弹性力。形象地讲,若把原子比作小球,整个晶体犹如由许多规则排列的小球构成,而小球之间又如由弹簧连接起来一般,如图7.1所示。每个原子的振动都会牵动周围的原子,使振动以波的形式在晶体中传播。

晶格中原子的振动简称为"晶格振动"。晶格振动是小振动问题,可以采用简谐振动模型来近似。简谐振动是指在一个位置附近,以该位置为中心,往复偏离该位置进行的运动。这个振动中心称为平衡位置,如图 7.2 所示。在简谐振动近似下,物体受力的大小总是与偏离平衡位置的距离成正比,并且受力方向总是指向平衡位置。对于晶格中的原子来说,它们的运动相互关联、相互影响,是耦合在一起运动的。

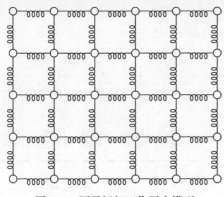

图 7.1　原子间相互作用力模型

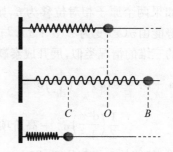

图 7.2　简谐振动模型,O 为平衡位置

设晶格中包含 N 个原子,平衡位置为 $\boldsymbol{R}_n$,偏离平衡位置的位移矢量为 $\boldsymbol{\mu}_n(t)$,则原子的位置可以表示成

$$\boldsymbol{R}'_n(t) = \boldsymbol{R}_n + \boldsymbol{\mu}_n(t) \tag{7-1}$$

把位移矢量 $\boldsymbol{\mu}_n(t)$ 用空间三个方向的分量表示,N 个原子共有 $3N$ 个位移矢量的分量,写成 $\mu_i(i=1,2,3,\cdots,3N)$。N 个原子的势能函数可以在平衡位置附近展开成泰勒级数:

$$V = V_0 + \sum_{i=1}^{3N}\left(\frac{\partial V}{\partial \mu_i}\right)_0 \mu_i + \frac{1}{2}\sum_{i,j=1}^{3N}\left(\frac{\partial^2 V}{\partial \mu_i \partial \mu_j}\right)_0 \mu_i\mu_j + 高阶项 \tag{7-2}$$

下脚标 0 表示平衡位置时的值。因为平衡位置是一个势能极值的位置,所以有

$$\left(\frac{\partial V}{\partial \mu_i}\right)_0 = 0 \tag{7-3}$$

略去式(7-2)中二阶以上的高阶项,得到

$$V = V_0 + \frac{1}{2}\sum_{i,j=1}^{3N}\left(\frac{\partial^2 V}{\partial \mu_i \partial \mu_j}\right)_0 \mu_i\mu_j \tag{7-4}$$

如上式所示,体系的势能函数只保留到 μ_i 的二次方程,称为简谐近似。

7.1.2　一维单原子链的晶格振动

每个晶格的振动存在 3 种模式,1 个振动方向平行于原子链方向的纵向极化(偏振)模式,2 个振动方向垂直于原子链方向的横向极化(偏振)模式,如图 7.3 所示。任何晶格结构都可以看成是一系列一维单原子链的组合,这里分析一维单原子链的晶格振动。

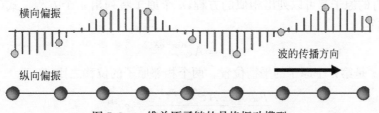

图 7.3　一维单原子链的晶格振动模型

　　分析一维单原子链的晶格振动,可用单一坐标来描述各原子离开平衡位置的位移。以纵向偏振模式为例,设原子处在平衡位置时原子间距离为 a,原子质量为 m,考虑原子偏离平衡位置时,原子限制在沿链的方向运动,偏离格点的位移为

$$\cdots,\mu_{n-1},\mu_n,\mu_{n+1},\cdots \tag{7-5}$$

如图 7.4 所示,n 和 $n+1$ 原子间距为

$$a+(\mu_{n+1}-\mu_n)=a+\delta \tag{7-6}$$

　　如果两个原子相对位移为 δ,则两个原子间势能由 $v(a)$ 变为 $v(a+\delta)$,与式(7-2)描述的三维的情况类似,展开成泰勒级数:

$$v(a+\delta)=v(a)+\left(\frac{\mathrm{d}v}{\mathrm{d}r}\right)\delta+$$

$$\frac{1}{2}\left(\frac{\mathrm{d}^2v}{\mathrm{d}r^2}\right)\delta^2+高阶项 \tag{7-7}$$

平衡时,势能处于极值位置,即

$$\frac{\mathrm{d}v}{\mathrm{d}r}=0 \tag{7-8}$$

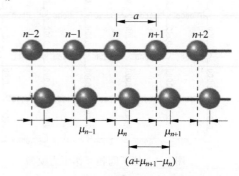

图 7.4　用单一坐标来描述离开平衡
位置的位移

因而

$$v(a+\delta)=v(a)+\frac{1}{2}\beta\delta^2+高阶项 \tag{7-9}$$

假设只有邻近原子间存在相互作用,$v(a+\delta)$ 即为相互作用能。采用简谐近似保留到 δ^2 项,相邻原子间的作用力为

$$F=-\frac{\partial v}{\partial\delta}\approx-\beta\delta \tag{7-10}$$

上式表明相邻原子间存在正比于相对位移的弹性恢复力,β 是刚性系数。

　　由于第 n 个原子受左方第 $n-1$ 个原子的作用力为

$$F_{nl}=-\beta(\mu_n-\mu_{n-1}) \tag{7-11}$$

第 n 个原子受右方第 $n+1$ 个原子的作用力为

$$F_{nr}=\beta(\mu_{n+1}-\mu_n) \tag{7-12}$$

所以第 n 个原子所受的总力为

$$F_n=F_{nl}+F_{nr}=\beta(\mu_{n+1}-\mu_n)-\beta(\mu_n-\mu_{n-1})$$

$$=\beta(\mu_{n+1}+\mu_{n-1}-2\mu_n) \tag{7-13}$$

若原子的质量为 m,则该原子的运动方程为

$$m\ddot{\mu}_n=\beta(\mu_{n+1}+\mu_{n-1}-2\mu_n) \tag{7-14}$$

对晶格中所有的原子都可以列出相似的方程,n 个原子将列出 n 个方程。式(7-14)的解是一个简谐振动:

$$\mu_n=A\mathrm{e}^{\mathrm{i}(\omega t-qX_n)} \tag{7-15}$$

式中,$X_n=na$ 是第 n 个原子的平衡位置。两个相邻原子的位移之比:

$$\frac{\mu_n}{\mu_{n-1}}=\frac{A\mathrm{e}^{\mathrm{i}(\omega t-qna)}}{A\mathrm{e}^{\mathrm{i}(\omega t-q(n-1)a)}}=\mathrm{e}^{-\mathrm{i}qa} \tag{7-16}$$

从式(7-15)看出,原子在平衡位置附近的振动是以波的形式在晶体中传播的,称为格波,格波的波矢为 q;所有原子都以相同的频率 ω 和相同的振幅 A 振动,不同原子之间有相位差,相邻原子之间的相位差为 qa。相位差为 2π 的两个原子之间的距离为格波波长:

$$\lambda = \frac{2\pi}{q} \tag{7-17}$$

当两原子间距为格波波长 $\lambda = \frac{2\pi}{q}$ 的整数倍时,这两个原子的振动位移相同(图 7.5)。

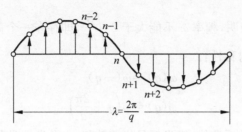

图 7.5 波矢为 q,波长为 $\lambda = \frac{2\pi}{q}$ 的格波

显然,qa 在 $-\pi \sim \pi$ 区间的取值涵盖了 $\mu_n = A\mathrm{e}^{\mathrm{i}(\omega t - qna)}$ 所有独立的值,即独立 q 值的区间为

$$-\frac{\pi}{a} < q \leqslant \frac{\pi}{a} \tag{7-18}$$

这个区间就是 1.3 节讨论的第一布里渊区在一维晶格的情况,在波矢空间的宽度为 $\frac{2\pi}{a}$。

图 7.6 给出了波矢 q 相差 $\frac{2\pi}{a}$ 的两个格波,可以看出,这两个格波波矢虽然不同,但所描述原子的位移却是相同的。所以,用第一布里渊区的 q 可以描述原子所有可能的振动位移。

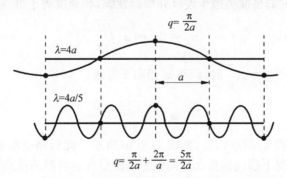

图 7.6 波矢 q 相差 $\frac{2\pi}{a}$ 的两个格波所描述原子的位移相同

将格波解式(7-15)代入运动方程式(7-14),得

$$m(\mathrm{i}\omega)^2 A\mathrm{e}^{\mathrm{i}(\omega t - naq)} = A\mathrm{e}^{\mathrm{i}(\omega t - naq)}\beta[\mathrm{e}^{-\mathrm{i}aq} + \mathrm{e}^{\mathrm{i}aq} - 2] \tag{7-19}$$

$$-m\omega^2 = 2\beta[\cos(aq) - 1] \tag{7-20}$$

$$\omega^2 = \frac{2\beta}{m}(1 - \cos aq) = \frac{4\beta}{m}\sin^2\left(\frac{aq}{2}\right) \tag{7-21}$$

进而得到频率与波数之间的色散关系式：

$$\omega = 2\sqrt{\frac{\beta}{m}}\left|\sin\left(\frac{aq}{2}\right)\right| \tag{7-22}$$

式中，频率 ω 习惯取正值。可以看到，式(7-22)与原子序号 n 无关，说明格波解是适合所有原子的运动方程，所有原子同时做频率为 ω 的波动。

色散关系式(7-22)表明，频率 ω 不能大于 $2\sqrt{\frac{\beta}{m}}$，即存在一个截止频率；同时色散关系具有反演对称性和平移对称性：

$$\omega(q) = \omega(-q) \tag{7-23}$$

$$\omega(q) = \omega\left(q + \frac{2\pi}{a}\right) \tag{7-24}$$

图 7.7 给出了色散关系曲线，横坐标是格波波矢 q，纵坐标是归一化的频率 ω。我们知道，相速度是单色波单位时间内一定的振动位相所传播的距离：

$$v_p = \frac{\omega}{q} \tag{7-25}$$

群速度为平均频率为 ω，平均波矢为 q 的波包的传播速度，它是合成波能量和动量的传播速度：

$$v_g = \frac{\partial \omega}{\partial q} \tag{7-26}$$

当 $\lambda \gg a$（长波极限）时，$q \to 0$，此时色散关系式(7-22)有

$$\omega \approx 2\sqrt{\frac{\beta}{m}}\left|\frac{1}{2}aq\right| = aq\sqrt{\frac{\beta}{m}} \tag{7-27}$$

如图 7.8(a)所示，这时的格波类似于连续介质弹性波，相速度等于群速度，即

$$v_g = v_p \approx a\sqrt{\frac{\beta}{m}} \tag{7-28}$$

当 q 接近布里渊区边界 $q = \pm\frac{\pi}{a}$ 时，频率 ω 趋向于常数：

$$\omega \to 2\sqrt{\frac{\beta}{m}} \tag{7-29}$$

此时相邻原子相位相差 π，振动相反，如图 7.8(b)所示。此时格波形成驻波，群速度为零。图 7.9 给出了三维情况下横向偏振和纵向偏振格波形成驻波时的示意图。

由运动方程(7-14)的推导可以看出，该方程只适用于无穷长的原子链。对于有限长度的一维原子链，边界原子的运动方程不一样，方程组变得很复杂。所以这里采用 3.1.2 节中讲到的周期性边界条件（波恩-卡门条件），将一有限长度的晶体链看成无限长晶体链的一个重复单元，如图 7.10 所示。

设晶体中原子总数为 N，晶体链长为 Na，有

$$\mu_{N+n} = \mu_n \tag{7-30}$$

$$A e^{i[\omega t - (N+n)aq]} = A e^{i(\omega t - naq)} \tag{7-31}$$

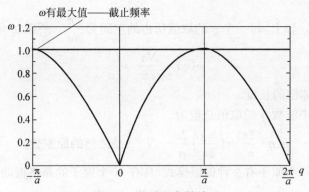

图 7.7 格波的色散关系

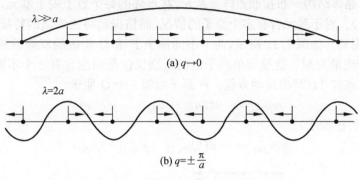

(a) $q \to 0$

(b) $q = \pm \dfrac{\pi}{a}$

图 7.8 $q \to 0$ 和 $q = \pm \dfrac{\pi}{a}$ 时的格波示意图

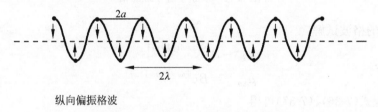

横向偏振格波

纵向偏振格波

图 7.9 三维情况下横向偏振格波和纵向偏振格波形成驻波时的示意图

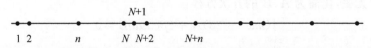

$N+1$

1 2 $\quad n$ $\quad N$ $N+2$ $\quad N+n$

图 7.10 周期性边界条件(波恩-卡门条件),将一有限长度的晶体链看成无限长晶体链的一个重复单元

可得

$$\mathrm{e}^{-\mathrm{i}Naq} = 1 \tag{7-32}$$

所以

$$q = \frac{2\pi}{Na}h \quad (h = 整数) \tag{7-33}$$

引入周期性边界条件后,波数 q 不能任意取值,只能取分立的值。在 q 轴上,相邻两个 q 的

取值相距 $\dfrac{2\pi}{Na}$，即在 q 轴上，每一个 q 的取值所占的空间为 $\dfrac{2\pi}{Na}$。所以，q 的分布密度为

$$\rho(q)=\frac{Na}{2\pi}=\frac{L}{2\pi} \tag{7-34}$$

式中，$L=Na$ 为晶体链的长度。

第一布里渊区中波数 q 的取值总数为

$$\rho(q)\frac{2\pi}{a}=\left(\frac{Na}{2\pi}\right)\frac{2\pi}{a}=N \quad \text{（晶体链的原胞数）} \tag{7-35}$$

三维情况下考虑到每个原子有 3 种偏振模式，具有 N 个原子的晶格振动的格波总数为 $3N$。

7.1.3　一维双原子链的晶格振动

我们知道，晶体结构=布拉菲点阵＋基元，在点阵的每个点上安上基元，就得到了晶体结构（复式格子）。对于基元含有多个原子的情况，晶格振动将出现新的特征。下面分析双原子链的晶格振动。如图 7.11 所示，两个不同原子 P 和 Q 构成的双原子链，设 P 原子质量为 m，Q 原子质量为 M。这里与单原子链的区别仅仅是原胞含有 2 个不同原子，其余条件不变，可类比式(7-14)写出运动方程。P 原子相邻 2 个 Q 原子：

$$m\ddot{\mu}_{2n}=-\beta(2\mu_{2n}-\mu_{2n+1}-\mu_{2n-1}) \tag{7-36}$$

Q 原子相邻 2 个 P 原子：

$$M\ddot{\mu}_{2n+1}=-\beta(2\mu_{2n+1}-\mu_{2n+2}-\mu_{2n}) \tag{7-37}$$

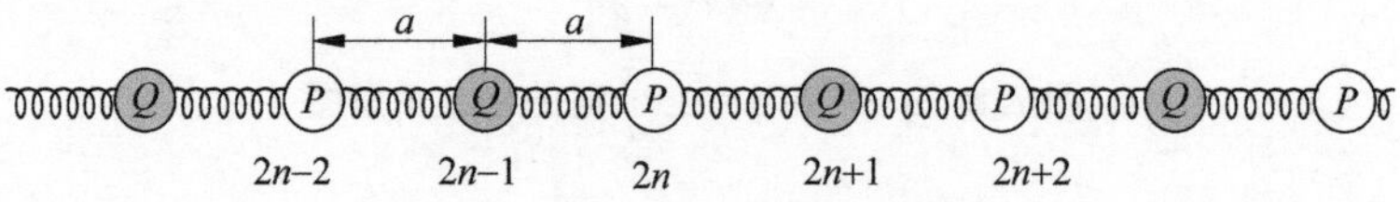

图 7.11　双原子链一维晶格

对应 P 和 Q 的格波试解：

$$\mu_{2n}=A\mathrm{e}^{\mathrm{i}[\omega t-(2na)q]}$$
$$\mu_{2n+1}=B\mathrm{e}^{\mathrm{i}[\omega t-(2n+1)aq]} \tag{7-38}$$

代入运动方程式(7-36)、(7-37)可得

$$\begin{cases} -m\omega^2 A=\beta(\mathrm{e}^{-\mathrm{i}aq}+\mathrm{e}^{\mathrm{i}aq})B-2\beta A \\ -M\omega^2 B=\beta(\mathrm{e}^{-\mathrm{i}aq}+\mathrm{e}^{\mathrm{i}aq})A-2\beta B \end{cases} \tag{7-39}$$

上式方程与 n 无关，化简为 A、B 的齐次方程：

$$\begin{cases} (m\omega^2-2\beta)A+2\beta\cos aqB=0 \\ 2\beta\cos aqA+(M\omega^2-2\beta)B=0 \end{cases} \tag{7-40}$$

系数行列式等于 0 时 A、B 有解，即

$$\begin{vmatrix} m\omega^2-2\beta & 2\beta\cos aq \\ 2\beta\cos aq & M\omega^2-2\beta \end{vmatrix}=mM\omega^4-2\beta(m+M)\omega^2+4\beta^2\sin^2 aq=0 \tag{7-41}$$

于是得到两个频率解：

$$\omega^2 \begin{cases} \omega_+^2 \\ \omega_-^2 \end{cases} =\beta\frac{m+M}{mM}\left\{1\pm\left[1-\frac{4mM}{(m+M)^2}\sin^2 aq\right]^{1/2}\right\} \tag{7-42}$$

频率 ω_+ 对应的格波频率较高,称为光学波,频率 ω_- 对应的格波频率较低,称为声学波。图 7.12 和图 7.13 分别给出了声学波和光学波的色散曲线和振动模式示意图。

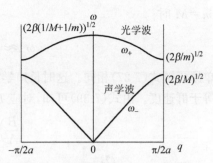

图 7.12 双原子链 m 与 M 不同时的色散关系

对于双原子链,相邻原胞(注意,不是相邻原子)相位差为 $2aq$,故波矢 q 的独立取值的第一布里渊区范围:

$$-\frac{\pi}{2a} < q \leqslant \frac{\pi}{2a} \tag{7-43}$$

即布里渊区在波矢空间的宽度为 $\frac{\pi}{a}$。与单原子链相比,原胞增大一倍,倒格矢减小一半,布里渊区范围也相应减小到了一半。

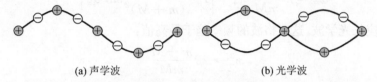

图 7.13 声学波和光学波

由周期性边界条件(波恩-卡门条件):

$$N(2aq) = 2\pi h, \quad h \text{ 为整数} \tag{7-44}$$

可得

$$q = \frac{h\pi}{Na} \tag{7-45}$$

即分立的 q 值取值间隔为 $\frac{\pi}{Na}$,比起单原子链的 q 值取值间隔也减小了一半[式(7-33)所示],所以在第一布里渊区 q 的取值个数仍为 N 个,即

$$\frac{\pi}{a} \Big/ \frac{\pi}{Na} = N \tag{7-46}$$

与 q 的取值个数 N 相对应,q 的标号 h 的取值为 $-N/2 \sim N/2$。从图 7.12 中可以看到,一个 q 值对应了两个格波频率,N 个 q 值数对应了 $2N$ 个格波频率,再考虑每个格波频率对应 3 个偏振模式,所以,双原子链共有 $2N \times 3 = 6N$ 个格波。

考虑 $q \to 0$ 长波极限时的情况,这时的声学波和光学波分别称为长声学波和长光学波。

(1) ω_- 支,声学波的色散关系:

$$\omega_-^2 = \beta \frac{m+M}{mM} \left\{ 1 - \left[1 - \frac{4mM}{(m+M)^2} \sin^2 aq \right]^{1/2} \right\} \tag{7-47}$$

当 $q \to 0$ 时有

$$\omega_-^2 \approx \beta \frac{m+M}{mM} \frac{2mM}{(m+M)^2} (aq)^2 = \frac{2\beta}{m+M}(aq)^2 \tag{7-48}$$

$$\omega_- \approx aq \sqrt{\frac{2\beta}{m+M}} \tag{7-49}$$

当 $m=M$ 时

$$\omega_- \approx aq\sqrt{\frac{\beta}{m}} = aq\sqrt{\frac{\beta}{M}} \tag{7-50}$$

与单原子链式(7-27)相同。这时长声学波频率正比于波数,类似于连续介质的弹性波,相速度等于群速度。由式(7-39)可知,对应 P 和 Q 的格波振幅 A 和 B 的比值:

$$\left(\frac{B}{A}\right)_- = -\frac{m\omega_-^2 - 2\beta}{2\beta\cos aq} \tag{7-51}$$

当 $q \to 0$ 时 $\omega_- \to 0$,$\left(\dfrac{B}{A}\right)_- \to 1$,相位差 $qa \to 0$。即相邻原子在做同步运动,原胞中两种原子的运动是完全一致的,振幅和位相没有任何差别,与图 7.8(a)描述的情况相同。

(2) ω_+ 支,光学波的色散关系:

$$\omega_+^2 = \beta\frac{m+M}{mM}\left\{1 + \left[1 - \frac{4mM}{(m+M)^2}\sin^2 aq\right]^{1/2}\right\} \tag{7-52}$$

当 $q \to 0$ 时对应长光学波,这时格波的频率趋于最高值:

$$\omega_+^2 \to 2\beta\frac{m+M}{mM}$$

$$\omega_+ \to \sqrt{\frac{2\beta}{\left(\dfrac{mM}{m+M}\right)}} \tag{7-53}$$

代入式(7-51),得到

$$\left(\frac{B}{A}\right)_+ = -\frac{m\omega_+^2 - 2\beta}{2\beta\cos aq} = -\frac{m\dfrac{2\beta}{\left(\dfrac{mM}{m+M}\right)} - 2\beta}{2\beta} = -\frac{m}{M} \tag{7-54}$$

即相邻原子振动相反,振幅反比于原子质量,整体原子振动为零。这时同种原子具有相同的位相,每一种原子(P 原子或 Q 原子)形成的格子像一个刚体一样整体地振动;两种原子的振动具有完全相反的位相。长光学波的极限实际上是 P 和 Q 两个格子的相对振动,振动中保持质心不变。

由以上分析的 $q \to 0$ 时的情况,可以看出声学波和光学波的区别。当 $q \to 0$ 时,长声学支格波的特征是原胞内的不同原子没有相对位移,原胞做整体运动,振动频率较低,它包含了晶格振动频率最低的振动模式,波速是一常数;长光学支格波的特征是每个原胞内的不同原子做相对振动,振动频率较高,它包含了晶格振动频率最高的振动模式;任何晶体都存在声学支格波,但简单晶格(非复式格子)晶体不存在光学支格波。

考虑 $q = \pm\dfrac{\pi}{2a}$ 布里渊边界时的情况。这时正好是布拉格反射条件。由于发生布拉格反射,入射波和反射波叠加形成驻波,因而群速度为零。这时声学波和光学波的频率分别为

$$\omega_- = \sqrt{\frac{2\beta}{M}}$$

$$\omega_+ = \sqrt{\frac{2\beta}{m}} \tag{7-55}$$

图 7.14 给出了此时 ω_- 和 ω_+ 对应的晶格振动模式示意图。

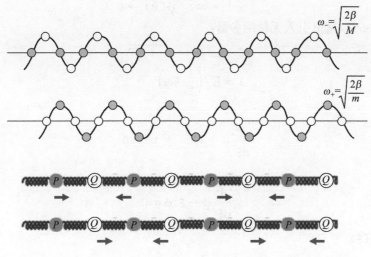

$$\omega_- = \sqrt{\frac{2\beta}{M}}$$

$$\omega_+ = \sqrt{\frac{2\beta}{m}}$$

图 7.14　$q = \pm\dfrac{\pi}{2a}$ 布里渊边界时 ω_- 和 ω_+ 对应的晶格振动模式示意图

驻波有波腹和波节,处在波节处的原子是不动的。可以看出,声学波对应质量小(m)的原子处在波节处的情况,光学波对应质量大(M)的原子处在波节处的情况。

若晶体有 N 个原胞,每个原胞含 n 个原子,则格波波矢 q 的数目等于 N,每个格波波矢 q 对应 n 个频率,三维情况下考虑三个偏振方向,总的格波数目等于 $3Nn$;这 $3Nn$ 个格波又可分为 $3n$ 支,每支含 N 个格波波矢 q,构成一条色散关系曲线,共有 $3n$ 条色散曲线。$3n$ 支中有 3 支是声学波,其余 $3(n-1)$ 支是光学波。

7.2　晶格振动的量子化——声子

晶格振动可以分解为一系列不同频率的简谐振动,每一个简谐振动描述了一个线性谐振子的运动,如图 7.2 所示。

我们知道,一维线性谐振子是量子力学中一个可以精确求解的能量本征值问题。用薛定谔能量本征方程可以求出线性谐振子的能量本征值和本征函数。取谐振子的平衡位置为坐标原点,并选原点为势能的零点,根据 Hooke 定律:

$$F = -\mathrm{d}V/\mathrm{d}x = -Kx \tag{7-56}$$

即,谐振子受力的大小总是与偏离平衡位置的距离成正比,并且受力方向总是指向平衡位置。一维线性谐振子的势能可表示为

$$V(x) = \frac{1}{2}Kx^2 \tag{7-57}$$

令:

$$\omega = \sqrt{K/m} \tag{7-58}$$

则得到一维谐振子的能量本征值方程:

$$\left[-\frac{\hbar^2}{2m}\frac{\mathrm{d}^2}{\mathrm{d}x^2} + \frac{1}{2}m\omega^2 x^2 \right]\psi(x) = E\psi(x) \tag{7-59}$$

理想的谐振子势是一个无限深的势阱,只存在束缚态:

$$|x| \rightarrow \infty, \quad \psi(x) \rightarrow 0 \tag{7-60}$$

为了简化式(7-59),这里引入无量纲参量:

$$\xi = \alpha x, \alpha = \sqrt{m\omega/\hbar} \tag{7-61}$$

$$\lambda = E/\left(\frac{1}{2}\hbar\omega\right) \tag{7-62}$$

得到

$$\frac{\mathrm{d}^2}{\mathrm{d}\xi^2}\psi + (\lambda - \xi^2)\psi = 0 \tag{7-63}$$

当 $\xi \rightarrow \pm\infty$ 时

$$\frac{\mathrm{d}^2}{\mathrm{d}\xi^2}\psi - \xi^2\psi = 0 \tag{7-64}$$

令 $\psi = \mathrm{e}^{-\xi^2/2}u(\xi)$

$$\frac{\mathrm{d}^2}{\mathrm{d}\xi^2}u - 2\xi\frac{\mathrm{d}}{\mathrm{d}\xi}u + (\lambda - 1)u = 0 \tag{7-65}$$

上式只有当 $\lambda - 1 = 2n, n = 0, 1, 2, \cdots$ 时有解。晶格振动可以等效地看成一系列不同频率谐振子的振动,对于频率为 $\omega_h(h = 1, 2, \cdots)$ 的谐振子,由式(7-62)可得能量本征值为

$$E_n = (n_h + 1/2)\hbar\omega_h, \quad n_h = 0, 1, 2, \cdots \tag{7-66}$$

由上式可知,描述晶格振动的谐振子的能级是均匀分布的,相邻两条能级的间距为 $\hbar\omega_h$。即这些晶格振动的能量是不连续的,是量子化的,只能取 $\hbar\omega_h$ 的整数倍。相应的能态 E_n 就可以认为是由 n 个能量为 $\hbar\omega_h$ 的"激发量子"相加而成的。而这种量子化了的晶格振动能量的最小单位 $\hbar\omega_h$ 称作声子。

声子和光子有一些相似之处。光子是电磁波的能量量子,声子则是格波的能量量子;电磁波可以认为是光子流,同样,弹性声波可以认为是声子流;光子携带光波的能量和动量,声子则携带声波的能量和动量,若格波频率为 ω_h,波矢为 q,则声子的能量是 $\hbar\omega_h$,动量为 $\hbar q$。当电子、光子与晶格相互作用时,交换能量以声子为单元,电子获得能量,即吸收一个声子。

一个格波对应一个简谐振动,也对应一种声子。格波的波矢和频率决定了这种声子动量和能量。晶格振动处于本征态 $(n_h + 1/2)\hbar\omega_h$,则意味着有 n_h 个能量为 $\hbar\omega_h$,动量为 $\hbar q$ 的声子,这里声子数 n_h 对应着格波的振幅,晶格振动的总能量是所有格波能量之和。按照前面的分析,对于有 N 个原子的系统,有 $3N$ 个格波,即有 $3N$ 种能量或动量不同的声子,每种声子(格波)又含有不同的声子数 n_h,所以晶格振动的总能量为

$$E = \sum_{h=1}^{3N}\left(n_h + \frac{1}{2}\right)\hbar\omega_h \tag{7-67}$$

声子具有粒子性,声子和物质相互作用过程中服从能量和动量守恒定律,就像具有能量 $\hbar\omega_h$ 和动量 $\hbar q$ 的粒子一样。但声子不是普通意义下的真实粒子,而是"准粒子"。反映了晶体集体运动状态。声子的动量 $\hbar q$ 是准动量,不同于真实粒子的物理动量。声子是准粒子的另一个表现是系统中声子数目不守恒,声子是一种玻色子,服从玻色-爱因斯坦统计,具有能量为 $\hbar\omega_h$ 的声子的平均数为

$$\bar{n} = \frac{1}{\exp(\hbar\omega_h/k_B T) - 1} \tag{7-68}$$

即为一个振动模式平均的声子占据数。

晶格振动频率与波矢之间的函数关系(ω-q 关系)称为格波的色散关系,也称为晶格振动谱,如图 7.15 所示,图中横坐标的 Γ、K、M、A 表示格波波矢在空间不同方向上的分布。晶格振动谱关系着晶体的许多性质,具重要意义。晶格振动谱的测量是借助格波与探测波之间的相互作用来进行的,最主要的方法是中子的非弹性散射法。

我们知道,两粒子在发生碰撞过程中只有动能的交换,粒子类型、其内部运动状态和数目并无变化时,称为弹性散射或弹性碰撞;若碰撞过程中除了有动能交换外,粒子的数目、类型和内部状态有所改变或者该粒子转化成为其他粒子时,则称为非弹性散射或非弹性碰撞。当中子流穿过晶体时,格波振动可以引起部分中子的非弹性散射,这种非弹性散射可以看成吸收或发射声子的过程。受散射的这部分中子的能量、动量都会发生相应的改变。设入射中子束动量 p,能量为

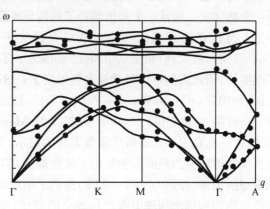

图 7.15　晶格振动谱

$$E = \frac{p^2}{2M_n} \tag{7-69}$$

式中,M_n 为中子的质量,出射后的中子动量为 p',能量变为

$$E' = \frac{p'^2}{2M_n} \tag{7-70}$$

这个过程遵循能量守恒动量守恒,即

$$\frac{p'^2}{2M_n} - \frac{p^2}{2M_n} = \pm\hbar\omega_h \tag{7-71}$$

$$p' - p = \pm\hbar q + \hbar G_h \tag{7-72}$$

式中,"+"号表示吸收声子,"−"号表示发射声子。通过测试散射前后中子能量、动量的变化,根据式(7-71)和式(7-72)即可确定格波波矢 q 和能量 $\hbar\omega_h$,从而获得晶格振动谱。由于中子和声子的能量、动量均比较接近,采用中子衍射测量声子代表的格波最为有利。但是中子衍射测量的缺点是需要核反应堆,建设和使用都不容易。

另一种测量晶格振动谱的方法是光学散射法,利用光波与晶格振动相互作用过程中的能量守恒和动量守恒。与中子衍射测量法类似,通过测量入射光子能量 $\hbar\omega$ 和出射光子能量 $\hbar\omega'$,以及入射光子动量 $\hbar q$ 和出射光子动量 $\hbar q'$,获得声子的频率和相应的格波波矢。

光波与格波声学波的相互作用称为布里渊散射,一般布里渊散射的频移很小;光波与格波光学波的相互作用称为拉曼散射,频率移动通常为 $3\times10^{10} \sim 3\times10^{13}$ Hz。根据光波频率的移动量,又分为斯塔克斯散射(出射频率小于入射频率)和反斯塔克斯散射(出射频率大于入射频率)两种。光学散射法测试晶格振动谱的缺点是只能测试长波声子,原因是光子的

波矢$|\boldsymbol{k}|$很小,对应声波的q很小。

7.3　固体的热性质

　　固体的热特性是人类最早接触到的自然现象之一。虽然人类很早就会用火,会在一定程度上控制固体的温度,但是对热的本质却一直到 20 世纪才逐步有了清晰的认识。最初,人们认为热是一种元素,提出所谓的"热素说",认为"热"这种元素可以从一个物体转移到另外一个物体去。这从一个角度解释了热传导现象,解释不了为什么摩擦会生热。图 7.16 标出了人类认识热现象的历史。最早开始关于热现象研究的是伽利略(Galileo Galilei,1564—1642,意大利)和托里切利(Evangelista Torricelli,1608—1647,意大利),他们制造出了温度计,借此人们可以科学地度量温度了;1819 年,杜隆(Pierre L. Dulong,1785—1838,法国)和珀替(Alexis Thérèse Petit,1791—1820,法国)提出了第一个关于热学的实验定律——杜隆-珀替定律;1840 年,迈尔(J. R. Meyer,1814—1878,德国)提出热是能量的一种形式,这一论点给后来的科学家很重要的启示;焦耳(James P. Joule,1818—1889,英国)通过机械摩擦转换为热的实验给出了最精确的热功当量系数:1cal＝4.18J,焦耳这一工作为能量守恒定律(即热力学第一定律)提供了不可动摇的实验基础,能量守恒定律是很少几条在经典物理和量子物理中都严格成立的定律;之后,克劳修斯(Rudolf Julius E. Clausius,1822—1888,德国)提出热是物质运动的一种形式,并且和开尔文(Lord Kelvin,1824—1907,英国)一起提出并完善了热力学第二定律。

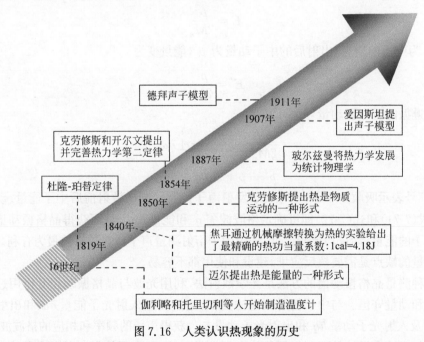

图 7.16　人类认识热现象的历史

　　玻尔兹曼建立了宏观物理量熵与微观状态的概率之间的关系,将热力学发展为统计物理学,并为量子物理的发展打开了大门——1900 年普朗克在解释黑体辐射定律时,确定了两个重要物理常数:普朗克常数 h 和玻尔兹曼常数 k_B。

伴随着量子力学的发展,终于到了 1907 年,爱因斯坦提出了准粒子-声子的概念,给出了描述晶格振动的声子模型;1911 年,德拜(Peter J. W. Debye,1884—1966,美国)提出了另一种声子模型,更好地解释了固体的热容;之后波恩(Max Born,1882—1970,德国)与黄昆先生一起发展了晶格动力学,从理论上阐明了各种热现象的物理机理。

7.3.1 热容

固体热容(定体积热容)定义为

$$C_V = \left(\frac{\partial \overline{E}}{\partial T}\right)_V \tag{7-73}$$

比热容 c_V,又称比热容量,简称比热,是单位质量物质的热容量,即单位质量物体改变单位温度时吸收或释放的内能。

固体热容主要包含晶格热容和电子热容两部分。晶格热容来源于固体的晶格热运动,电子热容则来源于电子的热运动。一般情况下,电子热容相比晶格热容要小很多,可忽略不计,仅在极低温时金属材料中的电子热容比较显著,不可忽略。

固体的热容量是原子振动在宏观性质上的一个最直接的表现。实验表明,在室温和更高的温度时,几乎全部单原子固体的比热容接近 $3Nk_B$(杜隆-珀替定律);而在低温时,热容随着温度的三次幂(T^3)减小趋于零。

1. 晶格热容的经典模型

热容的经典理论(即杜隆-珀替定律)认为热容是一个与温度与材料性质无关的常数。每一个简谐振动的平均能量为 $k_B T$,设单位体积固体中含有 N 个原子,则有 $3N$ 个简谐振动模式。总能量为

$$E = 3Nk_B T \tag{7-74}$$

代入式(7-73),则有

$$C_V = 3Nk_B \tag{7-75}$$

高温时,经典理论热容与实验结果吻合得很好;但是低温时,实验测得的热容不再保持常数,而随温度的三次幂下降,最后趋近于零,如图 7.17 所示。这与经典模型推导出来的式(7-75)所不符。

2. 晶格比热的量子模型

爱因斯坦发展了普朗克的量子假说,第一次提出了量子的热容理论,这项成就在量子理论的发展中占有重要的地位。这里,各个简谐振动的能量本征值是量子化的:

$$E = U + \sum_{h=1}^{3N}\left(\overline{n} + \frac{1}{2}\right)\hbar\omega_h = U + \frac{1}{2}\sum_{h=1}^{3N}\hbar\omega_h +$$

$$\sum_{h=1}^{3N}\frac{\hbar\omega_h}{\exp(\hbar\omega_h/k_B T) - 1} \tag{7-76}$$

其中代入了

$$\overline{n} = \frac{1}{\exp(\hbar\omega/k_B T) - 1} \tag{7-77}$$

因而可得

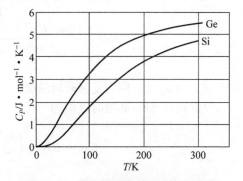

图 7.17 硅和锗热容随温度变化曲线

$$C_V = \left(\frac{\partial E}{\partial T}\right)_V = \sum_{h=1}^{3N} \frac{\partial}{\partial T}\left(\frac{\hbar\omega_h}{\exp(\hbar\omega_h/k_BT)-1}\right)$$

$$= k_B \sum_{h=1}^{3N} \frac{(\hbar\omega_h/k_BT)^2 \exp(\hbar\omega_h/k_BT)}{[\exp(\hbar\omega_h/k_BT)-1]^2} \tag{7-78}$$

分析式(7-78)，对于高温极限的情况，由 $k_BT \gg \hbar\omega_h$ 可得 $\hbar\omega_h/k_BT \ll 1$，则单个振动模式的热容：

$$k_B \frac{\left(\frac{\hbar\omega_h}{k_BT}\right)^2 e^{\hbar\omega_h/k_BT}}{(e^{\hbar\omega_h/k_BT}-1)^2} = k_B \frac{\left(\frac{\hbar\omega_h}{k_BT}\right)^2\left(1+\frac{\hbar\omega_h}{k_BT}+\cdots\right)}{\left(\frac{\hbar\omega_h}{k_BT}+\frac{1}{2}\left(\frac{\hbar\omega_h}{k_BT}\right)^2+\cdots\right)^2} \approx k_B \tag{7-79}$$

即在较高温度时，得到了与杜隆-珀替定律(式(7-75))相同的表达式。也就是说，当振子的能量远大于能量的量子 $\hbar\omega_h$ 时，量子化效应就可以忽略，量子模型趋同于经典模型。

对于低温极限的情况，这时 $k_BT \ll \hbar\omega_h$，单个振动模式的热容：

$$\approx k_B \left(\frac{\hbar\omega_h}{k_BT}\right) e^{-\hbar\omega_h/k_BT} \tag{7-80}$$

这时由于 $(-\hbar\omega_h/k_BT)$ 为很大的负值，振子对热容的贡献将十分小。根据量子理论，当温度 T 趋于零时，晶体的热容将趋于零。从物理上看，声子被冻结在基态，很难被激发，因而对热容的贡献趋向于零。

式(7-79)、式(7-80)很好地描述了固体的热容。但是对于实际晶体，要精确计算每一个 ω_h 是很困难的，需要采用近似模型处理。一般采用爱因斯坦近似模型和德拜近似模型。

1) 爱因斯坦近似模型

爱因斯坦近似模型的基本假设：

(1) 晶格中所有原子都具有统一振动频率 ω_0；

(2) 所有原子的振动是独立的；

(3) 设固体中有 N 个原胞，每个原胞有 l 个原子。

显然，爱因斯坦近似模型的基本假设与格波理论不同，格波中所有原子的振动是相联系的，同一模式下的原子振动相位由原子间位置关系决定，不同模式下的格波频率不同。而这里把晶格中所有原子的振动频率近似看成是一样的 ω_0。

按照爱因斯坦近似模型，式(7-78)可以写成

$$C_V = k_B \sum_{h=1}^{3N} \frac{(\hbar\omega_h/k_BT)^2 \exp(\hbar\omega_h/k_BT)}{[\exp(\hbar\omega_h/k_BT)-1]^2}$$

$$= 3lNk_B \frac{(\hbar\omega_0/k_BT)^2 e^{\hbar\omega_0/k_BT}}{(e^{\hbar\omega_0/k_BT}-1)^2} = 3lNk_B \left(\frac{\theta_E}{T}\right)^2 \frac{e^{\frac{\theta_E}{T}}}{\left(e^{\frac{\theta_E}{T}}-1\right)^2} \tag{7-81}$$

式中，$\theta_E = \hbar\omega_0/k_B$ 称为爱因斯坦温度。

分析式(7-81)，高温时近似为

$$C_V = 3lNk_B \left(\frac{\theta_E}{T}\right)^2 \frac{e^{\frac{\theta_E}{T}}}{\left(e^{\frac{\theta_E}{T}}-1\right)^2} = 3lNk_B \tag{7-82}$$

得到与经典理论式(7-75)相吻合的结果。

低温时近似为

$$C_V \approx 3lNk_B \left(\frac{\theta_E}{T}\right)^2 e^{-\frac{\theta_E}{T}} \tag{7-83}$$

爱因斯坦近似模型相比经典模型有了明显改进,阐明了低温时固体热容趋于零的基本原因。但是式(7-83)描述的低温段热容是以指数形式下降,仍然存在与实验值不相符的问题。原因是在爱因斯坦近似模型中,把固体中各原子的振动看作相互独立,$3lN$ 个振动频率是相等的;而实际的晶体中原子与原子间的相互作用是很强的,晶格振动是以格波的形式存在的,不同格波之间的频率不完全相同,而且有一定分布。爱因斯坦近似模型等效于所有的格波频率相同这一假设过于简单,偏离了物理实际。

2) 德拜近似模型

德拜早期从事固体物理的研究工作,1912 年他改进了爱因斯坦近似模型,得出与实验结果吻合很好的比热容公式:在常温时服从杜隆-珀替定律,在温度 T 趋于 0 时,热容与温度三次幂 T^3 成正比减小。德拜在导出这个公式时,引进了德拜温度 Θ_D 的概念,每种固体都有自己的 Θ_D 值。

德拜近似模型与爱因斯坦近似模型最大的不同是考虑了格波的频率分布,这里把晶体当作弹性介质来处理(即长波极限),一个确定的波数矢量 q,对应于一个纵波和两个独立的横波。

纵波的频率:

$$\omega = C_l q \tag{7-84}$$

两个独立横波的频率:

$$\omega = C_t q \tag{7-85}$$

不同波矢 q 的纵波和横波构成晶格的全部振动模式。各个 q 的取值在"q 空间"形成均匀分布的点,其密度为

$$\frac{V}{(2\pi)^3}$$

准连续近似,在 ω 到 $\omega = \omega + d\omega$ 区间内的振动模的数目:

$$\Delta n = g(\omega)\Delta\omega \tag{7-86}$$

这里 $g(\omega)$ 是振动的频率分布函数或振动模的态密度函数,表征振动模频率的分布状况。考虑纵波,ω 到 $\omega = \omega + d\omega$,波数从 q 变化为 $q + dq$。

$$q = \frac{\omega}{C_l} \quad \rightarrow \quad q + dq = \frac{\omega + d\omega}{C_l} \tag{7-87}$$

纵波数目为

$$\frac{V}{(2\pi)^3} 4\pi q^2 dq = \frac{V}{2\pi^2 C_l^3}\omega^2 d\omega \tag{7-88}$$

横波数目为

$$\frac{V}{\pi^2 C_t^3}\omega^2 d\omega \tag{7-89}$$

$$g(\omega) = \frac{3V}{2\pi^2 \overline{C}^3}\omega^2, \quad \frac{1}{\overline{C}^3} = \frac{1}{3}\left(\frac{1}{C_l^3} + \frac{2}{C_t^3}\right) \tag{7-90}$$

晶体的声学波自由度只能是 $3N$ 个,假设当 ω 大于某一个 ω_m 的短波实际上不存在,而对于小于 ω_m 的振动都应用弹性波近似

$$\int_0^{\omega_m} g(\omega)\mathrm{d}\omega = \frac{3V}{2\pi^2\overline{C}^3}\int_0^{\omega_m}\omega^2\mathrm{d}\omega = 3N \tag{7-91}$$

$$\omega_m = \overline{C}\left[6\pi^2\frac{N}{V}\right]^{1/3} \tag{7-92}$$

根据振动频率分布函数,可写出晶体的热容:

$$
\begin{aligned}
C_V(T) &= k_B\int \frac{\left(\dfrac{\hbar\omega}{k_BT}\right)^2 \mathrm{e}^{\hbar\omega/k_BT}}{(\mathrm{e}^{\hbar\omega/k_BT}-1)^2}g(\omega)\mathrm{d}\omega \\[2mm]
&= \frac{3Vk_B}{2\pi^2\overline{C}^3}\int_0^{\omega_m}\frac{\left(\dfrac{\hbar\omega}{k_BT}\right)^2 \mathrm{e}^{\hbar\omega/k_BT}}{(\mathrm{e}^{\hbar\omega/k_BT}-1)^2}\omega^2\mathrm{d}\omega
\end{aligned} \tag{7-93}
$$

$$
\begin{aligned}
C_V(T) &= \frac{3Vk_B}{2\pi^2\left(\omega_m^3\dfrac{V}{6\pi^2N}\right)}\int_0^{\omega_m}\frac{\left(\dfrac{\hbar\omega}{k_BT}\right)^2 \mathrm{e}^{\hbar\omega/k_BT}}{(\mathrm{e}^{\hbar\omega/k_BT}-1)^2}\omega^2\mathrm{d}\omega \\[2mm]
&= \frac{9Nk_B}{\omega_m^3}\int_0^{\omega_m}\frac{\left(\dfrac{\hbar\omega}{k_BT}\right)^2 \mathrm{e}^{\hbar\omega/k_BT}}{(\mathrm{e}^{\hbar\omega/k_BT}-1)^2}\omega^2\mathrm{d}\omega \\[2mm]
&= 9Nk_B\left(\frac{k_BT}{\hbar\omega_m}\right)^3\int_0^{\hbar\omega_m/kT}\frac{\xi^4\mathrm{e}^\xi}{(\mathrm{e}^\xi-1)^2}\mathrm{d}\xi \quad \left(\xi=\frac{\hbar\omega}{k_BT}\right)
\end{aligned} \tag{7-94}
$$

德拜热容函数中只包含一个参数 ω_m,设德拜温度:

$$\theta_D = \frac{\hbar\omega_m}{k_B} \tag{7-95}$$

则晶体的热容特征完全可以由德拜温度确定:

$$C_V(T) = 9Nk_B\left(\frac{T}{\theta_D}\right)^3\int_0^{\theta_D/T}\frac{\xi^4\mathrm{e}^\xi}{(\mathrm{e}^\xi-1)^2}\mathrm{d}\xi \tag{7-96}$$

分析式(7-96),高温条件下:

$$
\begin{aligned}
C_V(T) &= 9Nk_B\left(\frac{T}{\theta_D}\right)^3\int_0^{\theta_D/T}\frac{\xi^4\mathrm{e}^\xi}{(\mathrm{e}^\xi-1)^2}\mathrm{d}\xi \\[2mm]
&\approx 9Nk_B\left(\frac{T}{\theta_D}\right)^3\int_0^{\theta_D/T}\xi^2\mathrm{d}\xi = 9Nk_B\left(\frac{T}{\theta_D}\right)^3\frac{1}{3}\left(\frac{\theta_D}{T}\right)^3 = 3Nk_B
\end{aligned} \tag{7-97}
$$

同样得出与经典模型相同的结果(式(7-75))。低温条件下:

$$
\begin{aligned}
C_V\left(\frac{T}{\theta_D}\right) &\rightarrow 9Nk_B\left(\frac{T}{\theta_D}\right)^3\int_0^\infty\frac{\xi^4\mathrm{e}^\xi}{(\mathrm{e}^\xi-1)^2}\mathrm{d}\xi \\[2mm]
&= 9Nk_B\left(\frac{T}{\theta_D}\right)^3\frac{4\pi^4}{15} = \frac{12\pi^4}{5}Nk_B\left(\frac{T}{\theta_D}\right)^3, \quad T\rightarrow 0\mathrm{K}
\end{aligned} \tag{7-98}
$$

得到了与实验相吻合的随温度三次幂(T^3)变化的关系。

电子热容的表达式（推导略）

$$C_V = \frac{dU}{dT} = \frac{\pi^2}{3}(k_B^2 T)g(E_F) = \frac{\pi^2}{3}(k_B^2 T)\frac{3}{2}\frac{N}{k_B T_F}$$

$$= \frac{\pi^2}{2}Nk_B\frac{T}{T_F} \tag{7-99}$$

金属中自由电子贡献的热容约为理想气体常数的百分之一。

7.3.2　热传导

固体中温度分布不均匀时，将会有热能从高温区域流向低温区域，这种现象称为热传导现象。热流密度 j 定义为单位时间内通过单位截面传输的热能。热流密度 j 与温度梯度呈正比：

$$j = -\kappa\frac{dT}{dx} \tag{7-100}$$

式中，比例系数 κ 称为热传导系数或者热导率，负号表示热能传输总是从高温流向低温。热导分为电子热导和晶格热导，电子热导是电子运动传热，晶格热导是格波传递热能，一般绝缘体和半导体多是通过晶格热导实现传热的。

晶格热导不是格波的"传播"，与气体的热传导有很相似之处，是属于一种无规则运动。为了便于理解，这里简述气体热传导的微观解释：当气体分子从温度高的区域运动到温度低的区域时，它将通过碰撞把携带的较高平均能量传给其他分子；反之，通过碰撞获得能量，分子间的碰撞对气体导热具有决定作用。气体导热可以看作在一个自由程内，冷热分子相互交换位置的结果。把声子类比于气体的分子，以这种声子的"气体"，可以给出固体热传导系数（热导率）κ 的表达式：

$$\kappa = \frac{1}{3}c_V\lambda v_0 \tag{7-101}$$

式中，c_V 是声子（格波）决定的比热容（单位体积热容），v_0 是声子速度（可用固体声速代替），λ 是声子的平均自由程。"声子气体"中，每个模式 ω_q 的平均声子数：

$$\bar{n} = \frac{1}{e^{\hbar\omega_q/k_B T}-1} \tag{7-102}$$

当存在温度梯度时，可以考虑成"声子气体"的密度分布不均匀，高温区声子密度高，低温区声子密度低。"声子气体"在无规则的运动基础上产生平均定向运动，即扩散运动。声子是晶格振动的能量量子，声子的定向运动可以看成能量的流动，称为热流，热流的方向就是声子平均的定向运动的方向，晶格热传导可以看作声子扩散运动的结果。

决定声子平均自由程的因素很多，主要由声子之间相互碰撞决定的 λ_1，另一个是固体中缺陷和边界对声子的散射作用决定的 λ_2；总平均自由程的倒数等于各平均自由程倒数之和，即

$$\frac{1}{\lambda} = \sum_i\frac{1}{\lambda_i} \tag{7-103}$$

声子间的相互碰撞，即不同格波之间的相互作用，属于非简谐作用。非简谐作用使不同格波之间存在一定的耦合。例如三声子过程就是由两个声子碰撞产生另外一个新的声子的过程。根据能量守恒和动量守恒，有

$$\hbar\omega_{q1} + \hbar\omega_{q2} = \hbar\omega_{q3} \tag{7-104}$$

$$\hbar q_1 + \hbar q_2 = \hbar q_3 + \hbar G_n \tag{7-105}$$

声子的碰撞将限制声子自由程,降低晶格热导率。

从式(7-102)可以看出,温度很高时($T \gg \Theta_D$),模式平均声子数近似正比于温度 T:

$$\bar{n} \approx \frac{k_B T}{\hbar\omega_q} \tag{7-106}$$

由于声子数增加会增加声子间的相互碰撞,从而减小平均自由程,减低热导率。所以热导率与温度成反比;而温度很低时($T \ll \Theta_D$),每个模式的平均声子数趋于 0,自由程将迅速地增大,导致热导率增大。

固体中存在的缺陷包括晶体的不均匀性、多晶体晶界、表面、杂质等。低温下,自由程将主要由声子与缺陷之间的散射决定。在更低温度下,样品表面散射将成为限制自由程的主要因素,尺寸小的样品自由程更短,热导更低。

7.3.3　非简谐效应

7.1 节中给出了两个原子之间相互作用势能和相互作用力的分析。式(7-10)给出了在忽略高次项时原子间相互作用力:

$$F = -\frac{\partial v}{\partial \delta} \approx -\beta\delta$$

可见 F 和 δ 为线性关系,所以称简谐振动为线性振动。7.3.1 节用原子的简谐振动解释了固体热容问题,但晶体的热膨胀等热学性质,涉及晶格的非简谐振动,要考虑式(7-7)泰勒展开的高阶项:

$$v(r_0 + \delta) = v(r_0) + \left(\frac{dv}{dr}\right)_{r0}\delta + \frac{1}{2!}\left(\frac{d^2v}{dr^2}\right)_{r0}\delta^2 + \frac{1}{3!}\left(\frac{d^3v}{dr^3}\right)_{r0}\delta^3 + \cdots \tag{7-107}$$

即

$$\frac{1}{3!}\left(\frac{d^3v}{dr^3}\right)_{r0}\delta^3 + \cdots \tag{7-108}$$

如令

$$\alpha = \frac{1}{2}\left(\frac{d^3v}{dr^3}\right)_{r0}$$

则有

$$F = -\frac{\partial v}{\partial \delta} = -\beta\delta - \alpha\delta^2 \cdots \tag{7-109}$$

这时可见 F 和 δ 为非线性关系,所以非简谐振动也称为非线性振动。

在简谐近似的情况下,高阶项被忽略,势能曲线如图 7.18 中虚线所示的抛物线形。在任何温度下,原子只做简谐振动,温度低振幅小,温度高振幅大,由于势能曲线的抛物线是左右对称的,势能 v 所对应的左右两个 r 值(振幅)以 r_0

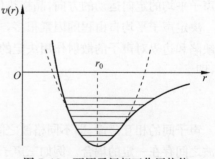

图 7.18　两原子间相互作用势能

为中心,所以平均位置一直在 r_0,不发生改变。平衡位置不变意味着原子的间距没有发生变化,所以不发生膨胀现象。

当考虑到描述非简谐振动的高阶非线性项时,如图 7.18 中实线所示的势能曲线,不再是抛物线型了,呈现左右不对称的形状。势能 v 所对应的左右两个 r 值不再以 r_0 为中心,其中心点即为新的平衡位置。原子振动平衡位置的改变意味着原子间距发生变化,一般情况下温度升高,原子平衡位置向右移动,原子距离增大,显示出热膨胀的现象。

习题

7.1 推导一维单原子链的晶格振动格波色散关系:$\omega = 2\sqrt{\dfrac{\beta}{m}}\left|\sin\left(\dfrac{aq}{2}\right)\right|$。

7.2 请画出图 7.19 经过 1/4 时间周期后的格波波形和原子位置(假设波向右运动)。

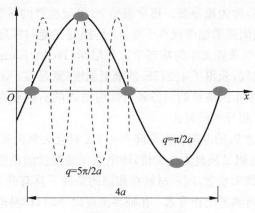

图 7.19 题 7.2 图

7.3 推导一维双原子链的晶格振动格波色散关系:

$$\omega^2 \begin{vmatrix} \omega_+^2 \\ \omega_-^2 \end{vmatrix} = \beta\frac{m+M}{mM}\left\{1 \pm \left[1 - \frac{4mM}{(m+M)^2}\sin^2 aq\right]^{1/2}\right\}$$

7.4 研究最近邻原子间恢复力常数交替为 β 和 10β 的线性链,令原子质量相等,且最近邻原子距离为 a,求 $q=0$ 和 $q=\pi/2a$ 的 $\omega(q)$,并大致画出色散关系。

7.5 一维复式格子:

$$m = 5 \times 1.67 \times 10^{-24}\,\text{g}, \frac{M}{m} = 4, \beta = 1.5 \times 10^1\,\text{N/m}(\text{即 } 1.51 \times 10^4\,\text{dyn/cm})$$

求:(1) 光学波 ω_{max}^O、ω_{min}^O,声学波 ω_{max}^A;

(2) 频率为 ω_{max}^O、ω_{min}^O 和 ω_{max}^A 的格波相应声子能量;

(3) 在 300K 时频率为 ω_{max}^O、ω_{min}^O 和 ω_{max}^A 的平均声子数;

(4) 与 ω_{max}^O 相对应的电磁波波长在什么波段。

第8章

超导态的基本现象和基本规律

在极低温度下物质的电阻突然消失的现象称为超导电性(superconductivity),此时物质处于某种电子有序状态,称为超导态。超导态是20世纪重要的科学发现之一。

实验中发现金属的电阻随着温度线性下降,于是探究在绝对零度时电阻的极限引起了人们的兴趣。1908年,荷兰莱顿大学的物理学家昂尼斯(Heike Kamerlingh-Onnes,1853—1926,荷兰)成功液化了氦气,获得了4.215K的液氦温度(氦是唯一不能在标准大气压下固化的物质),昂尼斯于1913年因液氦的制备和对低温物理的贡献获得诺贝尔物理学奖。液氦提供的低温条件开启了超导的研究。

1911年昂尼斯发现,水银的电阻在温度降到4.2K时会突然消失(图8.1),当温度回升到4.2K以上时,水银的电阻又恢复为正常值,即电阻仅是温度的函数。电阻率消失的温度称为临界温度T_c,T_c是物质常数,同一材料在相同的条件下具有确定的T_c值。在临界温度以上时,材料处于人们所熟悉的正常态;在临界温度以下时,材料进入一种新的完全不同的状态,即超导态。

在临界温度下转变为超导态的物质称为超导体。迄今为止,已经发现28种元素和上千种合金及化合物在常压下可通过降低温度实现超导态,图8.2中标示出这28种元素在元素周期表中的位置。还有一些物质在高压下会转变成超导态,这些物质都可以称为超导体。

超导体的种类可以分为

(1)金属、合金、化合物,例如铌(Nb,$T_c=$9.25K)、铅(Pb,$T_c=7.20$K)、铊(Tl,$T_c=$2.39K)、钽(Ta,$T_c=4.48$K)、β相的镧(La,$T_c=5.98$K),合金钛化铌(NbTi,$T_c=$9.5K)、锡化铌(Nb$_3$Sn,$T_c=18.1$K)、锗化铌

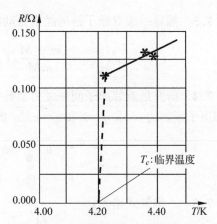

图8.1 水银电阻在4.2K(液态氦)左右陡然下降

(Nb$_3$Ge,$T_c=23.2$K)、硼化镁(MgB$_2$,$T_c=39.0$K)等,该系列是目前主流实用超导体的材料。

(2)重费米子超导体,该系列超导体的临界温度T_c很低,目前尚难以实用。

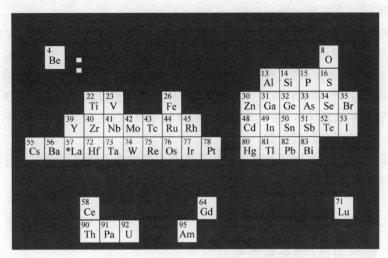

图 8.2　在常压下具有超导态的 28 种元素

（3）高温超导体，主要是原胞中含有 CuO_2 组分的材料，典型的有 $La_{1.85}Sr_{0.15}CuO_4$（$T_c=$ 39K）、$Bi_2Sr_2CaCu_2O_8$（$T_c=89K$）、$YBa_2Cu_3O_7$（$T_c=92K$）、$Tl_2Ba_2Ca_2Cu_3O_{10}$（$T_c=125K$）、 $HgBa_2Ca_2Cu_3O_{10}$（$T_c=134K$）等，该系列由于临界温度较高，是科研的热点领域。

（4）有机超导体，如 K_3C_{60}（$T_c=18K$）、Rb_3C_{60}（$T_c=29K$）、$Cs_2Rb_3C_{60}$（$T_c=33K$）等。

我们知道，物质的电阻来自电子与晶格散射。晶体中杂质离子和晶格的散射总是存在的，因此根据一般的输运理论无法理解超导电性的出现，因为即使是在热力学绝对零度，费米面上载流子的弛豫时间、载流子浓度不可能为无穷大，电子的有效质量也不可能为零。超导现象的发现对传统理论提出了挑战。

超导的理论研究分为唯象理论（phenomenological theory）和微观理论（microscopic theory）两个阶段。

在唯象理论阶段，1934 年物理学家戈特（Cornelis J. Gorter，荷兰）和卡西米尔（Hendrik B. G. Casimir，1909—2000，荷兰）提出二流体模型，1935 年菲列兹·伦敦（Fritz London， 1900—1954，德国）和他的兄弟海因茨·伦敦（Heinz London，1907—1970，德国）提出伦敦方程，以解释迈斯纳效应，1950 年物理学家金茨堡（Vitaly Ginzburg，1916—2009，苏联）和朗道（Lev Landau，1908—1968，苏联）提出 Ginzburg-Landau 理论，全面解释超导性，也可以推导出 London 方程，之后，朗道的学生阿布里科索夫（Alexey Abrikosov，1928—2017，苏联）简化了 Ginzburg-Landau 理论，解释了 Abrikosov 漩涡点阵。朗道在 1962 年因二级相变理论获得诺贝尔物理学奖，金茨堡和阿布里科索夫在 2003 年因其对超导研究的贡献获得诺贝尔物理学奖。

20 世纪 50 年代，超导的研究进入微观理论阶段。1957 年，巴丁（John Bardeen，1908— 1991，美国）、库伯（Leon N. Cooper，1930—　，美国）和施里弗（J. R. Schrieffer，美国）发表的经典性文章确立了超导电性量子理论的基础——BCS 理论；经过很多年的实验验证，BCS 理论对于所有金属类别的传统超导体都是成立的，这三位科学家共同获得 1972 年诺贝尔物理学奖。

1962 年，约瑟夫森（Brian Josephson，1940—　，英国）预言超导电流在压阈值之上可以穿过超导-金属-超导结或超导-绝缘-超导结。这种隧穿现象后被命名为约瑟夫森现象，约瑟夫森因此获得 1973 年诺贝尔物理学奖。

较新进展发生在 1986 年，IBM 瑞士苏黎世实验室物理学家贝德诺尔兹（Georg Bednorz,1950—   ,德国）和米勒（Alex Muller,1927—   ,瑞士）发现非金属氧化物陶瓷 LaBaCuO 竟然有超导性，而且临界温度很高（30K），由此开始了高温超导体（high-Tc superconductor）的研究热潮；1987 年初，美国的吴茂昆等和我国中科院物理所赵忠贤等宣布发现 90K 钇钡铜氧超导体，第一次突破了液氮温度（77K）这个温度壁垒。贝德诺尔兹和米勒获得 1987 年诺贝尔物理学奖。

超导现象在高能物理、电子技术、计量、微波和天体物理等领域有着广泛而重要的应用，目前超导态的理论解释尚未完善，仍然是活跃的研究领域。

8.1 超导态的基本现象

8.1.1 零电阻性（完全导电性）

超导态最明显的现象，就是在临界温度以下的零电阻特性。如果通过磁场在一个环状金属导线圈中产生感生电流，一般情况下，撤掉磁场后导电线圈中的电流会因为电阻的存在而迅速衰减消失。但当该导电线圈降温至超导态时，即使撤掉磁场，导电线圈内的感生电流也可以维持很长时间，几乎观测不到衰减的现象，这种电流也称为超导电流或持续电流，如图 8.3 所示。而当温度提高到临界温度以上时，感生电流立即消失。利用超导量子干涉仪可测得超导态的电阻率小于 $10^{-26}\Omega \cdot cm$。

这里虽然定义了物质从正常态向超导态转变的临界温度 T_c，从图 8.1 可以看到，水银电阻的减小乃至消失是在一个约 0.05K 的温度间隔内完成的。其他超导体也是一样，都是在一个有限的温度间隔内完成正常态到超导态的转变。根据物质材料的不同，转变的温度间隔也不尽相同，为 $10^{-5}\sim 0.1K$。

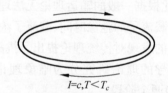

$I=c,T<T_c$

图 8.3 超导状态下导电线圈内的感生电流可以维持很长时间

8.1.2 迈斯纳效应（完全抗磁性）

1933 年德国物理学家迈斯纳（W. Meissner,1882—1974,德国）和奥森菲尔德（R. Ochsenfeld, 德国）在对锡单晶球超导体做磁场分布测量时发现，在小磁场中把金属冷却进入超导态时，体内的磁力线会瞬间被排出，磁力线不能穿过它的体内，也就是说物质处于超导态时，体内的磁场恒等于零。这种将磁力线从超导体中排出的效应，称为完全抗磁性，它是超导态重要的基本特征，以其发现者迈斯纳命名为迈斯纳效应（Meissner effect），如图 8.4 所示。

如果将一个磁铁靠近超导体，磁铁会感受到一个排斥力。如果这个排斥力足够强，超过了磁铁所受的重力，这块磁铁竟然可以在超导体上悬浮起来！

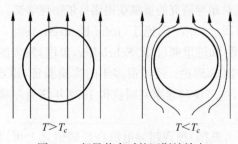

$T>T_c$ $T<T_c$

图 8.4 超导状态时的迈斯纳效应

图 8.5 是一个有趣的实验。在一个浅平的锡盘中，放入一个体积很小但磁性很强的永久磁铁，然后把温度降低，使锡盘出现超导性。这时可以看到小磁铁竟然离开锡盘表面，飘然升起，与锡盘保持一定距离后，便悬空不动了。

这是由于超导体的完全抗磁性，使小磁铁的磁力线无法穿透超导体，磁场发生畸变，由此产生了一个向上的浮力。

图 8.5　观测超导态迈斯纳效应的实验

研究发现，迈斯纳效应与过程的先后无关。先将金属球冷却至超导态再加磁场或者将超导体在磁场中冷却，结果都是超导体内保持 $\boldsymbol{B}=0$，这说明超导态是热力学平衡态。超导体内的磁场可以看成外磁场和磁化磁场的叠加：

$$\boldsymbol{B}=\mu_0\boldsymbol{H}+\mu_0\boldsymbol{M}=0 \tag{8-1}$$

则超导体的磁化率为

$$\chi=\frac{H}{M}=-1 \tag{8-2}$$

所以，完全抗磁性并不意味着磁化强度 $\boldsymbol{M}$ 等于零，而是 $\boldsymbol{M}=-\boldsymbol{H}$，即超导体内的磁化强度正好抵消外磁场。正常具有抗磁性的物质的磁化率绝对值一般在 10^{-5}，远远低于超导体的磁化率。

超导体的完全抗磁性无法用其"零电阻性"解释。因为根据欧姆定律 $E=\rho j$，对于电阻率 ρ 为零的理想导体，电流密度 j 为有限值时，电场 E 必定为零。按照麦克斯韦方程：

$$\nabla\times\boldsymbol{E}=-\frac{\partial\boldsymbol{B}}{\partial t} \tag{8-3}$$

即 $\frac{\partial\boldsymbol{B}}{\partial t}=0$，原来存在于体内的磁通量将仍然存在于体内，不会因为被冷却而排除体内磁通量，出现 $\boldsymbol{B}=0$ 的现象，如图 8.4 所示；当外部磁场撤去后，理想导体为了保持体内磁通量不发生变化，还将产生永久感生电流，同时在体外产生相应的磁场。而图 8.4 所示的完全抗磁性则与理想导体大相径庭，是独立于"零电阻性"的超导态基本现象。零电阻和完全抗磁性（迈斯纳效应）都是判别物质是否处于超导态的标志，两者同时存在，缺一不可。

实验表明，足够强的外加磁场将破坏超导态，破坏超导态所需的最小外磁场称为临界磁场 H_c。具有一个临界磁场值的超导体称为Ⅰ类超导体，具有两个临界磁场值的超导体称为Ⅱ类超导体。Ⅰ类超导体在外加磁场 $H<H_c$ 时，超导体完全排出磁场，出现迈斯纳效应；当 H 增加到临界磁场 H_c 时，超导态会突然变成正常态，迈斯纳效应消失，磁场完全穿透该材料；这个过程是可逆的，即当外加磁场低于 H_c 时，材料又可恢复超导态，再次出现迈斯纳效应（图 8.6(a)）。临界磁场 H_c 与温度有关，一般表示为

$$H_c = H_c(0)\left(1 - \frac{T^2}{T_c^2}\right)$$
(8-4)

Ⅱ类超导体具有两个临界磁场：下临界磁场 H_{c1} 和上临界磁场 H_{c2}，其磁化特性如图 8.6(b)所示。当 $H < H_{c1}$ 时，超导体完全排出磁场，出现迈斯纳效应；当 $H_{c1} < H < H_{c2}$ 时，磁场部分排出，超导体处于超导态和正常态的混合态(图 8.7)，这时体内有部分磁感应线穿过(不完全抗磁性)，形成许多半径很小的圆柱形正常区域，正常区周围是连通的超导区，整个样品的周边仍有抗磁电流，可以保持零电阻特性；当 $H > H_{c2}$ 时，磁场完全穿透，迈斯纳效应消失，材料变成正常态。理想的Ⅱ类超导体的磁化过程也是可逆的。

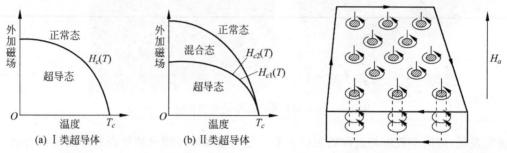

图 8.6　磁场中的超导态和正常态

图 8.7　当 $H_{c1} < H < H_{c2}$ 时，超导体处于超导态和正常态的混合态

8.1.3　磁通量子化

穿过环形超导态样品的磁通量是量子化的，这是超导态的另一个基本现象。

将环形超导样品在临界温度以上放入垂直于其环形平面的磁场中，如图 8.8 所示，将其冷却到临界温度以下，使其处于超导态，然后撤销磁场。此时超导环所围面积的磁通量仍然不变，它由超导环表面的超导电流所产生的磁场维持着，这种现象称为磁通量冻结，而且冻结的磁通量的取值是量子化的，即

$$\Phi = n\frac{h}{2e} = n\Phi_0$$
(8-5)

其中，n 为量子数，Φ_0 为磁通量的最小单位，称为磁通量子：

$$\Phi_0 = \frac{h}{2e} = 2.07 \times 10^{-6} \text{Wb}$$
(8-6)

8.1.4　超导能隙

处于超导态的金属会出现"超导能隙"的现象，即在超导体内存在着以费米能级为中心的能隙，能隙宽度为 $E_g = 2\Delta$。理论和实验都表明，超导能隙具有 $k_B T_c$ 的量级，如图 8.9 所示。在绝对零度 $T = 0\text{K}$ 时，在超导能隙之下全部填满电子，在能隙之上全部为空态。与半导体或绝缘体能带中的带隙类似，但其产生的物理本质完全不同，超导能隙是与相互作用的电子气相联系的。

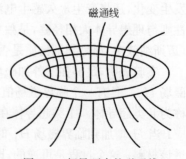

图 8.8　超导环中的磁通线

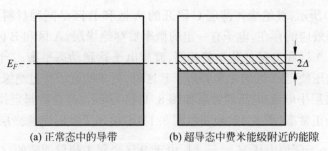

E_F

(a) 正常态中的导带　　(b) 超导态中费米能级附近的能隙

图 8.9　正常态中的导带和超导态中费米能级附近的能隙

超导能隙的存在,带来以下效应。

1. 超导态电子热容

由 7.3.1 节中式(7-98)、式(7-99)可知,正常态热容具有 AT^3+BT 的形式,其中立方项是由晶格振动引起的,线性项是由电子激发引起的。低温下,主要由第二项电子的热容主导,热容随温度的降低线性减小。实验发现,超导体的比热不再遵循这个规律。如图 8.10 所示,首先超导体在跨越临界温度时($T=T_c$),比热会跳到一个较高的值,然后随温度的降低快速下降并低于低温下正常态的比热,这里低温下的正常态是利用外加磁场得到的。拟合图 8.10 的曲线可以看到,在超导态中电子比热随温度呈指数形式的变化:

$$\exp\left(-\frac{\Delta}{k_BT}\right) \tag{8-7}$$

比热在临界温度时发生阶跃,且指数函数的宗量与 $-\dfrac{1}{T}$ 成正比,均提示电子被激发跨越了一个能隙,即激发态与基态之间存在能隙的特征热行为。因为只有费米能级附近的电子参与各种物理过程,故这个能隙处在费米能级处,即本节所讨论的超导能隙。

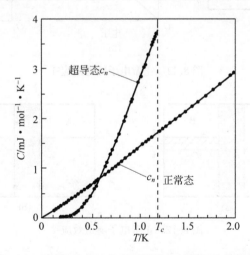

图 8.10　金属铝处于正常态和超导态时低温比热的比较

2. 正常电子隧道效应

与超导有关的电子隧道效应分为正常电子隧道效应和超导电子隧道效应。正常电子隧道效应证明了超导能隙的存在,超导电子隧道效应即约瑟夫森效应,将在 8.3 节中讲述。

如图 8.11(a)所示,被绝缘体薄层 C 隔开的 A 区和 B 区是同种材料,如果绝缘层足够薄,由于量子隧道效应的存在,电子有一定的概率贯穿绝缘层,A 区和 B 区之间有电子的渡越。在热平衡时,A 区和 B 区的化学势相等,渡越电子达到动态平衡。当 A 区和 B 区均处于正常态,外加电压使得 A 区的化学势高于 B 区时,更多的电子穿过绝缘层势垒,从 A 区渡越到 B 区,绝缘夹层中电流-电压的关系如图 8.11(b)所示,符合欧姆定律。如果 B 区处于超导态,A 区仍是正常态(图 8.12(a))时,图 8.11(c)给出了此时绝缘夹层中电流-电压的关系。当外加电压小于阈值电压 $V_c = \dfrac{\Delta}{e}$ 时,由于 B 区金属中超导能隙的存在,电子不可能从 A 区进入 B 区,故外加电压 $0 \to V_c$ 时电流为零。当外加电压大于阈值电压 $V_c = \dfrac{\Delta}{e}$ 时,正常态 A 区的能级上移 eV_c(图 8.12(b)),A 区费米能级 E_F 以上的电子可以穿过绝缘薄层进入超导态 B 区能隙上方的空能级,于是电流开始出现,且随着电压增大而增大,对应图 8.11(c)中 $V \geqslant V_c$ 的区域。由于穿过绝缘薄层的是正常电子,所以称之为正常电子隧道效应。由 V_c 测量得到的 Δ 值正好与低温比热测量到的一致,这也证实了超导能隙的存在。另外,实验还发现当温度升高到临界温度 T_c 时,阈值电压 V_c 减小,这表明超导能隙本身随着温度增加而减小。

另外,典型的超导能隙对应的频段在微波和红外频谱区,实验也可以观测到在微波频率区电子不能被激发的现象。

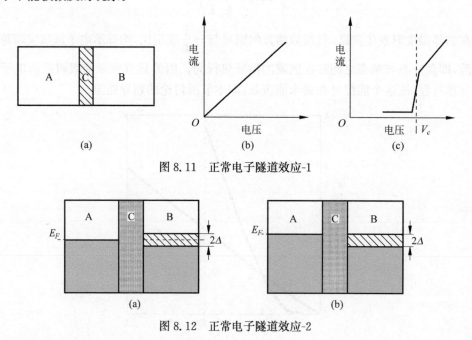

图 8.11　正常电子隧道效应-1

图 8.12　正常电子隧道效应-2

8.1.5　同位素效应

实验观测到,某些超导体的临界温度随同位素质量而变化。例如,当水银的平均原子量 M 从 199.5 变化到 203.4 原子质量单位时,临界温度 T_c 从 4.185K 变到 4.146K。若将同一元素的不同同位素加以混合,则可以获得平滑变化的临界温度。同位素的实验结果可以

拟合为

$$M^{\alpha} T_c = 常数 \tag{8-8}$$

从临界温度与同位素质量的关系中，可以看出电子与晶格的相互作用对于超导特性有着深刻的影响。8.2.2节要讲到的 BCS 理论给出的结论为

$$T_c \propto \Theta_D \propto M^{-\frac{1}{2}} \tag{8-9}$$

这里 Θ_D 是德拜温度，可知式(8-8)中的 $\alpha \approx -\dfrac{1}{2}$。

8.2　超导态的理论模型

8.2.1　唯象理论

从实验现象出发提出假设和建立模型来解释超导现象的理论称为超导的唯象理论。

8.1节描述了超导态具有的各种独特现象。人们发现，正常态与超导态之间的变换，并没有吸放热或者体积的改变，精细的实验观测确实验证了这点——从正常态转变为超导态前后原子晶格并没有发生变化。这意味着超导现象是电子行为的变化所引起的。

1934年荷兰物理学家戈特和卡西米尔提出二流体模型。该模型假设超导体内的电子分为两类：正常电子和超导电子。正常电子就是通常金属中的自由电子，受到晶格散射做杂乱运动，对熵有贡献；形成电流时遵循欧姆定律，呈现出一定的电阻值。超导电子则处在一种凝聚状态，所谓凝聚并不是说它们冻结不动，而是聚集在某个最低能量状态，同时这种状态的特点是电子不受晶格的散射，所以对熵没有贡献，即它们的熵等于零，材料整体的熵也会因超导电子的出现而消失一部分，形成能量较低的稳定凝聚态；超导电子形成电流时不再遵循欧姆定律，出现零电阻现象。正常电子和超导电子占据同一体积，相互渗透，彼此独立地运动，两类电子的数目依赖于温度；当温度远低于临界温度 T_c 时，几乎所有电子都是超导电子，随着温度的升高，超导电子逐渐减少，在临界温度时超导电子的数目为零，在临界温度以上的正常态只存在正常电子。

二流体模型可以很好解释超导体的零电阻性，因为只要在临界温度以下有超导电子的存在，由于它们具有无限大的电导率，会使得正常电子短路，导致整个材料显示无限大的电导率。

二流体模型是根据实验现象提出的假设模型，是超导态唯象理论发展的基础。比较成功的唯象理论有伦敦方程、皮帕德理论和金兹堡-朗道理论等。

1. 伦敦方程

根据二流体模型，1935年伦敦兄弟提出解释超导态磁特性的基本方程——伦敦方程。

由于超导体的零电阻效应，即电阻率无穷大，在4.2节讨论正常电子的输运过程时用到的欧姆定律不再适用。超导电子仅受到电场作用而不断被加速，根据牛顿定律：

$$m^* \frac{\mathrm{d} \boldsymbol{v}_s}{\mathrm{d} t} = e^* \boldsymbol{E} \tag{8-10}$$

式中，e^* 和 m^* 分别为超导电子的电荷和质量。超导电流密度：

$$\boldsymbol{j}_s = n_s e^* \boldsymbol{v}_s \tag{8-11}$$

式中，n_s 是超导电子密度，所以

$$\frac{\partial}{\partial t}\boldsymbol{j}_s = n_s e^* \frac{\partial \boldsymbol{v}_s}{\partial t} = \frac{n_s e^*}{m^*}\boldsymbol{E} \tag{8-12}$$

将式(8-12)代入麦克斯韦方程：

$$\frac{\partial}{\partial t}\boldsymbol{B} = -\nabla\times\boldsymbol{E} \tag{8-13}$$

可得

$$\frac{\partial}{\partial t}\boldsymbol{B} = -\frac{m^*}{n_s e^{*2}}\nabla\times\frac{\partial}{\partial t}\boldsymbol{j}_s \tag{8-14}$$

在稳定情况下，由式(8-12)可知，$\boldsymbol{E}=0$，所以有$\frac{\partial}{\partial t}\boldsymbol{B}=0$。

这里如果限制方程式(8-14)的解为如下形式：

$$\boldsymbol{B} = -\frac{m^*}{n_s e^{*2}}\nabla\times\boldsymbol{j}_s \tag{8-15}$$

则可以导出超导态的磁特性，式(8-15)就是伦敦方程。

可以看到，方程(8-14)仅要求$\boldsymbol{B}+\frac{m^*}{n_s e^{*2}}\nabla\times\boldsymbol{j}_s$与时间无关即可，伦敦方程进一步限制这个与时间无关的量为零，相当于在零电阻性所允许的解之中选择一个解，伦敦方程就是选择这个解的额外条件，这个额外条件把超导体和纯粹的理想导体区分开了。

用伦敦方程可以很好解释迈斯纳效应。麦克斯韦方程：

$$\nabla\times\boldsymbol{B} = \mu_0\varepsilon_0\frac{\partial\boldsymbol{E}}{\partial t} + \mu_0\boldsymbol{j}_s \tag{8-16}$$

在静态条件下，$\frac{\partial\boldsymbol{E}}{\partial t}=0$，所以有

$$\nabla\times\boldsymbol{B} = \mu_0\boldsymbol{j}_s \tag{8-17}$$

式(8-17)两端取旋度，并利用公式：

$$\nabla\times\nabla\times\boldsymbol{B} = \nabla(\nabla\cdot\boldsymbol{B}) - \nabla^2\boldsymbol{B} = -\nabla^2\boldsymbol{B} \tag{8-18}$$

这里$\nabla\cdot\boldsymbol{B}=0$，式(8-17)变成

$$-\nabla^2\boldsymbol{B} = \mu_0\nabla\times\boldsymbol{j}_s \tag{8-19}$$

并代入式(8-15)得到

$$\nabla^2\boldsymbol{B} = -\frac{\mu_0 n_s e^{*2}}{m^*}\boldsymbol{B} \tag{8-20}$$

令

$$\lambda_L^2 = \frac{m^*}{\mu_0 n_s e^{*2}} \tag{8-21}$$

则有

$$\lambda_L^2\nabla^2\boldsymbol{B} = \boldsymbol{B} \tag{8-22}$$

这是常系数二阶齐次方程，它的解具有指数形式，是以指数

$$\exp\left(-\frac{x}{\lambda_L}\right) \tag{8-23}$$

衰减的磁场。这里 x 是离开表面的距离。

如果取超导电子浓度等于一般导体中电子密度的数量级 $n_s \approx 10^{23}/\mathrm{cm}^3$,可以得到 $\lambda_L \approx 2 \times 10^{-6}\,\mathrm{cm}$,即超导体中磁场的穿透深度仅是 $10^{-6}\,\mathrm{cm}$ 数量级,超导体内部磁场为零。伦敦方程不仅说明了迈斯纳效应,还得出超导体中存在一定的磁场穿透深度这一结论。从式(8-21)可以看出,λ_L 与超导电子浓度成反比,在临界温度时,超导电子浓度趋于零,λ_L 很大;在绝对零度时,超导电子浓度达到最大值,λ_L 减小至最小值。根据这个理论,超导体中的超导区域应比实际材料的体积小,当超导体的体积与 λ_L 可比拟时,将不再是完全的抗磁体。

通过测量细小样品在超导态的磁矩证实了超导体内存在一定的磁场穿透深度,但实验测得的穿透深度都比式(8-12)计算的 λ_L 大。实际上,伦敦方程不是对所有超导体都适用,只是对部分超导体比较准确。1953 年,皮帕德(Alfred Brian Pippard,1920—2008,英国)提出了一个修正理论,提出了相干长度 ξ_0 的概念,即在随空间变化的磁场中,超导电子的浓度在相干长度的距离内不能有显著的变化,相干长度就是超导电子的尺度,类似准经典近似,超导电子波函数被认为在 $E_F - \Delta < E < E_F + \Delta$ 区域内的波函数的叠加,波包的尺度为

$$\xi_0 \approx \hbar/\delta p \approx \frac{\hbar v_F}{2\Delta} \tag{8-24}$$

式中,Δ 即为超导能隙。

皮帕德理论是对伦敦方程的非局域拓展,指出超导体中超导电子之间的相干性。

2. 金兹堡-朗道理论

另一个成功的唯象理论是 1950 年金兹堡和朗道提出的金兹堡-朗道理论,简称 GL 理论。GL 理论是和伦敦方程并行的唯象理论,它包含了一些特定的假设:认为从正常态转变为超导态是一种有序化的过程,超导态可以用一个有序参量 $\psi(\boldsymbol{r})$ 来描述;在临界温度以上($T > T_c$),$\psi(\boldsymbol{r}) = 0$,表示无序的正常态;在临界温度以下($T < T_c$),变为有序的超导态,$\psi(\boldsymbol{r}) \neq 0$,其值是在位置 $\boldsymbol{r}$ 处电子有序度的度量,有

$$|\psi(\boldsymbol{r})|^2 = n_s(\boldsymbol{r}) \tag{8-25}$$

即

$$\psi(\boldsymbol{r}) = \sqrt{n_s(\boldsymbol{r})}\, \mathrm{e}^{\mathrm{i}\phi(\boldsymbol{r})} \tag{8-26}$$

$n_s(\boldsymbol{r})$ 为位置 $\boldsymbol{r}$ 处的超导电子密度,因此有序参量 $\psi(\boldsymbol{r})$ 可以理解为超导电子的有效波函数。但 $\psi(\boldsymbol{r})$ 不是由薛定谔方程决定的,而是作为"序参量"由自由能极小条件决定的。这里略去推导过程,直接给出 GL 理论的两个基本方程:

$$\frac{1}{4m}[-\mathrm{i}\hbar\nabla - 2e^*A]^2\psi + \alpha\psi + \beta|\psi|^2\psi = 0 \tag{8-27}$$

$$\boldsymbol{j}_s(\boldsymbol{r}) = -\frac{je^*\hbar}{2m^*}[\psi^*(\boldsymbol{r})\nabla\psi(\boldsymbol{r}) - \psi(\boldsymbol{r})\nabla\psi^*(\boldsymbol{r})] - \frac{2e^{*2}}{m^*}\psi^*(\boldsymbol{r})\psi(\boldsymbol{r})\boldsymbol{A}(\boldsymbol{r}) \tag{8-28}$$

上面两式称为金兹堡-朗道方程,式中 $\boldsymbol{A}$ 为矢量势,有 $\nabla \times \boldsymbol{A} = \boldsymbol{B}$,$\alpha$ 和 β 为展开系数,e^* 为有效电荷,$e^* = 2e$,m^* 为有效质量,$m^* = 2m$。

将式(8-26)代入上式,可得

$$\boldsymbol{j}_s(\boldsymbol{r}) = -\frac{e^{*2}}{m^*}n_s(\boldsymbol{r})\left[\boldsymbol{A}(\boldsymbol{r}) - \frac{\hbar}{e^*}\nabla\psi(\boldsymbol{r})\right] \tag{8-29}$$

式(8-29)也可看成推广形式的伦敦方程。如果假定 n_s 与 $\boldsymbol{r}$ 无关,只要对式(8-29)取旋度,

即有

$$\nabla \times \boldsymbol{j}_s(\boldsymbol{r}) = -\frac{n_s e^{*2}}{m^*}\boldsymbol{B} \tag{8-30}$$

即为式(8-15)所示的伦敦方程。

用 GL 理论,可以解释图 8.8 所示的超导环中磁通量为量子化的现象并证明式(8-5)。

式(8-28)可以写为

$$\boldsymbol{j}_s = \frac{e^*\hbar}{m^*}|\psi|^2\nabla\phi - \frac{e^{*2}}{m^*}|\psi|^2\boldsymbol{A} \tag{8-31}$$

故有:

$$\nabla\phi = \frac{2e}{\hbar}\boldsymbol{A} + \frac{m}{\hbar e|\psi|^2}\boldsymbol{j}_s \tag{8-32}$$

在超导环内取环路积分 Γ:

$$\oint_\Gamma \nabla\phi \cdot \mathrm{d}\boldsymbol{l} = \frac{2e}{\hbar}\oint_\Gamma \boldsymbol{A} \cdot \mathrm{d}\boldsymbol{l} + \oint_\Gamma \frac{m}{\hbar e|\psi|^2}\boldsymbol{j}_s \cdot \mathrm{d}\boldsymbol{l} \tag{8-33}$$

由于超导体内 $\boldsymbol{j}_s = 0$,所以上式右边第二项为零。另外,为了保证有序度参量 $\psi(\boldsymbol{r})$ 的单值性,式(8-33)左边须为 2π 的整数倍:

$$\oint_\Gamma \nabla\phi \cdot \mathrm{d}\boldsymbol{l} = 2n\pi \tag{8-34}$$

同时因为:

$$\oint_\Gamma \boldsymbol{A} \cdot \mathrm{d}\boldsymbol{l} = \oiint \nabla \times \boldsymbol{A} \cdot \mathrm{d}\boldsymbol{s} = \Phi_L \tag{8-35}$$

所以有:

$$\Phi_L = 2n\pi\frac{\hbar}{2e} = n\frac{h}{2e} = n\Phi_0$$

上式即为式(8-5)。

GL 理论描述的超导电子密度 n_s 不仅是温度 T 的函数,而且是空间位置 $\boldsymbol{r}$ 和磁场 $\boldsymbol{B}$ 的函数,同时还给出了决定 $n_s(\boldsymbol{r})$ 的方程,使得它比起伦敦理论又进了一步,可以解释更多的超导现象。

8.2.2 微观理论

超导态的唯象理论不能从微观上说明超导态的成因。BCS 理论分析了产生超导态的微观物理原因,奠定了超导态量子理论的基础。作为一种微观理论,BCS 理论不但可以推导出之前已经发展起来的伦敦理论、皮帕德理论、金兹堡-朗道理论,还可以解释更多用这些唯象理论所不能解释的现象,使得超导理论建立在一个较基本的微观机制之上,已被普遍接受。

超导电子处于能量很低的凝聚状态,二流体模型也将此特性作为基本的假设。而我们知道,电子之间存在相互作用的静电排斥力,为什么会发生"同性吸引"而凝聚起来呢? 前面提到的同位素效应中给出的式(8-8)表明晶体原子实的运动与超导态的形成有关,另外在实验中还发现,临界温度较高的材料,往往在常温下导电性较差,即电子-声子相互作用较强的材料更容易出现超导态。这些都提示了电子与晶格的相互作用在超导态现象中扮演着重要的角色。基于此,巴丁、库伯、施里弗三位科学家提出了电子是通过晶格相互吸引形成有序凝聚超导电子的设想。

BCS理论认为,在晶体中由于每个电子都被声子云包围,两个电子之间可以通过交换声子建立起相互吸引的作用(图 8.13)。图 8.14 给出了这个过程的描述,假定有电子 1 和电子 2 在运动,电子 1 带负电,会吸引正离子到它附近,结果电子 1 被正离子屏蔽,从而大大减小了这个电子的有效电荷,使得电子 1 和电子 2 之间的库仑排斥力

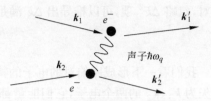

图 8.13 通过晶格振动(声子)传递的电子-电子相互作用

减弱;电子的运动速度快,离子的质量大因而运动速度慢,电子使得点阵形变后,当电子离去时该形变还不能立即消失,于是在这个区域会表现出正电荷;电子 2 感受到这个形变点阵正电荷区域的库仑作用,导致电子 2 趋向电子 1,结果在电子 1 和电子 2 之间产生了吸引作用。这个吸引作用是晶格形变造成的,本质上是电子-声子作用的结果。固体中的电子以发射或者吸收声子的方式与晶格振动相互作用,一个电子与晶格相互作用(散射)后失去动量,另一电子通过与晶格的相互作用立即获得相同大小的动量。则电子即呈现规则性的持续电流,从而产生超导现象。

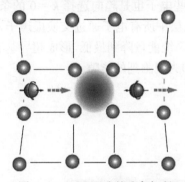

图 8.14 BCS 理论的唯象解释

如图 8.13 所示,波矢为 $\boldsymbol{k}_1$ 的电子与晶格作用,发射波矢为 $\boldsymbol{q}$ 的声子而跃迁到波矢 $\boldsymbol{k}_1'$ 态,波矢为 $\boldsymbol{k}_2$ 的电子吸收这个声子而跃迁到波矢 $\boldsymbol{k}_2'$ 态,即有

$$\boldsymbol{k}_1' = \boldsymbol{k}_1 - \boldsymbol{q} \tag{8-36}$$

$$\boldsymbol{k}_2' = \boldsymbol{k}_2 + \boldsymbol{q} \tag{8-37}$$

两个电子的初态和末态的总动量守恒,波矢满足:

$$\boldsymbol{k} = \boldsymbol{k}_1 + \boldsymbol{k}_2 = \boldsymbol{k}_1' + \boldsymbol{k}_2' \tag{8-38}$$

虽然初态与末态的能量也必须守恒,但过程中不能保证能量守恒。根据测不准原理,$\Delta E \Delta t \simeq \hbar$,这个过程的时间 Δt 很小,所以能量的不确定性 ΔE 很大,这种能量不守恒的过程称为"虚过程",交换的声子称为"虚声子";声子的虚发射只有在有第二个电子准备几乎同时吸收该声子时才有可能发生,通过交换虚声子,两个电子之间产生吸引作用。由于库仑排斥作用的存在,只当交换虚声子产生的吸引作用超过库仑排斥作用时,两个电子之间才表现出净吸引作用束缚在一起,形成相互吸引的电子对,这种电子对称为库伯对,$\boldsymbol{k}$ 称为库伯对的波矢。这时两个电子成对形成一个系统,运动彼此关联,只有提供大于或者等于其束缚能的能量,才能拆散库伯对。

设电子初态与末态的能量分别为 $E(\boldsymbol{k}_1)$、$E(\boldsymbol{k}_2)$ 和 $E(\boldsymbol{k}_1')$、$E(\boldsymbol{k}_2')$,晶格振动产生的最大声子频率为 ω_D,则上述过程应满足:

$$|E(\boldsymbol{k}_1) - E(\boldsymbol{k}_1')| < \hbar\omega_D \tag{8-39}$$

$$|E(\boldsymbol{k}_2) - E(\boldsymbol{k}_2')| < \hbar\omega_D \tag{8-40}$$

绝对零度 $T = 0\mathrm{K}$ 时,材料中所有电子都集中到最低能态,由于泡利不相容原理的限制,每一个能态上只有两个自旋相反的电子,第 3 章的图 3.21 和图 3.22 给出了绝对零度时基态填充的费米分布及费米球。由于最大声子频率决定的 $\hbar\omega_D$ 远小于电子的费米能级,

式(8-39)、式(8-40)的条件使得只有在费米面附近厚度约为 Δk 的壳层内的电子之间才有可能交换虚声子组成库伯对,而费米球内部距离球面距离大于 Δk 的深处电子则无法形成库伯对,忽略 Δk^2 项,可以推导出 Δk 满足:

$$\frac{\hbar^2 k_F \Delta k}{m} = \hbar\omega_D \tag{8-41}$$

我们看一下形成库伯对的电子的特点。如图 8.15 所示,考虑处于费米面上任意位置处波矢为 k_1、k_2 的两个电子,它们能量都等于费米能,且有 $k_1 = k_2 = k_F$(球形等能面近似)。根据式(8-38),有

$$|\,k\,| = 2k_F\cos\theta \tag{8-42}$$

可以看到,由 k_1、k_2 决定的费米球面环线上的所有电子态形成的库伯对的波矢都为 k,费米球面上不同的环线(不同的 θ)则对应不同的 k。显而易见,如果取 $k_1 = -k_2$(即 $\theta = 0°$),费米球面上所有电子都可以形成具有同样波矢 $k = 0$ 的库伯对,因此波矢 $k = 0$ 条件下的结对数目要远远大于波矢 $k \neq 0$ 的情况;另一方面,从能量的观点来看,库伯对的形成使得系统能量降低,尽可能多的电子结对才是系统能量最低的稳定态,因此系统中的电子趋向选择 $k = 0$ 的条件两两结对,使得系统能量降到最低。另外,根据泡利不相容原理可知,组成库伯对的两个电子自旋状态相反时能量更低。对费米面附近 Δk 球壳内可以参与虚声子交换而形成库伯对的电子,如图 8.16 所示,都可做同样的分析,这些电子也是趋向选择 $k = 0$ 的条件两两结对。所以绝对零度 $T = 0$ 时,费米面附近的 Δk 壳层中所有电子通过交换虚声子,以相反的动量、相反的自旋两两结对形成库伯对,使得整个系统能量降到最低,形成超导基态。事实上这些电子就是超导电子,它们结合能的集体行为即为观测到的能隙。

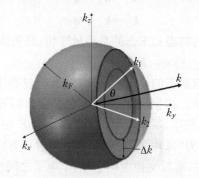 

图 8.15　两个形成库伯对的电子的波矢　　　图 8.16　费米面附近的库伯对电子

要拆散库伯对需要做功的事实表明库伯对的能量低于自由电子的能量,这个能量差值就是库伯对的束缚能。根据计算,这个能量很小,只有 10^{-7}eV 的量级,库伯对的作用范围在 10^{-6}m,也就是说,库伯对在晶格中伸展到几千个原子的范围。而价电子数和原子数是同一个数量级,说明在三维空间有数以百万计的库伯对相互交叉或重叠,库伯对的作用范围即为前边提到的相干长度。

BCS 理论从量子学说出发,揭示了超导电性的微观机理,提出电子与声子的相互作用形成低能态的库伯对,解释了超导态的基本特性。

根据 BCS 理论,超导基态时单电子轨道成对地被占据,如果有一个波矢 k 和自旋向上的电子态被占据,则具有波矢 $-k$ 和自旋向下的电子态也会被占据,反之,如果前者是空的,

则后者也是空的。

当 $T=0$ 时,所有价电子都组成库伯对,它们都是超导电子;当 $T>0$ 时,晶格的热振动可能把一些库伯对拆散,使其成为正常电子。温度越高,库伯对越少,正常电子越多。到达临界温度 T_c 时,所有库伯对全部拆散,所有价电子都成为正常电子,即非配对电子,这时材料完全处于正常态。

正常的费米态允许有任意小的激发,超导态则同最低的激发态间存在一个能隙。能隙的存在可以理解为,要激发一个库伯对,至少要给予大于库伯对束缚能的能量。我们知道库伯对的束缚能为 $10^{-7}\,\mathrm{eV}$,而实验测定的能隙为 $10^{-4}\,\mathrm{eV}$ 的量级。两者相差千倍的原因是,能隙的大小取决于所有电子的状态,从 $10^{-4}\,\mathrm{m}$ 范围内存在数百万个库伯对的情况就可以理解,库伯对之间不能看作互不相关,由于库伯对之间的相互作用,拆散一个库伯对,不仅要向这个库伯对提供能量,而且要向为数众多的未拆散的库伯对提供能量,这个能量才是能隙。随着温度的升高,越来越多的库伯对被拆散,每拆散一个库伯对,未拆散的库伯对能量升高,使得库伯对结合松了,库伯对越少,库伯对的结合越松,拆散库伯对所需能量越少,直到临界温度,库伯对全部拆散,所有电子都成为正常电子。所以能隙随着温度的升高逐步减小,临界温度时能隙为零。

8.3 约瑟夫森效应

针对 8.1.4 节中图 8.11 所示结构,当极薄绝缘层两侧 A 区、B 区都处于超导态,即为一个超导体-绝缘层-超导体所组成的隧道结时,即使没有外加电压,也会有直流电流通过结区,这个现象称为直流约瑟夫森效应;如果在两端超导体上施加直流电压,则会有交变的电流通过结区,称为交流约瑟夫森效应。约瑟夫森效应证明了 BCS 理论提出的库伯电子对的存在。

超导体内超导电子的集体运动可用量子力学的波函数来表示,8.2.1 节中的式(8-26)给出了超导电子有效波函数的表达形式。在超导体-绝缘层-超导体所组成的隧道结中,超导电子波函数由两个部分组成,一个产生在 A 区,另一个产生在 B 区,均以指数形式衰减进入绝缘层,如图 8.17 所示。若绝缘体的厚度为 $2a$,则有

$$\psi_A = |\psi_{A0}|\, \mathrm{e}^{\mathrm{i}(\phi_{A0}+E_B t/\hbar)}\, \mathrm{e}^{-k(x+a)} \tag{8-43}$$

$$\psi_B = |\psi_{A0}|\, \mathrm{e}^{\mathrm{i}(\phi_{B0}+E_B t/\hbar)}\, \mathrm{e}^{-k(x+a)} \tag{8-44}$$

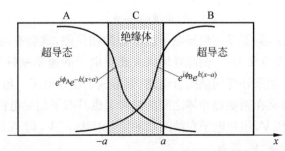

图 8.17 超导体-绝缘层-超导体所组成的隧道结中超导电子的有效波函数

考虑 A 区和 B 区为同种材料的超导态,两区的超导电子密度相等,则有 $|\psi_{A0}| = |\psi_{B0}|$,取归一化 $|\psi_{A0}| = |\psi_{B0}| = 1$。同时设相位:

$$\phi_A = \phi_{A0} + E_A t / \hbar \tag{8-45}$$

$$\phi_B = \phi_{B0} + E_B t / \hbar \tag{8-46}$$

在绝缘区内的总波函数可写成

$$\psi = e^{i\phi_A - k(x+a)} + e^{i\phi_B + k(x-a)}$$

$$= e^{-ka}(e^{i\phi_A - kx} + e^{i\phi_B + kx}) \tag{8-47}$$

根据量子力学概率流密度公式

$$J = \frac{\hbar}{2mi}[\psi^* \nabla \psi - \psi \nabla \psi^*] \tag{8-48}$$

以及电流密度:

$$j = e^* J \tag{8-49}$$

e^* 为超导电子的电荷量,则结中电流可以写成

$$j = \frac{e^* \hbar}{2mi}[\psi^* \nabla \psi - \psi \nabla \psi^*] \tag{8-50}$$

而

$$\psi^* \nabla \psi = e^{-2ka}[-k e^{i(\phi_A - \phi_B)} + k e^{i(\phi_B - \phi_A)} - k e^{-2kx} + k e^{2kx}] \tag{8-51}$$

得到

$$j = \frac{2e^* \hbar}{m} k e^{-2ka} \sin(\phi_B - \phi_A) \tag{8-52}$$

令

$$j_0 = \frac{2e^* \hbar}{m} k e^{-2ka} \tag{8-53}$$

$$\delta = \phi_B - \phi_A \tag{8-54}$$

则

$$j = j_0 \sin\delta \tag{8-55}$$

式(8-55)称为约瑟夫森方程。

当外加电压 $V = 0$ 时,两边超导电子的能量相等,$E_A = E_B$,由式(8-45)、式(8-46)、式(8-54)得知

$$\delta_0 = \phi_{B0} - \phi_{A0} \tag{8-56}$$

表明虽然没有外加电压,只要存在超导电子波函数的相位差,就会有电流产生,这就是直流约瑟夫森效应。其物理意义为,一侧超导体失去超导电子的速率刚好等于另一侧超导体增加超导电子对的速率,如果外部构成闭合电路,就形成了超导电流。超导电流能够穿过绝缘层并不引起电压降,即夹在两侧超导体之间的绝缘层也具有了超导电性。

如果结上施加电压 V,超导电子在结两端的能量相差 $e^* V$,即 A 区与 B 区的超导电子的能量差 $|E_A - E_B| = e^* V$,则有

$$\delta = \frac{e^* Vt}{\hbar} + \delta_0 \tag{8-57}$$

于是

$$j = j_0 \sin\left(\frac{e^* V t}{\hbar} + \delta_0\right) \qquad (8\text{-}58)$$

上式表明结中产生了交变的超导电流,这就是交流约瑟夫森效应。实验测得的超导电流的交变频率为 $\frac{2eVt}{\hbar}$,即每个超导电子的电荷量 $e^* = 2e$,表明产生约瑟夫森效应的超导电子是由两个电子结对形成的,即库伯对。

第9章

固体的光特性

人类认识光的历史,可以追溯到古希腊时代,那时的人们已经懂得光学的一些基本知识,特别是几何光学,比如入射角与反射角相等、入射角与折射角成比例变化等通过直接观测可以获得的规律。公元前300年左右,几何之父欧几里得(Euclid of Alexandria,公元前330—前275,古希腊)曾写了第一部关于光学知识的著作《光学》。

人类对于光的认知是从可见光开始的,如图9.1所示。1672年,牛顿(Isaac Newton,1643—1727,英国)发现白光是由各种颜色的可见光混合而成的,"光谱"这个概念的提出标志着人类对于光现象认识的一大进步;1800年,天文学家赫歇尔(Friedrich Wilhelm Herschel,1738—1822,英国)发现波长比红光长的红外线;1801年,里特(Johann Wilhelm Ritter,1776—1810,德国)和沃拉斯顿(Willian Hyde Wollaston,1766—1828,英国)发现了紫外线。1886年,赫兹(Heinrich Rudolf Hertz,1857—1894,德国)证明电磁波存在的著名实验揭示了光其实就是某个频段的电磁波,或者说无线电频率的电磁波是一种波长很长、频率很低的"光";而1895年伦琴发现的X射线,以及直到1949年杜蒙特发现的γ射线则可以看成一种波长很短、频率很高的"光";以上这些构成了从极低频到极高频的光谱(电磁波谱),如图9.2所示。

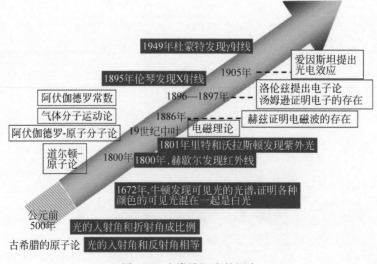

图 9.1　人类认识光的历史

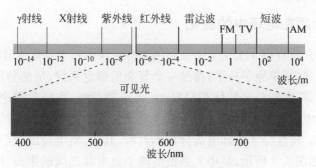

图 9.2　从 γ 射线到无线电波的电磁波谱

历史上关于光的本质曾经有过旷日持久的争论,光究竟是"粒子"还是"波动"？量子力学的"波粒二象性"对此给出了诠释,即光的本质既是波动又是粒子。"光是特定频段的电磁波"这一认知没有否定光的粒子性,却揭示了所有频段的电磁波与光一样具有粒子性的一面。

光是特定频段的电磁波,固体的光特性体现了光频段的电场磁场与固体物质的相互作用。我们知道,电荷在电磁场中会受到电磁力的作用,运动的电荷周围存在电磁场,电磁场与固体物质的相互作用本质上是电磁场与组成物质的原子/分子内电荷载体之间的相互作用。物质在电磁场作用下发生变化的同时也改变了电磁场,人们正是通过设计、控制这种电磁场与物质的相互作用实现了对电磁场的操控。第 4 章指出了导体、半导体、绝缘体的晶格排布及电子能带结构各不相同,这种差异决定了它们与电磁场的相互作用是不同的。要操控光频段的电磁场(光场),从而实现具有各种功能的光器件,首先要研究光场与各种物质相互作用的规律。

当物质中电子的动能超过逸出物质表面所需要的逸出功时,电子会从物质中逃逸出来。如果光场每份光子的能量 $\hbar\omega$ 大于逸出功时,电子吸收了光子的能量就会从物质中逸出成为空间的自由电子,这个现象称为光电效应。显然,能否发生光电效应取决于光场的频率 ω。当然,光场强度足够大时光热效应使得物质温度升高,晶格振动的能量传递给电子,也可以使电子获得足够的能量逸出,这就是 5.1 节中提到的热电子发射。本章讨论的光场与物质的相互作用不包括光电效应和热电子发射现象,也暂不考虑原子核的热运动等其他效应对光场的影响。

9.1　电磁场与物质相互作用的经典理论

严格描述电磁场与物质的相互作用,揭示物质的光特性,需要用到量子理论。但采用不同近似程度的理论来描述不同层次的光特性可以大大简化量子理论带来的复杂性。常用的近似理论有经典理论、半经典理论以及速率方程理论(也称爱因斯坦唯像理论)。所谓的经典理论是在量子力学建立以前人们对电磁场与物质相互作用的处理方法。将电磁场和构成物质的原子系统都做经典处理,即用经典电动力学的麦克斯韦方程组描述电磁场,用经典力学的谐振子模型描述原子中电子的运动。虽然经典理论中采用的谐振子模型是粗糙的,但可以很好地解释电磁场与物质相互作用所体现出来的物质对光的吸收和色散特性。

9.1.1 电介质在电场中的极化

本章描述的电介质特指 4.1.4 节中介绍的具有绝缘体和半导体能带特征的物质。电介质中的每一个分子(包括单原子分子)都是一个复杂的带电系统,虽然分子中的电荷分布在整个分子的体积内,考虑到分子的体积只有 10^{-10} m 数量级,在经典理论的模型中,这个复杂的带电系统简化成带有正电和负电的两个点电荷。分子按照内部电结构的不同,分为极性和非极性两大类。极性分子内部电荷分布不对称,其正、负电荷的重心不重合,具有固有电偶极矩 $p=lQ$,如图 9.3 所示,其中 l 是正负两个点电荷之间的距离,电偶极矩的方向规定由 $-Q$ 指向 $+Q$;而非极性分子的电荷分布均匀,正、负电荷的重心重合,固有电矩为零。

在没有外加电磁场时,即使是极性分子,由于无规则的热运动,固有电矩的取向是随机的,电介质宏观也是不体现极性的。在外加电磁场的作用下,极性分子的固有电矩将受电磁力的作用而沿着外场方向取向,当然由于热运动的存在取向不可能完全整齐,外场越强,排列越整齐;非极性分子将沿着外场方向产生感生电矩,外场越强,感生电偶极矩越大。这两种过程的效果都是在电介质中出现了宏观电荷,如图 9.4 所示,称为极化电荷(亦称为束缚电荷,区别于导体中的自由电荷);电介质在电磁场中出现极化电荷的现象称为电介质的极化。电介质的极化分为电子极化、离子位移极化、杂质缺陷极化三种。电子极化是电子运动的结果,离子位移极化是晶格振动光学支声子与入射光子发生共振的现象(对应声子极化激元),杂质缺陷极化则是由带电杂质或缺陷的运动造成的极化效应。

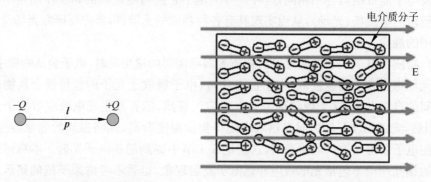

图 9.3　正负点电荷形成的电偶极矩　　　　图 9.4　电介质极化示意图

如果外加电磁场是周期变化的,那么电介质的极化也会周期性地变化。这种空间电荷分布的周期性变化将会向外辐射电磁场,使得电介质内部和周围的电磁场发生变化,变化后的电磁场反过来又影响电介质的极化过程,如此反复,最终达到稳定。如图 9.5 所示,这是一个自洽的过程,稳定时电介质中的场是外场与极化电荷所产生场的叠加,此时极化电荷与稳定场满足麦克斯韦方程。

从另一个角度来理解,电磁场本身也是一种物质的一种形态,电磁场与电介质的相互作用实质上是物质与物质的相互作用。物质间有作用,便有反作用。因此极化了的电介质会对电磁场施以反作用,使得原来作用于它的场发生变化。可见极化是电磁场与物质相互作用中的一个重要概念。

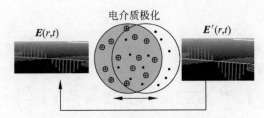

图 9.5　电介质极化的自洽过程

9.1.2　介电常数与电极化率

不同物质的晶格排布及电子能带结构各不相同,这种差异决定了它们与电磁场的相互作用不同,产生的极化电荷不同,最后叠加形成的稳定场也不相同。极化电荷与稳定场可以用电介质中的麦克斯韦方程组来描述。对于频率为 ω 的正弦时变电磁波,有

$$
\begin{cases}
\nabla \times \boldsymbol{E} = -\mathrm{i}\omega \boldsymbol{B} \\
\nabla \times \boldsymbol{H} = \boldsymbol{J} + \mathrm{i}\omega \boldsymbol{D} \\
\nabla \cdot \boldsymbol{D} = \rho \\
\nabla \cdot \boldsymbol{B} = 0
\end{cases}
\tag{9-1}
$$

式中,$\boldsymbol{D}$ 为电位移矢量:

$$
\boldsymbol{D} = \varepsilon_0 \boldsymbol{E} + \boldsymbol{P}
\tag{9-2}
$$

式中,ε_0 为真空中的介电常数,$\boldsymbol{P}$ 是宏观电极化强度,定义为单位体积内电偶极矩的矢量和:

$$
\boldsymbol{P} = \frac{\Sigma \boldsymbol{p}}{\Delta V}
\tag{9-3}
$$

由此可知,极化电荷是以宏观电极化强度 $\boldsymbol{P}$ 的形式体现在麦克斯韦方程的电位移矢量 $\boldsymbol{D}$ 中。由于磁场对电介质中原子/分子的作用远小于电场,宏观电极化强度主要由外加电场决定。对于各向同性线性电介质有

$$
\boldsymbol{P} = \varepsilon_0 \chi \boldsymbol{E}
\tag{9-4}
$$

式中,χ 是电极化率,描述了电介质在电场中的极化特性,即光场与电介质相互作用的程度。电极化率一般是复数,可写成

$$
\chi = \chi' + \mathrm{i}\chi''
\tag{9-5}
$$

式(9-4)代入式(9-2):

$$
\boldsymbol{D} = \varepsilon_0 \boldsymbol{E} + \varepsilon_0 \chi \boldsymbol{E} = \varepsilon_0 (1 + \chi) \boldsymbol{E} = \varepsilon_0 \varepsilon_r \boldsymbol{E}
\tag{9-6}
$$

ε_r 称为相对介电常数,由电极化率决定:

$$
\varepsilon_r = 1 + \chi
\tag{9-7}
$$

设正弦时变场其沿 z 方向传播,有

$$
\boldsymbol{E}(z,t) = \boldsymbol{E}_0 \mathrm{e}^{\mathrm{i}(kz - \omega t)}
\tag{9-8}
$$

由麦克斯韦方程式(9-1)可导出该光波在介质中的波动方程为

$$
\nabla^2 \boldsymbol{E} + k^2 \boldsymbol{E} = 0
\tag{9-9}
$$

其中

$$k = \frac{\omega}{c}\sqrt{\mu_r \varepsilon_r} \tag{9-10}$$

式中，μ_r 为电介质的相对磁导率，有 $\boldsymbol{B} = \mu_0 \mu_r \boldsymbol{H}$。式(9-5)、式(9-7)代入式(9-10)，对于 $\mu_r \approx 1$ 的非磁电介质，可近似有

$$k = \frac{\omega}{c}\sqrt{\mu_r \varepsilon_r} = \frac{\omega}{c}\sqrt{1+\chi} \approx \frac{\omega}{c}\left(1+\frac{\chi}{2}\right)$$

$$= \frac{\omega}{c}\left(1+\frac{\chi'}{2}\right) + \mathrm{i}\,\frac{\omega}{c}\,\frac{\chi''}{2} \tag{9-11}$$

设

$$k' = \frac{\omega}{c}\left(1+\frac{\chi'}{2}\right) \tag{9-12}$$

$$k'' = \frac{\omega}{c}\,\frac{\chi''}{2} \tag{9-13}$$

代入式(9-8)，则有

$$\boldsymbol{E}(z,t) = \boldsymbol{E}_0\,\mathrm{e}^{\mathrm{i}(k'z+\mathrm{i}k''z-\omega t)} = \boldsymbol{E}_0\,\mathrm{e}^{-k''z}\,\mathrm{e}^{\mathrm{i}(k'z-\omega t)} \tag{9-14}$$

上式描述了在电极化率为 χ 的电介质中频率为 ω 的平面波。电极化率的实部 $k' = \frac{\omega}{c}\left(1+\frac{\chi'}{2}\right)$ 描述的是波矢，决定光波在该物质中的传播速度，对应该物质的折射率：

$$n = \left(1+\frac{\chi'}{2}\right) \tag{9-15}$$

电极化率的虚部 $k'' = \frac{\omega}{c}\,\frac{\chi''}{2}$ 则描述了光波在该物质中的损耗，定义损耗系数：

$$\alpha = \frac{\omega \chi''}{2c} \tag{9-16}$$

可以看出，光场在不同物质中的存在形式及其传播规律取决于物质的电极化率 χ。具体说来，每一种物质都有表征其与光场相互作用特性的参数——电极化率 χ，表现为每种物质都有其特定的介电常数(或者说折射率 n 以及损耗系数 α)。电极化率 χ 体现了物质与电磁场相互作用的特性。

9.1.3 洛伦兹模型

经典理论中是采用洛伦兹模型来求导由电子极化过程主导的电极化率。该模型把原子中的电子运动看成一个固定在弹簧上的带电振子，服从经典力学运动规律，弹性力的作用使其在平衡位置附近作简谐振动，如图 9.6 所示。故洛伦兹模型也称为经典谐振子模型。

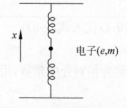

图 9.6　洛伦兹模型(经典谐振子模型)

方便起见，讨论一维的情况。电子围绕平衡位置 $x=0$ 附近的振动方程为

$$m\,\frac{\mathrm{d}^2 x}{\mathrm{d}t^2} = -\kappa x \tag{9-17}$$

κ 为弹性恢复系数，m 为电子的质量。定义谐振子固有振动频率：

$$\omega_0 = \sqrt{\frac{\kappa}{m}} \tag{9-18}$$

考虑电偶极子振动过程中产生辐射造成的能量损耗,可以等价为与速度成正比的振荡阻尼,则式(9-17)写为

$$\frac{d^2x}{dt^2} + \gamma \frac{dx}{dt} + \omega_0^2 x = 0 \tag{9-19}$$

γ 为阻尼系数。

在外加电磁场中,图 9.6 所示带电谐振子受到电场力 $\boldsymbol{F}$ 的作用,设式(9-8)描述的光场是 x 方向偏振的:

$$E_x(z,t) = E_{x0}(z) e^{-i\omega t} \tag{9-20}$$

则有

$$Fx = eE_{x0}(z) e^{-i\omega t} \tag{9-21}$$

电子将在 $\boldsymbol{F}$ 的作用下,做与光场相同频率的受迫振动。由式(9-19)和式(9-21)可得电子的受迫振动方程:

$$\frac{d^2x}{dt^2} + \gamma \frac{dx}{dt} + \omega_0^2 x = \frac{e}{m} E_{x0}(z) e^{-i\omega t} \tag{9-22}$$

其稳态解为

$$x = \frac{eE_{x0}(z)}{m[(\omega_0^2 - \omega^2) - i\gamma\omega]} e^{-i\omega t} \tag{9-23}$$

式中的 x 是电子在外加光场作用下偏离谐振子模型平衡位置的距离,由此产生的电偶极矩为

$$p = ex \tag{9-24}$$

设单位体积物质中有 N 个同类原子/分子,其固有振动频率均为 ω_0,根据式(9-3)可得宏观电极化强度:

$$P = Np = Nex = \frac{Ne^2 E_{x0}(z)}{m[(\omega_0^2 - \omega^2) - i\gamma\omega]} e^{-i\omega t} \tag{9-25}$$

由式(9-4)即可得到电极化率:

$$\chi = \frac{P}{\varepsilon_0 E_x} = \frac{Ne^2}{m\varepsilon_0 [(\omega_0^2 - \omega^2) - i\gamma\omega]} = \chi' + i\chi'' \tag{9-26}$$

则有

$$\chi' = \frac{Ne^2 (\omega_0^2 - \omega^2)}{m\varepsilon_0 [(\omega_0^2 - \omega^2)^2 + \gamma^2 \omega^2]} \tag{9-27}$$

$$\chi'' = \frac{Ne^2 \gamma\omega}{m\varepsilon_0 [(\omega_0^2 - \omega^2)^2 + \gamma^2 \omega^2]} \tag{9-28}$$

将式(9-27)、式(9-28)代入式(9-15)、式(9-16)中,即可得到该物质对于不同频率光场的折射率 n 和损耗系数 α。

9.2　共振与非共振相互作用

根据光场频率 ω 与物质固有振动频率 ω_0 之间的相互关系,光场与物质的相互作用可

以分为非共振作用和共振作用两种过程。当光场频率 ω 远离物质固有振动频率 ω_0 时发生的作用统称为非共振作用,而当 $\omega \approx \omega_0$ 时则称为共振作用。

9.2.1　非共振相互作用

若外加光场与物质固有振动存在一定的频率差,$\omega \neq \omega_0$,也不在 $\omega \approx \omega_0$ 的范围内,即外加光场的频率不在物质固有振动频率附近,则光场与物质发生非共振相互作用。由于阻尼系数 γ 一般很小,在非共振相互作用的频段有 $\omega_0^2 - \omega^2 \gg \gamma\omega$,故描述电极化率实部和虚部的式(9-27)、式(9-28)可近似简化为

$$\chi' \approx \frac{Ne^2}{m\varepsilon_0(\omega_0^2 - \omega^2)} \tag{9-29}$$

$$\chi'' \approx \frac{Ne^2\gamma\omega}{m\varepsilon_0(\omega_0^2 - \omega^2)^2} \tag{9-30}$$

由式(9-15)、式(9-16)可知电极化率的实部、虚部分别描述物质的折射率和损耗系数。式(9-29)表明,非共振相互作用下物质的折射率会随外加光场的频率 ω 变化,当 $\omega < \omega_0$ 时,$\chi' > 0$;当 $\omega > \omega_0$ 时,$\chi' < 0$。而无论 $\omega < \omega_0$ 还是 $\omega > \omega_0$,式(9-15)所示物质的折射率 n 都会随光场频率 ω 的增加而增加,这种现象称为正常色散。雨后彩虹、三棱镜分光就是大气层或者棱镜的正常色散现象,对于阳光/白光中不同频率的光波,大气层或者三棱镜具有不同的折射率,频率高的蓝紫光的折射率大于频率低的红光,所以蓝紫光的折射角大,如图 9.7 所示。由于这时外加光场的频率远离物质固有振动频率,不会发生共振吸收,从式(9-30)给出的非共振相互作用下电极化率的虚部也可以看出,光场在该物质中的传播损耗只取决于阻尼系数 γ 的大小。对于阻尼系数 γ 很小的物质,在非共振相互作用的情况下损耗很小,基本呈现透明的状态。

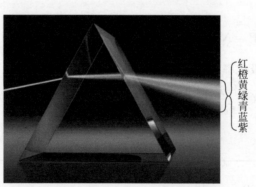

红橙黄绿青蓝紫

图 9.7　三棱镜的分光现象

由于不同物质的电极化率不同,对于同一个特定频率的单色光,不同物质产生的极化不一样,折射率也不一样。不同折射率的物质在相接界面处会产生反射、折射现象,满足一定条件时还会产生全反射(图 9.8)。这一切都是界面两侧不同物质与光场相互作用后形成稳定场的必然结果,其规律被总结在界面处的反射和折射定律,以及发生全反射的条件;折射定律也称 Snell 定律,是由物理学家斯涅尔(Willebrord Snellius,1580—1626,荷兰)最早提出的。

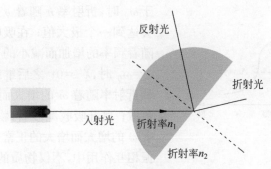

图 9.8　光在不同材料界面上的反射、折射

利用界面上的反射、折射现象,两个发生全反射的界面可构成光场的波导结构,称为光波导。最典型的光波导是光导纤维(简称光纤),它是光纤通信最基本的载体。图 9.9 给出了光纤的结构和工作原理的几何光学示意图。光纤在 $1.55\mu m$ 波段的传输损耗只有约 0.2dB/km,甚至远小于地表大气层对光的吸收。光纤的发明人,华裔科学家高锟(Charles Kuen Kao,1933—2018)因此获得了 2009 年诺贝尔物理学奖。

光波导具有传播光场的功能,同时也是构成光器件最基本的单元。两个光波导传播的光场在一定的条件下会发生耦合,这就是光耦合器;一个波导的两个端面制作上光场的反射结构可以构成光谐振腔。基于光耦合器、光谐振腔可以构造出各种各样的光器件。

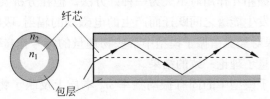

图 9.9　光导纤维(光纤)的基本结构和工作原理

9.2.2　共振相互作用

当 $\omega \approx \omega_0$,即光场的频率 ω 与物质的固有振动频率 ω_0 非常接近时,将会发生共振相互作用。由于 $(\omega_0^2 - \omega^2)$ 很小,近似有 $\omega_0^2 - \omega^2 \approx 2\omega(\omega_0 - \omega)$,式(9-27)、式(9-28)可简化为

$$\chi' = \frac{2Ne^2(\omega_0 - \omega)}{m\varepsilon_0\omega[4(\omega_0 - \omega)^2 + \gamma^2]} \tag{9-31}$$

$$\chi'' = \frac{Ne^2\gamma}{m\varepsilon_0\omega[4(\omega_0 - \omega)^2 + \gamma^2]} \tag{9-32}$$

可以看到,共振相互作用电极化率的实部和虚部,即物质的折射率和损耗都随光场的频率 ω 变化。图 9.10 给出了根据式(9-31)、式(9-32)及式(9-15)、式(9-16)画出的折射率 n 及损耗系数 α 随着 ω 的变化曲线。

从图 9.10 可以看到,当 $\omega = \omega_0$ 时,发生共振吸收,损耗系数 α 最大;当 $\omega = \omega_0 \pm \gamma/2$ 时,损耗系数降为最大值的一半。定义吸收频段界于 $\omega = \omega_0 - \gamma/2$ 和 $\omega = \omega_0 + \gamma/2$ 之间,则有 $\Delta\omega = \gamma$,所以阻尼损耗系数 γ 决定了物质吸收谱的半高宽。当光场频率 ω 由小到大趋近

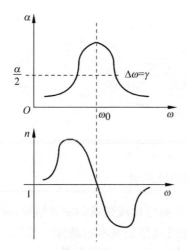

图 9.10　共振相互作用时折射率 n 及
损耗系数 α 随入射光场频率
ω 的变化曲线

于 ω_0 时,折射率 n 随着 ω 逐步增大(正常色散),会达到一个极大值;在吸收频段内,折射率呈现随着频率的增加而减小的变化趋势,并在共振点 $\omega = \omega_0$ 时,$\chi' = 0$;之后继续减小达到最小值,这种折射率随着 ω 的增大而减小的现象称为反常色散;离开吸收频段后,物质又恢复到折射率随着 ω 的增大而增大的正常色散状态。可见,在共振相互作用中,不仅物质的吸收特性在固有振动频率处出现峰值,折射率(色散特性)在吸收频段内也会发生很大变化。

以上采用的经典谐振子模型还是比较粗糙的,因为原子中的电子并不是一个带电小球,它在光场作用下也并非直线移动。量子力学中电子的运动状态是用波函数来描述的,光场对电子的作用表现为外场使电子的波函数发生变化,这一变化有可能使得原子体系的电偶极矩的量子力学平均值不再为零,这就是电介质极化的量子力学描述。尽管如此,电介质极化的经典谐振子模型形式简单而又形象化,可使某些问题的处理简化,在非共振相互作用时不失为一种好方法。但在分析共振作用,特别是针对由于电子运动状态变化,发生能级之间跃迁而产生的电磁场的辐射、吸收等物理过程时,需要用到量子理论。但如果对经典谐振子模型中某些物理量的符号作量子力学修正,并赋予新的意义,也可以导出与量子理论一致的结果。

实际上,经典谐振子模型中的固有振动频率 ω_0 本质上反映了物质中电子不同能级之间的能量差,有 $\hbar\omega_0 = E_a - E_b$,本节所讨论的非共振与共振相互作用则与电子是否发生能级之间的跃迁相关联。从量子力学的理论来描述,非共振作用不涉及电子在能级之间的跃迁,共振作用则是针对有电子跃迁过程发生的情况。具体来说,当光场的最小能量单元——光子的能量 $\hbar\omega$ 不等于物质中电子能级之间的能量差 $\hbar\omega_0$ 时,光子无法引发电子在能级之间跃迁而产生光场的吸收,即物质对这个频段的光场没有由于电子跃迁而产生吸收损耗,这种情况对应的就是非共振相互作用;而当光场的频率 ω 与物质的固有振动频率 ω_0 非常接近,即光子的能量 $\hbar\omega$ 接近物质中电子能级之间的能量差 $\hbar\omega_0$ 时,在光子的作用下,上下能级之间的电子可以发生跃迁,从而辐射或者吸收电磁场,这个过程就是共振相互作用。

另外,如果将单位体积内经典模型中的谐振子数 N 修正为下能级与上能级原子数密度差 $N_b - N_a$,经典谐振子的阻尼系数 γ 用电子在两个能级之间跃迁的辐射寿命 $\tau = \gamma^{-1}$ 代替,就可以用经典模型来描述上能级原子密度大于下能级原子密度($N < 0$)的粒子数反转状态。在这种状态下,吸收系数 α 变为负值,如图 9.11 中的虚线所示。负的吸收就是增益,根据式(9-14)和式(9-16)可知,这时光场强度随着传播距离的增大而增强,即出现了光放大的现象,物质是处于粒子数反转的光增益材料。与没有发生粒子数反转($N > 0$)的情况相反,增益材料的折射率在增益频段之外呈现反常色散,而在增益频段内则是正常色散。

另外,实际原子中有很多电子的能级,不是只有 E_a、E_b 两个能级。考虑到 $\hbar\omega_0$ 对应物质中电子不同能级之间能量差,所以会有多个固有振动频率 ω_0,对应电子的各个能级之间

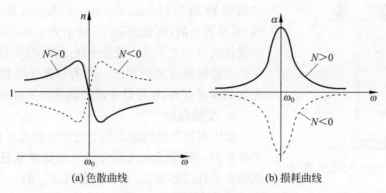

(a) 色散曲线　　　　　　　　　(b) 损耗曲线

图 9.11　色散曲线和损耗曲线

的跃迁。根据粒子数反转与否,每个 ω_0 处都会出现增益或吸收的峰值,其附近频段都会出现正常色散与反常色散的交替变化区间,构成实际原子的损耗曲线和色散曲线。

从上面的分析可知,同是满足 $\omega=\omega_0$ 的共振相互作用包含有辐射、吸收不同的过程。这里从量子物理的角度进一步对共振相互作用进行定性分析。实际上共振相互作用可分为自发辐射、受激吸收、受激辐射三种不同的过程。图 9.12 给出这三种过程的示意图。

1. 自发辐射

如图 9.12(a)所示,处于高能级 E_a 的一个原子自发地向低能级 E_b 跃迁,并发射一个能量为 $\hbar\omega= E_a-E_b$ 的光子。这种过程称为自发跃迁,由原子自发跃迁发出的光子称为自发辐射。虽然自发跃迁是一种只与原子本身性质有关而与外加光场无关的自发过程,但是这个过程产生的自发辐射场会影响光场与物质的相互作用,自发辐射在光场与物质的相互作用中扮演着重要的角色。

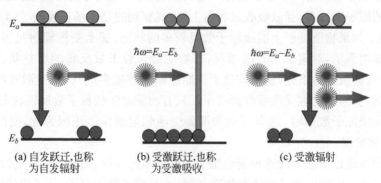

(a) 自发跃迁,也称　　　(b) 受激跃迁,也称　　　(c) 受激辐射
为自发辐射　　　　　　为受激吸收

图 9.12　光场与物质的共振作用

2. 受激吸收

如图 9.12(b)所示,处于低能级 E_b 的一个原子,在频率为 ω 的光场的作用(激励)下,吸收一个能量为 $\hbar\omega= E_a-E_b$ 的光子,并向高能级 E_a 跃迁,这种过程称为受激吸收跃迁。

在光场强度足够大,即光子密度足够高的情况下,物质有可能同时吸收几个,甚至几十个光子,物质从初态跃迁到终态,初态到终态的能量差等于所有吸收光子的能量总和。这一现象称为多光子吸收。多光子吸收现象中最为常见的是双光子吸收(two-photon absorption,TPA),图 9.13 中给出了双光子吸收的示意图。双光子吸收是由德裔女物理学

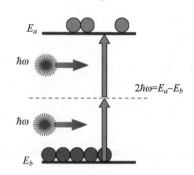

$$2\hbar\omega = E_a - E_b$$

图 9.13 双光子吸收示意图

家格佩特-梅耶（Maria Goeppert-Mayer，1906—1972，美国）最早提出的，在该过程中，两个光子几乎同时被吸收，所吸收的两个光子总能量等于跃迁能，材料分子由基态经一个虚能级跃迁至激发态。因为双光子吸收过程与入射光场的强度有关，在短脉冲或高能脉冲下容易发生。

3. 受激辐射

爱因斯坦在研究物质原子与光场的相互作用时提出，还存在另一种原子在光场作用下的受激跃迁过程。与受激吸收跃迁过程相反，处于高能级 E_a 的一个原子，在频率为 ω 的光场的作用下，会向低能级 E_b 跃迁，并放出一个与入射光子能量 $\hbar\omega$ 相同的光子，如图 9.12(c) 所示。这个过程称为受激辐射跃迁，发出的光子称为受激辐射。

分析受激辐射跃迁和自发辐射跃迁，似乎这两个过程有很多共同点。同样是原子中电子从高能级跃迁到低能级，放出光子，但这是两个完全不同的物理过程。自发辐射的跃迁，顾名思义，是自发的，只取决于原子本身的性质，与入射光场无关。自发辐射出来的光子虽然频率取决于两个能级的能量差，但是相位、偏振等特性完全是随机的。而受激辐射跃迁是被入射的光子"诱发"的过程，这个入射光子的能量与两个能级之间的能量差一致。入射光子完成"诱发"的任务后并不消逝，与受激辐射的光子同时存在。受激辐射出来的光子与入射光子在频率、相位、偏振、出射方向等特性上完全一样，就像是入射光子被克隆了一样。与自发跃迁不同，受激跃迁不仅与原子性质有关，其跃迁概率还与光场的强度成正比。

受激吸收跃迁与受激辐射跃迁是两个完全相反的过程。一个是吸收光子，另一个是放出光子。这两个过程同时存在，对于光场的作用是相互抵消的。我们只能观测到抵消后的"净效应"。吸收和辐射哪一个过程更强一些，这取决于单位体积中上下能级原子数目的多少。下能级的原子数较多，受激吸收过程占上风，观察到的是光场被吸收了，对应图 9.11 中 $N>0$ 的情况；如果物质处于上能级原子数目较多的状态，那么受激辐射过程就占上风，体现出的是光场增强了，对应 $N<0$ 的情况，即物质处于粒子数反转的增益状态。一般情况下，电子先从低能级开始填充，物质均处于下能级原子数较多的状态，受激吸收过程远大于受激辐射过程，受激辐射被受激吸收掩盖了。只有物质处于被粒子数反转状态，即上能级的原子数比下能级原子数多时，才有可能观测到受激辐射现象。正因为此，受激辐射一直到 20 世纪初才被发现。

爱因斯坦在理论上预言的这种受激辐射现象是革命性的。完全不同于传统的自由电子与电磁场相互作用实现电磁波放大和振荡的概念，开辟了利用原子/分子中的束缚电子与电磁场的相互作用来放大电磁波的新道路，为光电子器件开拓了一个崭新的时代，直接导致了激光器的出现。

受激辐射是一个可以生产光子的过程，通过这个过程可以产生与入射光子频率、相位、偏振、出射方向完全一样的光子。也就是说产生出来的光子的特性是可以控制的。前面分析了，要克服受激吸收过程，获得光子的净增加，需要使物质处于粒子数反转状态，即单位体积中上能级的原子数大于下能级的原子数。受激辐射过程中，上能级的原子不断跃迁到下能级，这是一个消耗上能级原子数的过程。要保持受激辐射过程的持续，需要不断地把跃迁到低能级的原子再搬运到高能级，从而保持上能级原子在数目上的优势，这个"搬运"过程称为"泵浦"或者"抽运"。一般采用高频率强光照射(光泵浦)或 PN 结载流子注入(电泵浦)的方法实现这个"搬运"过程。从另一个角度来理解,泵浦的能量通过受激辐射转变成了人们想获得的特定频率、相位、偏振的电磁辐射能。受激辐射现象使得入射光子的数目增加,即光场的能量增加了,具有光放大的功能,换言之,处于粒子数反转状态的增益物质本身就是一个光放大器。受激辐射过程产生的光子又可以去诱导出新的光子,新的光子还可以去诱导出更多的光子,这些新产生的光子全都是完全一样、步调一致的。这就形成了一个正反馈的过程,其结果是某一种光子的数量得到的极大的增强,这种频率、相位、偏振、传播方向完全一样的大量聚集的光子,称为激光,产生激光的过程称为激射。激光器激射的原理如图 9.14 所示。

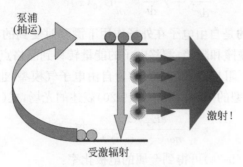

图 9.14　激光器激射的原理

首先利用受激辐射实现电磁场放大、激射的是在微波波段。1958 年汤斯(Charles Hard Townes,1915—2015,美国)发明了氨分子微波量子振荡器,并因此在 1964 年获得了诺贝尔物理学奖。休斯公司的梅曼(Theodore Harold Maiman,1927—2007,美国)在 1960 年研制出第一台红宝石激光器。激光器诞生 60 多年来,激光技术有了长足进步,发展出了各种各样的激光器,激光技术广泛应用于社会生活、国防军事等各领域,为推动社会的发展起到了重大作用。

9.3　光场与金属的相互作用

金属是由金属键结合而成的晶体。2.3.3 节描述了金属键的特点,金属中原子最外层的电子相对内层电子更自由,这些外层电子的运动轨迹并非仅围绕单个原子核运动,原本属于各原子的价电子可以脱离原子核的束缚,成为在整个晶体内运动的准自由电子。正是这些准自由电子的存在,使得金属具有导电能力,也使其有别于电磁场中的电介质,金属与光场的相互作用具有其不同的特点。高掺杂的半导体等,只要物质中有一定数量的准自由电子,都会有类似金属在光场中的行为特点。

9.3.1　金属的介电常数

我们知道在外加静电场时,金属内部的准自由电子在电场力的作用下产生定向运动,从而改变金属中的电荷分布,这种电荷分布的改变会带来金属内部和周围电场分布的改变,使得金属达到静电平衡状态。所谓静电平衡状态即指金属内部和表面都没有电荷定向移动的状态,这种状态只有在金属内部电场处处为零时才有可能达到并维持。如果金属处在时变电磁场中,不同频率的电磁场与金属的相互作用具有不同的特性,特别是在光频段,体现为金属的介电常数是随着光场频率变化的。

光场是频率较高的电磁场,分析金属与光场的相互作用,仍然可以用 9.1 节中介绍的经典近似理论(洛伦兹模型),但需要根据金属中电子的特点作一些修正。金属中存在大量准自由电子,这些准自由电子与电介质中束缚电子在光场中的行为不同,它们不受原子核的束缚,不会在平衡位置附近做简谐振动,而是发生定向漂移;所以金属的原子固有振动频率为零,即 $\omega_0 = 0$。仍然考虑最简单的一维的情况,式(9-22)中去掉电子本征振动一项($\omega_0 = 0$)后,金属中自由电子的运动方程变为

$$\frac{\mathrm{d}^2 x}{\mathrm{d}t^2} + \gamma \frac{\mathrm{d}x}{\mathrm{d}t} = \frac{e}{m} E_{x0}(z) \mathrm{e}^{-\mathrm{i}\omega t} \tag{9-33}$$

这里的阻尼系数 γ 描述的是自由电子在外场作用下漂移时受到的与速度成正比的阻尼,主要来自晶格上正离子的碰撞和阻挡,漂移电子的能量转移到晶格点上变成正离子的热振动,同时电子的运动也受到了阻尼。式(9-33)称为自由电子气模型,也称为德鲁德金属光学模型,是德鲁德对洛伦兹模型的拓展。对于式(9-20)表述的光场,式(9-33)的稳态解为

$$x = \frac{e E_{x0}(z)}{m\omega(-\omega - \mathrm{i}\gamma)} \mathrm{e}^{-\mathrm{i}\omega t} \tag{9-34}$$

由式(9-4)、式(9-25)和式(9-34)可得到金属的电极化率:

$$\chi = \frac{P}{\varepsilon_0 E_x} = \frac{N_e e^2}{m\varepsilon_0 \omega(-\omega - \mathrm{i}\gamma)} \tag{9-35}$$

其中 N_e 为单位体积中的准自由电子数,设:

$$\omega_p^2 = \frac{N_e e^2}{m\varepsilon_0} \tag{9-36}$$

由式(9-7)和式(9-35)即可得到金属的介电常数为

$$\varepsilon_r = 1 - \frac{\omega_p^2}{\omega(\omega + \mathrm{i}\gamma)} \tag{9-37}$$

这里 ω_p 称为等离子共振频率。当金属为阻尼系数 γ 很小的良导体时,式(9-37)可近似简化为

$$\varepsilon_r = 1 - \frac{\omega_p^2}{\omega^2} \tag{9-38}$$

式(9-38)描述了金属介电常数的频率特性,等离子共振频率 ω_p 是一个重要的临界频率。

仍以式(9-8)和式(9-14)所描述的光波为例,z 为垂直于金属表面的方向:

$$\boldsymbol{E}(z,t) = \boldsymbol{E}_0 \mathrm{e}^{\mathrm{i}(kz-\omega t)} = \boldsymbol{E}_0 \mathrm{e}^{\mathrm{i}(k'z + \mathrm{i}k''z - \omega t)} = \boldsymbol{E}_0 \mathrm{e}^{-k''z} \mathrm{e}^{\mathrm{i}(k'z-\omega t)} \tag{9-39}$$

当光波的频率小于金属的等离子共振频率,即 $\omega < \omega_p$ 时,$\varepsilon_r < 0$;由式(9-11)可知 $k = \frac{\omega}{c}\sqrt{\mu_r \varepsilon_r}$ 为纯虚数,即 k 的实部为零($k' = 0$),这意味着在垂直金属表面的 z 方向上没有标志场传播特性的空间相位变化,金属内部光场强度指数衰减,光场仅存在于金属表面附近。也就是说,对于 $\omega < \omega_p$ 的光场,金属中的准自由电子可以跟上光场的变化速度,准自由电子在外场作用下的重分布可以宏观上保证金属内部电场磁场为零,只在金属表面附近出现电磁场,即所谓的趋肤效应。注意到式(9-38)中忽略了电子在漂移运动中与晶格上正离子碰

撞产生的阻尼项 γ，所以入射光场的能量被全部反射回去，金属呈现高反射的特性。在这个频段，满足波矢匹配条件时，光场可以与金属表面的准自由电子相互耦合形成表面等离子波/场，此时入射光场的能量会部分或全部转换为表面等离子波/场的能量。

当入射光的频率大于等金属的等离子共振频率，即 $\omega > \omega_p$ 时，$\varepsilon_r > 0$；则由式（9-11）可知 $k = \dfrac{\omega}{c}\sqrt{\mu_r \varepsilon_r}$ 为纯实数。由于光场频率太高，金属中准自由电子的运动难以跟上光场的变化，无法保持金属表面的电荷分布满足其内部电场强度为零的电平衡状态，也无法与光场耦合形成表面等离子波/场。这时就会出现电磁场（多为高于紫外光频的电磁场）在金属板内传播的现象，即金属对于 $\omega > \omega_p$ 的光场呈现出电介质的特性。按照由纯实数的 k 得到的折射率（式（9-12）），金属可以反射、透射该频段的光波，而不会出现良导体所特有的趋肤效应。在这个高频段金属对光场的损耗将主要来自式（9-38）中忽略了的电子在漂移运动中与晶格上正离子碰撞产生的阻尼项 γ。

9.3.2　表面等离激元

根据 9.3.1 节的分析，当光场频率 ω 小于金属的等离子共振频率 ω_p 时，光场将集中在金属的表面。金属表面的准自由电子在光场的作用下会发生集体振荡，形成一种相干的起伏，如图 9.15 所示，起伏的频率与光场频率 ω 相同。集体振荡的电子与光场耦合形成的一种特殊的表面波或谐振场，称为表面等离子波/场，或称为表面等离激元（surface plasmon polariton，SPP）。

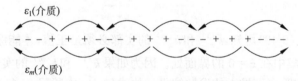

图 9.15　金属表面准自由电子的集体振荡

表面等离激元可以理解成一种由金属表面准自由电子参与作用的电磁场（光场），有别于一般电介质中的光场，具有各种不同的性质。以图 9.16 所示沿着 x 方向传播 TM 偏振的表面等离激元为例分析。这里设金属的介电常数为 $\varepsilon_m(\omega)$，金属以外范围的介电常数为 ε_1。TM 偏振即横磁场，磁场只有 y 方向分量，而电场有 x 和 z 方向的分量。在电介质 ε_1 中的电磁场可用下式来表示：

$$H(x,t) = (0, A, 0)\mathrm{e}^{\mathrm{i}k_{sp}x - k_z^{(1)}z - \mathrm{i}\omega t} \tag{9-40}$$

$$E(x,t) = -A\,\frac{c}{\mathrm{i}\omega\varepsilon_1}(k_z^{(1)}, 0, \mathrm{i}k)\mathrm{e}^{\mathrm{i}k_{sp}x - k_z^{(1)}z - \mathrm{i}\omega t} \tag{9-41}$$

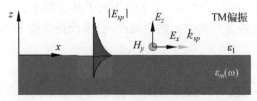

图 9-16　金属 $\varepsilon_m(\omega)$ 表面传播的表面等离激元

在金属中的电磁场表示为

$$H(x,t) = (0,B,0)\mathrm{e}^{\mathrm{i}k_{sp}x+k_z^{(m)}z-\mathrm{i}\omega t} \tag{9-42}$$

$$E(x,t) = -B\frac{c}{\mathrm{i}\omega\varepsilon_m(\omega)}(-k_z^{(m)},0,\mathrm{i}k)\mathrm{e}^{\mathrm{i}k_{sp}x+k_z^{(m)}z-\mathrm{i}\omega t} \tag{9-43}$$

其中,k_{sp} 是表面等离激元的波矢,这里 z 是垂直电介质和金属界面方向,$k_z^{(1)}$、$k_z^{(m)}$ 分别描述了表面等离激元在金属和介质中的衰减。由式(9-10)以及 $\mu \approx 1$ 可知

$$k^2 = \frac{\omega^2}{c^2}\varepsilon_r = k_{sp}^2 + k_z^2 \tag{9-44}$$

故有

$$k_z^{(1)} = \left(k_{sp}^2 - \varepsilon_1\left(\frac{\omega}{c}\right)^2\right)^{\frac{1}{2}} \tag{9-45}$$

$$k_z^{(m)} = \left(k_{sp}^2 - \varepsilon_m(\omega)\left(\frac{\omega}{c}\right)^2\right)^{\frac{1}{2}} \tag{9-46}$$

由金属和介质的边界条件可知

$$A = B \tag{9-47}$$

$$A\frac{k_z^{(1)}}{\varepsilon_1} = -B\frac{k_z^{(m)}}{\varepsilon_m(\omega)} \tag{9-48}$$

则可以得到色散关系:

$$\frac{k_z^{(m)}}{k_z^{(1)}} = -\frac{\varepsilon_m(\omega)}{\varepsilon_1} \tag{9-49}$$

由式(9-40)~式(9-43)可知,$k_z^{(1)}$ 和 $k_z^{(m)}$ 的实部必须是正值,才能保证所描述的光是表面场,即能量的分布集中在 $z=0$ 的界面处。因为如果 $k_z^{(1)}$ 和 $k_z^{(m)}$ 的实部不是正值,会得出能量随着离开表面的距离而增大的发散结果。故式(9-49)中所示 $\varepsilon_m(\omega)$ 为负值时才有表面波的存在。换言之,表面等离激元只在 $\varepsilon_m(\omega)$ 为负值的频率范围内存在。对应上节描述 $\omega < \omega_p$ 的情况。

k_{sp} 表示在表面等离激元传播方向(x 方向)上的波矢,将式(9-49)代入式(9-45)和式(9-46)中,可得

$$k_{sp} = \frac{\omega}{c}\left[\frac{\varepsilon_1\varepsilon_m(\omega)}{\varepsilon_1 + \varepsilon_m(\omega)}\right]^{\frac{1}{2}} \tag{9-50}$$

上式是表面等离激元的色散关系,利用式(9-38):

$$\varepsilon_m(\omega) = 1 - \frac{\omega_p^2}{\omega^2}$$

可以得到图 9.17。这里 ω_p 是式(9-36)定义的等离子共振频率。

图 9.17 中的实线是表面等离激元的色散曲线,虚线是介质 ε_1 中的光场色散曲线:

$$\omega = \frac{ck}{\sqrt{\varepsilon_1}} \tag{9-51}$$

纵轴和横轴均由 ω_p 归一化。可以看到表面等离激元的色散曲线在频率较低的区域与介质 ε_1 中的光场色散曲线基本吻合。随着频率的增加,表面等离激元的色散曲线逐渐向右弯

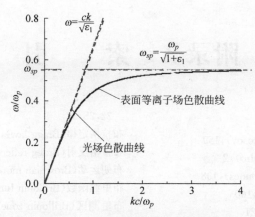

图 9.17　表面等离激元的色散曲线

曲,偏离了光场色散曲线。对于同一个频率,表面等离激元的波矢 k_{sp} 总是大于光场的波矢 k,也就是表面等离激元的波长会小于相同频率光场的波长。当波矢 k 趋于无穷时,表面等离激元的频率趋近于:

$$\omega_{sp} = \frac{\omega_p}{\sqrt{1+\varepsilon_1}} \tag{9-52}$$

ω_{sp} 称为表面等离子振荡频率,是表面等离激元的高频极限;ω_{sp} 受限于金属材料的等离子共振频率 ω_p,同时也受介质 ε_1 的影响。式(9-53)是将式(9-38)代入式(9-50)后,有

$$k_{sp}^2 = \left(\frac{\omega}{c}\right)^2 \frac{\varepsilon_1(1-\omega_p^2/\omega^2)}{\varepsilon_1+1-\omega_p^2/\omega^2} \tag{9-53}$$

分母 $\varepsilon_1+1-\omega_p^2/\omega^2 \rightarrow 0$ 时得到的。

上面分析了在金属和介质界面处 TM 偏振表面等离激元的情况。用类似式(9-42)~式(9-47)的方法可以证明,对于只有电场 y 方向分量的 TE 偏振(s 波偏振横电场),有 $A = B = 0$,也就是说在金属和介质的界面处只能存在 TM 偏振的表面等离激元,不存在 TE 偏振的表面等离激元。

综上所述,我们总结出表面等离激元具有以下独特的性质,首先,表面等离激元是金属和介质界面处的横磁场(TM 偏振);沿金属与介质界面传播,在传播方向上具有比光波大的波矢(即更短的波长);在垂直传播方向上是消逝场,在介质和金属中其振幅随着离开界面的距离呈指数衰减。

附录 A 索 引

A

阿布里科索夫(Alexey Abrikosov),159
阿伏伽德罗(Amedeo Avogadro),2
昂尼斯(Heike Kamerlingh-Onnes),158
奥森菲尔德(R. Ochsenfeld),160
奥斯特(Hans C. Oersted),121

B

BCS 理论(Bardeen,Cooper,Schrieffer theory),159,
165,168,169,170
本征波函数(eigen wave function),37,38,52
本征函数(eigenfunctions),37,55,56,147
本征态(eigenstates),36,37,39,52,53,60,66,71,
75,85,122,123,124,148
本征值(eigenvalues),36-39,50-69,75,122-127,
147-151
比热容(specific heat capacity),49,151,153,155
边矢量(edge vector),14,16,17,18,22,32
表面等离激元(surface plasmon polariton),187-189
表面等离子波(surface plasmon wave),225
波包(wave packet),75,76,142,167
波恩(Max Born),51,151
波恩-卡门条件(Bonn-Kármán condition),51,52,56,
62,142,143,145
玻尔磁子(Bohr magneton),124
波函数(wave function),4,36-81,167,171,172,182
波矢(wave vector),22-29,61-81,104,141-189
玻尔兹曼(Ludwig Edward Boltzmann),2
玻尔兹曼常数(Boltzmann constant),71,150
玻尔兹曼方程(Boltzmann equation),86,87
玻尔兹曼分布(Boltzmann distribution),89,97
玻尔兹曼统计(Boltzmann statistics),49,55,
106,132
玻尔兹曼统计分布(Boltzmann statistical distribution),
49,106
玻色-爱因斯坦统计(Bose-Einstein statistics),
71,148
补偿半导体(compensated semiconductor),97,98
布拉菲(A. Bravais),10,11,12,15,16,21,22,25,32
布拉菲格子(Bravais lattice),10,11,12,15,16,21,

22,25,32
布拉格定律(Bragg law),27,29,60
布拉格反射(Bragg reflection),60,66,78,146
布朗运动(Brownian motion),31
布里渊函数(Brillouin function),133
布里渊区(Brillouin zone),22,25,26,29,34,60-69,
73,81,141-145
布里渊散射(Brillouin scattering),149
布洛赫(Felix Bloch),4,50,55,56,59,63,66-78,122
布洛赫波(Bloch wave),44,66,70,78
布洛赫电子(Bloch electronics),55
布洛赫定理(Bloch's theorem),55,56,64,67,74
布洛赫函数(Bloch wavefunction),55,59,67,75
铍(beryllium,Be),9
珀替(Alexis Therese Petit),150

C

CMOS(complementary metal oxide semiconductor),
5,119
掺杂浓度(doping density),96,97,105,110,113,114
超导能隙(superconducting energy gap),162-167
超导态(superconducting state),5,158-172
成键轨道(bonding orbit),41,42
成键态(bonding state),42,82,83
弛豫时间(relaxation time),49,74,86,87,98,159
磁畴(magnetic domain),121,122,134-136
磁化率(magnetic susceptibility),129-137,161
磁矩(magnetic moment),5,121-137,167
磁通量子(magnetic flux quantum),162
磁旋比(magnetogyric ratio),124,126
磁滞回线(hysteresis loop),135,136

D

带隙(bandgap),62,74,92,93,100,113,114,
118,162
单晶(single crystal),6,7,9,31,33
倒格矢(reciprocal lattice vector),18,22-24,28,29,
56,63,145
倒格子(reciprocal lattice),22-34,73
德拜(Peter J. W. Debye),151,153
德拜温度(Debye temperature),153,154,165

德布罗意波（de Broglie wave），55
德布罗意波长（de Broglie wavelength），29
德鲁德（Paul Drude），49，50，55
德鲁德模型（Drude model），49
狄拉克（Paul A. M. Dirac），3，49，71
狄拉克符号（Dirac notation），58
点群（point group），20-22
点阵对称性（lattice symmetry），20
电极化率（electric polarizability），177-186
电离能（ionization energy），43，93-96
电子流（stream of electrons），26，80，81，115
电子论（electron theory），2，5，49，50，55，106，107
电子亲和能（electronic affinity），106，113
电子云（electron cloud），38，41，42，45，46，50，70，127
叠加态（superposition state），36，37
杜隆（Dulong，Pierre Louis），150
杜隆-珀替定律（Dulong-Petit law），150-153
堆积比（packing ratio），7，15，33，46
对称（symmetry），19，21，31，47
对称变换（symmetric transformation），20
对称素（element of symmetry），20，21
对易算符（commutative operator），37
多晶（polycrystal），6，156

E

爱迪生效应（Edison effect），106
俄歇复合（Auger recombination），100
二流体模型（two-fluid model），159，165，168
二维晶体（two-dimensional crystal），54
二维量子阱（two-dimensional quantum well），54

F

法拉第（Michael Faraday），2，121
反键轨道（antibonding orbital），41
反键态（antibonding state），41，82，83
范德瓦尔斯结合（Van der Waals bonding），35，47
非对易算符（non-commutative operator），37
非晶体（amorphous），5-7，31
菲列兹·伦敦（Fritz London），159
费米（Enrico Fermi），3
费米-狄拉克分布（Fermi-Dirac distribution），50，89，97
费米-狄拉克统计（Fermi Dirac Statistics），49，71，84，85，106
费米波矢（Fermi wave vector），49
费米分布函数（Fermi distribution function），89，90，94，107

费米面（Fermi surface），50，71-74，84，87，107，159，170
费米能级（Fermi energy level），71，74，84-119，133，162-169
费米能量（Fermi energy），72，74，84
费米气体（Fermi gas），49，84
费米球（Fermi sphere），49，72-74，84-86，169，170
费米统计分布（Fermi statistical distribution），5，50，71，73
费米子（Fermion），50，71，158
分布函数法（distribution function method），85
分子轨道法（molecular orbital method），38
冯·卡门（Theodore von Kármán），51
复式晶格（duplex lattice），10-13

G

盖拉赫（Walther Gerlach），121
概率波（probability wave），36
刚性系数（stiffness coefficient），140
高锟（Charles Kuen Kao），181
高温超导体（high-Tc superconductor），159，160
戈特（Cornelis J. Gorter），159，165
格点（lattice point），7-33，44，66，69，140，186
格架（lattice），7
格佩特-梅耶（Maria Goeppert-Mayer），184
镉（cadmium，Cd），9
功函数（work function），106-117
共价键（covalent bond），40-47
共价结合（covalent bonding），35，40，41，45-47
共价晶体（covalent crystal），45，130
古德斯密特（Samuel Goudsmit），121
惯用晶胞（conventional unit cell），12-18，23，32
光波导（optical waveguide），181
光电效应（photoelectric effect），3，175
光学波（optical wave），145-149，157
光栅（grating），3，26
硅（silicon，Si），7，8，26，33，83，117
轨道磁矩（orbital magnetic moment），5，123-130
轨道角动量（orbital angular momentum），123-131

H

哈密顿（Hamilton），37，45
哈密顿量（Hamiltonian），38，39，56，57，66，122-125
哈密顿算符（Hamiltonian operator），37，39，122，123
海森堡（Werner Heisenberg），3，122
海森堡模型（Heisenberg model），122
海因茨·伦敦（Heinz London），159

核反应(nuclear reaction),35

赫歇尔(Friedrich Wilhelm Ritter),174

赫兹(Heinrich Rudolf Hertz),174

胡克定律(Hooke's law),147

回转群(rotary group),21

混合键(hybrid bond),41,42

霍尔(A. H. Hall),102

霍尔电场(Hall electric field),103

霍尔电势差(Hall potential difference),102

霍尔电压(Hall voltage),103

霍尔系数(Hall coefficient),103,105

霍尔效应(Hall effect),102,103,105

J

伽利略(Galileo Galilei),150

基矢(basis vector),12-65

基态(ground state),46,57,72,84,152,163,169,
170,184

激发电离(excitation ionization),35

吉尔伯特(William Gilbert),121

集成电路(integrated circuit),7,119

钾(kalium,K),8

价电子(valence electron),38,40,41,43-47,82,83,
170,171

间接复合(indirect recombination),100,101

简单立方体(simple cube),8

简约布里渊图景(simple Brillouin picture),64

焦耳(James Prescott Joule),150

矫顽力(coercivity),135,136

接触电势(contact potential),107,108

结合能(bonding energy),35,44,45,170

金(gold,Au),8

金茨堡(Vitaly Lazarevich Ginzburg),159

金茨堡-朗道理论(Ginzburg-Landau theory),159

金刚石(diamond),6,8-11,14,18,46,83

金属键(metal bond),43,46,185

金属性结合(metallic bond),35,46,47

紧束缚模型(tight-binding model),66

禁带(forbidden band),62,63,70,81,83,89,92,96,
100,101,110,114

晶胞(unit cell),12-26,32

晶格(lattice),8,11,36,42,66

晶格常数(lattice constant),4,14,15,26,29,33,34,
57,59,73,74,104

晶格基矢(lattice basis vector),13-15,22,23,32

晶格振动谱(lattice vibration spectrum),149

晶面(lattice plane),3,15-29

晶面系(family of crystal planes),16-18,24,27

晶面指数(crystal face index),17,18,23,24,34

晶面族(family of crystal planes),18,23,24,29

晶体(crystal),7,30,31,91

晶向(crystal orientation),12,15-18,27,33

晶向指数(crystal orientation index),15-18,33

居里-外斯定律(Curie-Weiss law),135,136

K

卡西米尔(Hendrik B. G. Casimir),159,165

开尔文(Lord Kelvin),150

抗磁性(diamagnetic),121,129-131,160-162

科恩(Walter Kohn),50

克劳修斯(Rudolf Julius Emanuel Clausius),2,150

空间频率(spatial frequency),22,24,56

空穴(hole),84,89-119

空穴电离(hole ionization),93

库伯对(Cooper pair),169-171

库仑能(coulomb energy),44

库仑排斥能(coulomb repulsion energy),42

库仑势场(Coulomb potential),38,39,99,122

扩展布里渊图景(expanding Brillouin picture),63

L

拉曼散射(Raman scattering),149

拉普拉斯算符(Laplace operator),50

郎之万(Paul Langevin),121

朗道(Lev D. Landau),122,159,167

朗道因子(Lande factor),150

劳厄衍射方程(Lauer's diffraction equation),28

离子键(ionic bond),40-43

离子晶体(ionic crystal),44,45,130

离子性结合(ionic binding),35,40,41,45-47

里特(Johann Wilhelm Ritter),174

锂(lithium,Li),8,81

栗弗席兹(Evgeny M. Lifshitz),122

量子力学(quantum mechanics),1-4,29,36,49,51,
84,122,147,151,171,172,175,182

磷化铟(indium phosphide,InP),6-8,83

六角密排(hexagonal close packing),8,11

铝(aluminum,Al),8,9,117

伦敦方程(London equation),159,165-168

洛伦兹(Hendrik Antoon Lorentz),2,49

洛伦兹偏转力(Lorentz deflection force),102,103

M

MOS(metal-oxide-semiconductor)

马德隆常数(Madelung constant),44,45
马利肯(Robert S. Mulliken),38,43
迈尔(J. R. Meyer),150
迈斯纳(W. Meissner),160
迈斯纳效应(Meissner effect),159-167
麦克斯韦(James Clerk Maxwell),2
麦氏分布(McFarland distribution),86
梅曼(Theodore Harold Maiman),185
镁(magnesium,Mg),9,82
密堆排列(close packing)9,10
密勒指数(Miller indices),17,18,27
面心立方(face-centered cubic),8-27

N

密度泛函理论(density functional theory),50
纳米材料(nanomaterial),7
纳米技术(nanotechnology),7
钠(sodium,Na),8
奈尔(Louis E. F. Neel),122
内建电场(built-in electric field),109-114
内能(internal energy),35,36,41,42,45
能带(band),4,5,50-177
能级(energy level),38-41,51-184
能态密度(density of states),5,50,53,54,72,73,90,91
能隙(energy gap),62,63,93,162-171
牛顿(Isaac Newton),174
牛顿定律(Newton's laws),49,165

O

欧几里得(Euclid of Alexandria),174
欧姆定律(Ohm's Law),49,85,87,161,164,165
欧姆接触(Ohmic contact),115-117

P

PN 结(PN junction),5,100,108-115,185
PN 结势垒(PN junction barrier),110,114
泡利不相容原理(Pauli exclusion principle),42,49,71,72,89,106,169,170
皮帕德(Alfred Brian Pippard),167
平移对称性(translational symmetry),20,31,55,64,66,79,142
钋(polonium,Po),8
普朗克(Max Karl Ernst Ludwig Planck),3,150
普朗克朗常量(Plankron constant),143,144,180
普赛尔(Edward M. Purcell),122

Q

齐纳击穿(Zener breakdown),112

亲合能(affinity),50,125
取向能(orientation energy),124,125,130,133
群速度(group velocity),76,142,146

R

热导率(thermal conductivity),49,155,156
热电离(thermal ionization),94
热流密度(heat flux),155
弱晶格势近似(weak potential approximation),56

S

塞茨(Frederick Seitz),13
塞曼(Pieter Zeeman),121
三维晶体(three-dimensional crystal),54
闪锌矿(sphalerite),8,9,11
砷化镓(gallium arsenide,GaAs),6-8,83
声学波(acoustic wave),145-149,154
声子(phonon),4,5,71,80,99,147-176
势场(potential field),4,5,38-122
束缚能(binding energy),93-96,169-171
束缚态(bound state),66,67,93,94,148
双光子吸收(two-photon absorption),183,184
双面群(double-sided group),21
顺磁性(paramagnetic),121,129-136
斯涅尔(Willebrord Snellius),180
斯特恩(Otto Stern),121,122
索末菲(Amold Sommerfeld),3,49,55,62
索末菲模型(Sommerfeld model),5,50,57

T

体心立方(body-centered cube),8-27
铁磁居里温度(ferromagnetic curie temperature),135
同极晶体(homopolar crystal),45
铜(copper,Cu),6-9,121
托里切利(Evangelista Torricelli),150

W

外斯(Pierre Weiss),121
微观理论(microscopic theory),160,168
微扰(perturbation),56-67
微扰理论(perturbation theory),56,58,75
唯象理论(phenomenological theory),5,159,165,167,168
维德曼-弗兰兹定律(Wiedemann-Franz law),49
维格纳(Eugene Paul Wigner),13
维格纳-塞茨原胞(Wigner-Seitz cell),13,14,25
沃拉斯顿(William Hyde Wollaston),174
乌伦贝克(George E. Uhlenbeck),122

X

X射线(X-ray),3,4,26,27,29

肖特基(Walter Schottky),108,115

肖特基二极管(Schottky diode),115

肖特基势垒(Schottky barrier),115

锌(zinc,Zn),9

旋转对称性(rotational symmetry),14,20

薛定谔方程(Schrodinger equation),4,37,39,55,56,
    122,167

雪崩击穿(avalanche breakdown),112

Y

衍射波(diffracted waves),28

衍射波矢(diffraction wave vector),27,29

衍射峰(diffraction peaks),27

衍射级数(diffraction order),27,28

衍射角(diffraction angle),27

逸出功(work function),106,175

银(silver,Ag),8,9

有效质量(effective mass),5,77-99,159,167

原胞(primitive unit cell),12-76,144-159

原子球(atomic ball),7-9,15

原子团(atomic cluster),6,7,9-13

约瑟夫·约翰·汤姆逊(Joseph John Thomson),57

约瑟夫森(Brian Josephson),159

约瑟夫森方程(Josephson equation),172

Z

势垒(barrier),31,107,110-118,164

杂化(hybridization),12,46

杂化轨道(hybrid orbital),46,82

载流子(carrier),2,84,89-130,159,185

折射率(refractive index),178-182,187

致密度(packing ratio),7,15

中子流(neutron flow),26,29,149

周期布里渊图景(periodic Brillouin picture),64,66

周期性势场(periodic potential field),50,55,65,67,
    68,93,98

准动量(quasi-momentum),77,78,148

准费米能级(Quasi-Fermi level),102

准晶体(quasicrystal),5-7,31,32

自建场(self-built field),109

自洽场(self-consistent field),57,58

自旋磁矩(spin moment),5,122-135

自旋角动量(spin angular momentum),122-130

自旋量子数(spin quantum number),122,124

自由电子(free electron),4,5,46-187

阻尼系数(damping coefficient),179-182,186

附录 B 基本物理常数

物理量	符号	数值
真空中的光速	c	$2.998 \times 10^{8} \, \text{m} \cdot \text{s}^{-1}$
基本电荷	e	$1.602 \times 10^{-19} \, \text{C}$
电子[静止]质量	m	$9.110 \times 10^{-31} \, \text{kg}$
普朗克常数	h	$6.626 \times 10^{-34} \, \text{J} \cdot \text{s}$
	$\hbar$	$1.055 \times 10^{-34} \, \text{J} \cdot \text{s}$
玻尔半径	a_0	$5.292 \times 10^{-11} \, \text{m}$
里德伯常量	R_∞	$2.180 \times 10^{-18} \, \text{J}$
玻尔磁子	μ_B	$9.274 \times 10^{-24} \, \text{A} \cdot \text{m}^2$
磁通量子	Φ_0	$2.068 \times 10^{-15} \, \text{Wb}$
阿伏伽德罗常数	N_A	$6.022 \times 10^{23} \, \text{mol}^{-1}$
玻尔兹曼常数	k_B	$1.381 \times 10^{-23} \, \text{J} \cdot \text{K}^{-1}$
真空磁导率	μ_0	$4\pi \times 10^{-7} \, \text{H} \cdot \text{m}^{-1}$
真空介电常数	ε_0	$8.854 \times 10^{-12} \, \text{F} \cdot \text{m}^{-1}$
电子伏特	eV	$1.602 \times 10^{-19} \, \text{J}$

附录 C 主要参数符号

A	矢量势	H	磁场强度
α	① 晶格常数	h	普朗克常数
	② 加速度	h_1,h_2,h_3	晶面指数,密勒指数
$\alpha_1,\alpha_2,\alpha_3$	晶格基矢	H_c	① 矫顽力
B	磁感应强度		② 临界磁场
$B_J(x)$	布里渊函数	I	电流强度
B_r	剩余磁化强度	J	总角动量
B_s	磁饱和强度	j	① 电流密度
c_V	比热容		② 热流密度
D	扩散系数	j_n	电子电流密度
D_n	电子扩散系数	j_p	空穴电流密度
D_p	空穴扩散系数	k_B	玻尔兹曼常数
E	电子能量	k	波矢量
E_A	受主能级	L	轨道角动量
E_D	施主能级	l	① 轨道角动量量子数
E_H	霍尔电场		② 平均自由程
E_F	费米能级	l_1,l_2,l_3	晶向指数
E_{Fn}	电子准费米能级	L_n	电子扩散长度
E_{Fp}	空穴准费米能级	L_p	空穴扩散长度
E_{F0}	费米能量	M	① 磁化强度
E_{Fi}	本征费米能级		② 总磁矩
E_g	禁带宽度	m^*	有效质量
E_i	束缚能,电离能	N	① 原胞数
F	① 自由能		② 原子数
	② 力	$N(E)$	能态密度(态密度)
$f(E)$	费米统计分布函数	n	① 衍射级数
f_i	电离度		② 电子浓度
G_h	倒格矢		③ 折射率
g	朗道因子	n_i	本征载流子浓度
$g(k)$	k 标度下的态密度	n_N	N 区电子浓度

n_P	P区电子浓度	χ	① 电子亲和能
n_0, p_0	平衡载流子浓度		② 磁化率
p	① 空穴浓度		③ 电极化率
	② 压强	Δ	超导能隙
P_F	费米动量	δ	相对位移
p_N	N区空穴浓度	ε	介电常数
p_P	P区空穴浓度	ε_0	真空介电常数
q	格波波矢	ε_r	相对介电常数
R	① 复合率	Φ	磁通量
	② 霍尔系数	Φ_0	磁通量子
	③ 格矢	γ	阻尼系数
S	① 自旋角动量	λ	波长
	② 线圈面积	κ	热导率
s	自旋量子数	μ	迁移率
T	① 温度	μ_-	电子迁移率
	② 周期	μ_+	空穴迁移率
T_c	铁磁居里温度	μ_α	磁矩
T_F	费米温度	μ_B	玻尔磁子
T_N	奈尔温度	μ_L	轨道磁矩
t	时间	μ_s	自旋磁矩
U	内能	$(\mu_J)_z$	固有磁矩
V	① 体积	Θ_D	德拜温度
	② 势能	θ	布拉格角
	③ 电压	θ_E	爱因斯坦温度
v	速度	ρ	电阻率
v_g	群速度	$\rho(k)$	点阵密度
v_p	相速度	σ	电导率
W	① 结合能	τ	弛豫时间
	② 功函数	τ_n, τ_p	非平衡载流子寿命
α	① 马德隆常数	ω	频率
	② 损耗系数	ω_p	等离子共振频率
α_r	复合系数	ω_{sp}	表面等离子振荡频率
β	刚性系数	$\Psi(r, t)$	波函数
$\beta_1, \beta_2, \beta_3$	倒格子基矢		

参 考 文 献

[1] 黄昆原著,韩汝琦改编. 固体物理学[M]. 北京：高等教育出版社,1988.

[2] 韦丹. 固体物理[M]. 北京：清华大学出版社,2007.

[3] Ashcroft N W, Mermin N D. Solid State Physics[M]. Ithaca：Cornell University,2004.

[4] Kittel C. Introduction to Solid State Physics[M]. 北京：化学工业出版社,2005.

[5] Kittel C. 固体物理导论[M]. 项金钟,吴兴惠,译. 8 版. 北京：化学工业出版社,2005.

[6] 吴代鸣. 固体物理基础[M]. 北京：高等教育出版社,2007.

[7] 顾秉林,王喜坤. 固体物理学[M]. 北京：清华大学出版社,1990.

[8] 阎守胜. 现代固体物理学导论[M]. 北京：北京大学出版社,2008.

[9] 曾谨言. 量子力学教程[M]. 北京：科学出版社,2003.

[10] 刘恩科,朱秉升,罗晋生. 半导体物理学[M]. 4 版. 北京：国防工业出版社,1994.

[11] Tinkham M. Introduction to Superconductivity [M]. Second edition. New York：Dover Publications, INC,2019.

[12] Orlando T P, Delin K A. Foundations of Applied Superconductivity[M]. Cambridge：Massachusetts Institute of Technology,1990.

[13] 张裕恒. 超导物理[M]. 合肥：中国科学技术大学出版社,2009.

[14] 张克潜,李德杰. 微波与光电子学中的电磁理论[M]. 2 版. 北京：电子工业出版社,2001.

[15] 王蔷,李国定,龚克. 电磁场理论基础[M]. 北京：清华大学出版社,2001.

[16] 曹建章,张正阶,李景镇. 电磁场与电磁波理论基础[M]. 北京：科学出版社,2010.

[17] 周炳琨,高以智,陈倜嵘,等. 激光原理[M]. 北京：国防工业出版社,2009.

[18] 王雨三,张中华. 激光物理基础[M]. 哈尔滨：哈尔滨工业大学出版社,2005.

[19] 钱梅珍,崔一平,杨正名. 激光物理[M]. 北京：电子工业出版社,2001.

[20] Zayats A V, Smolyaninov I I, Maradudin A A. Nano-Optics of Surface Plasmon Polaritons[J]. Physics Reports,2005,408：131-314.

[21] 王希勤,黄翊东,李国林,等. 电子信息科学与技术导引[M]. 北京：清华大学出版社,2021.

[22] 郭奕玲,沈慧君. 物理学史[M]. 北京：清华大学出版社,2004.